"十二五"职业教育国家规划教材

经全国职业教育教材审定委员会审定

供高等职业教育护理、助产、临床医学、口腔医学、医学检验技术、医学影像技术、康复治疗技术等医学相关专业使用

生 物 化 学

（第4版）

主　编　田　华

副主编　晁相蓉　武红霞　王　齐

编　者　（以姓氏笔画为序）

于艳红　廊坊卫生职业学院

王　齐　安徽医学高等专科学校

王海燕　山东协和学院

田　华　商丘医学高等专科学校

刘国玲　商丘医学高等专科学校

杨　敏　北京卫生职业学院

张　婷　达州职业技术学院

武红霞　聊城职业技术学院

易智莉　宜春职业技术学院

晁相蓉　山东医学高等专科学校

梁大敏　遵义医学高等专科学校

科学出版社

北　京

内 容 简 介

本教材是"十二五"职业教育国家规划教材之一，共15章，主要内容包括绪论、蛋白质的结构与功能、核酸的结构与功能、酶、维生素、生物氧化、糖代谢、脂质代谢、氨基酸代谢、核苷酸代谢、基因信息的传递与表达、重组DNA技术和常用分子生物学技术、肝的生物化学、水和无机盐代谢、酸碱平衡。实验部分包括8个常用生化实验。正文之外设链接、案例、医者仁心和目标检测等内容。

本教材可供高等职业教育护理、助产、临床医学、口腔医学、医学检验技术、医学影像技术、康复治疗技术等医学相关专业使用。

图书在版编目（CIP）数据

生物化学 / 田华主编 . —4 版 . —北京：科学出版社，2022.8

"十二五"职业教育国家规划教材

ISBN 978-7-03-072182-2

Ⅰ.①生… Ⅱ.①田… Ⅲ.①生物化学－职业教育－教材 Ⅳ.①Q5

中国版本图书馆 CIP 数据核字（2022）第 074306 号

责任编辑：段婷婷 / 责任校对：杨 赛
责任印制：李 彤 / 封面设计：涿州锦晖

科学出版社 出版
北京东黄城根北街16号
邮政编码：100717
http://www.sciencep.com

保定市中画美凯印刷有限公司印刷
科学出版社发行 各地新华书店经销
*
2003年 8 月第 一 版 开本：850×1168 1/16
2022年 8 月第 四 版 印张：10 3/4
2024年 8 月第三十五次印刷 字数：325 000
定价：39.80元
（如有印装质量问题，我社负责调换）

前　言

党的二十大报告指出："人民健康是民族昌盛和国家强盛的重要标志。把保障人民健康放在优先发展的战略位置，完善人民健康促进政策。"贯彻落实党的二十大决策部署，积极推动健康事业发展，离不开人才队伍建设。党的二十大报告指出："培养造就大批德才兼备的高素质人才，是国家和民族长远发展大计。"教材是教学内容的重要载体，是教学的重要依据、培养人才的重要保障。本次教材修订旨在贯彻党的二十大报告精神和党的教育方针，落实立德树人根本任务，坚持为党育人、为国育才。

本教材作为"十二五"职业教育国家规划教材之一，以优化职业教育类型、加快构建现代职业教育体系为目标，在上一版的基础上进一步修订完善，保留了原教材的优点，并在积极听取一线教师和读者的意见和建议后，进行了修改补充。

在编写过程中，为了使教材内容契合我国高职高专教育的发展需要和高职高专医学专业的特点，在阐明基本原理、基本知识的基础上，以"必须、够用"为原则，以"应用"为宗旨，在编写中力求概念清晰、内容精练、重点突出，机制阐述循序渐进，充分考虑学生的接受能力。为使教材更具科学性、系统性、先进性和适用性，在编写中注重基础医学和临床医学的有机结合，在原有链接、案例模块的基础上增加了医者仁心模块，同时结合临床执业助理医师资格考试要点等，使其内容更丰富，体例更具特色。

本教材共有15章内容，包括绪论、蛋白质的结构与功能、核酸的结构与功能、酶、维生素、生物氧化、糖代谢、脂质代谢、氨基酸代谢、核苷酸代谢、基因信息的传递与表达、重组DNA技术和常用分子生物学技术、肝的生物化学、水和无机盐代谢、酸碱平衡。教材附有课件，每章后附有目标检测练习题。

在编写过程中，各位编者都付出了辛勤的劳动，同时也得到了商丘医学高等专科学校及各参编人员所在院校领导和同仁的大力支持，在此表示衷心感谢！

尽管编写人员尽了很大努力，但由于编者水平有限，教材中若有疏漏、不当之处，恳请专家、广大师生批评指正，以求不断改进。

编　者
2023 年 8 月

配 套 资 源

欢迎登录"中科云教育"平台，**免费**数字化课程等你来！

"中科云教育"平台数字化课程登录路径

电脑端

▶ 第一步：打开网址 http://www.coursegate.cn/short/ZX013.action

▶ 第二步：注册、登录

▶ 第三步：点击上方导航栏"课程"，在右侧搜索栏搜索对应课程，开始学习

手机端

▶ 第一步：打开微信"扫一扫"，扫描下方二维码

▶ 第二步：注册、登录

▶ 第三步：用微信扫描上方二维码，进入课程，开始学习

PPT 课件，请在数字化课程中各章节里下载！

目 录

第1章 绪 论

生物化学（biochemistry）是一门研究生物体的化学组成、结构和功能，以及生命活动过程中发生的各种化学变化规律的基础生命学科。生物化学研究的早期主要采用物理学、化学和数学的原理和方法研究生命现象，随着研究的发展，又融入了生理学、细胞生物学、遗传学、免疫学和生物信息学等理论和技术，来探讨生物大分子的结构与功能、物质代谢与调节，以及遗传信息传递与调控。20 世纪 50 年代，生物化学进入了以研究生物大分子的结构与功能，进而阐明生命现象本质为核心的分子生物学时期，揭示了生命本质的高度有序性和一致性，是人类在生命认识上的一次重大飞跃。近年来迅猛发展的生物化学学科硕果累累，促进了相关学科和交叉学科，特别是医学的发展，已成为生命科学领域的重要前沿学科。

一、生物化学的发展简史

1903 年德国化学家纽伯格（Neuberg）提出了英文 "biochemistry"。生物化学在 20 世纪初才发展成一门独立的学科，并在 20 世纪蓬勃发展，成为生命科学领域重要的前沿学科之一。其发展历程可分为三个阶段。

（一）叙述生物化学阶段

18 世纪中叶至 19 世纪末是生物化学发展的初期阶段，又称为静态生物化学阶段，主要研究生物体的化学组成，并对其进行分离、纯化、合成、结构测定及理化性质的研究。这期间取得的主要成就如下：较为系统地研究了糖类、脂质及氨基酸的性质；发现了生物氧化的本质；发现并分离了核酸；发现了维生素对人体的作用；从血液中分离了血红蛋白，证明"血液的红色是由血红蛋白的颜色引起的"；证实了蛋白质是由氨基酸组成的，提出了蛋白质分子的多肽学说，并化学合成了简单的多肽；体外合成了尿素和嘌呤；发现酵母发酵过程中存在"可溶性催化剂"，奠定了酶学的基础等。

（二）动态生物化学阶段

从 20 世纪初期开始，生物化学蓬勃发展，进入了动态生物化学阶段，重点研究生物分子的代谢变化。例如，在营养方面发现了必需氨基酸、必需脂肪酸和维生素；在内分泌方面，发现了垂体激素、胰岛素、胰高血糖素、雌二醇、孕酮等多种激素，并将其分离、合成；在酶学方面，认识到酶的化学本质是蛋白质，酶晶体制备获得成功；在物质代谢方面，糖代谢途径的酶促反应过程、脂肪酸 β 氧化、尿素合成途径及三羧酸循环等代谢途已基本确定。在生物能研究中，提出了生物产能过程中的 ATP 循环学说。

（三）机能生物化学阶段（分子生物学阶段）

20 世纪下半叶，生物化学发展的显著特征是分子生物学的迅速崛起。1950 年提出的蛋白质二级结构形式 α 螺旋。1953 年沃森（Watson）和克里克（Crick）提出的 DNA 双螺旋结构模型为揭示遗传信息传递规律奠定了基础，是生物化学发展进入分子生物学时期的重要标志。20 世纪 60 年代提出了遗传信息传递的中心法则，破译了遗传密码。20 世纪 70 年代重组 DNA 技术的建立使人们主动改造生物成为可能。转基因技术、基因敲除技术、基因芯片技术相继出现，使人类对疾病进行基因诊断和基因治疗成为可能。1985 年聚合酶链反应（PCR）技术的出现，使人们在体外高效扩增 DNA 成为可能。20 世纪末启动的人类基因组计划（Human Genome Project，HGP）是人类生命科学中的又一伟大创举，揭示了人类遗传学图谱的特点，将为人类的健康和疾病的研究带来根本性变革。继 HGP 之后，功能基因组研究迅速崛起，当前的蛋白质组学已成为生物化学的又一研究热点。科学家们在 1998 年和 2000 年多次提到"功能 RNA 组的研究"，由此产生了 RNA 组学概念，继而又产生了代谢组学、糖组学等学科。组学的发展使人类对生命的认识又从单个分子的研究回归整体，有利于揭示生命的奥秘。

二、生物化学的研究内容

（一）生物体的物质组成、结构与功能

生物体的组成成分包括无机化合物、有机小分子和生物大分子。无机化合物主要包括水和无机盐；维生素、氨基酸、葡萄糖、脂肪酸和核苷等是具有重要生物活性的有机小分子。蛋白质、核酸和多糖等都是生物大分子，它们都是由其基本结构单位按一定的顺序和方式连接而成的多聚体，分子量一般大于 10^4。生物大分子的重要特征之一是具有信息功能，如核酸是遗传信息的载体、作为生命活动执行者的蛋白质是遗传信息的表达产物，因此生物大分子也称为生物信息分子。

对生物大分子的研究，除了确定其一级结构外，重点是研究其空间结构与功能的关系。结构是功能的基础，而功能则是结构的体现。此外，生物大分子还可通过分子之间的相互识别和相互作用来实现其功能。例如，核酸、蛋白质自身之间、蛋白质与核酸之间的相互作用在基因表达的调控中发挥着重要的作用。由此可见，分子结构、分子识别和分子间的相互作用是目前生物化学研究的热点之一。

（二）物质代谢与调节

生物体的基本特征是新陈代谢，即机体不断地与外环境进行物质交换，摄入养料排出废物，以维持其内环境的相对稳定。体内的物质代谢主要包括糖代谢、脂代谢、蛋白质代谢及核苷酸代谢，也包括水和无机盐等无机小分子的代谢。物质代谢过程都是由其相应的一系列酶促反应构成的，各物质代谢途径既相互联系，又相互制约，按照一定的规律有条不紊地进行，这是正常生命过程的必要条件。若物质代谢发生紊乱或代谢调节失控，都可引起疾病，如糖尿病、痛风病等。认识物质代谢及其调节对于我们认识生命活动的基本规律、探讨疾病的发病机制，以及预防和诊治疾病都具有重要意义。此外，细胞信息传递参与多种物质代谢及其相关的生长、增殖、分化等生命过程的调节。

（三）遗传信息的传递和表达

基因即 DNA 或 RNA 中具有特定遗传效应的核苷酸序列，是储存遗传信息的基本单位。基因信息传递包括 DNA 的复制、RNA 的转录、蛋白质的翻译等一系列过程，涉及遗传、变异、分化、生长等生命过程，也与遗传性疾病、代谢异常性疾病、心血管病、恶性肿瘤、免疫缺陷性疾病等多种疾病的发病机制密切相关。因此，在生命科学特别是医学研究中，基因信息的研究越来越重要。随着基因工程技术的发展，许多基因工程产品将应用于人类疾病的诊断和治疗，尤其是近年来，RNA 干扰、DNA 重组、转基因、基因敲除、基因克隆、人类基因组及功能基因组研究等的发展，将大大推动这一领域的研究进程。

三、生物化学与医学的关系

生物化学是生命科学的重要学科之一，它的理论和技术已渗透到生物学、基础医学乃至临床医学的各个学科，是现代医学发展的重要支柱，为医学实践和医学研究提供了重要理论基础和技术手段。尤其是分子生物学的发展，促使生命科学的发展进入分子水平，由此产生了分子遗传学、分子病理学、分子生理学、分子药理学、分子免疫学等新兴学科。生物化学已经成为生物学各学科和医学各学科相

互联系的纽带。

　　疾病的发生、发展都有其分子机制。例如，维生素缺乏与夜盲症和佝偻病、糖代谢紊乱与糖尿病，脂代谢紊乱与动脉粥样硬化，氨代谢异常与肝性脑病，胆色素代谢异常与黄疸等。生物化学可以从根本上研究疾病发病机制，指导临床做出合理诊断、制订合理的治疗方案及预防措施。通过测定血清酶及同工酶谱，分析血液化学成分，提高了疾病的诊断水平；尤其是基因诊断技术，不仅可用于遗传性疾病的产前诊断，而且也用于一些感染性疾病的诊断及某些癌基因的检测等；一些生物药物和基因工程药物（如胰岛素）在抗病毒、抗肿瘤和疾病预防等方面都发挥了重要作用。体液中各种酶类、无机盐类及有机化合物等的检测，早已成为疾病诊断的常规指标。因此只有扎实地掌握生物化学的基本理论和基本技能，才有望成为合格的医务工作者。

（刘国玲）

第2章
蛋白质的结构与功能

蛋白质（protein）是一类由氨基酸组成的生物大分子，是生命活动最主要的载体，更是遗传信息功能的执行者。蛋白质约占人体固体成分的45%。蛋白质种类繁多，结构复杂，在生命活动中发挥着重要的作用，如维持组织更新生长和修复、催化功能、调节功能、免疫保护、物质运输、营养功能、肌肉收缩、物质代谢调控、血液凝固、基因表达调控功能等。因此，蛋白质是生命活动的物质基础，没有蛋白质就没有生命。

第1节　蛋白质的分子组成

一、蛋白质的元素组成

蛋白质的元素组成主要有碳（50%～55%）、氢（6%～7%）、氧（19%～24%）、氮（13%～19%）和硫（0%～4%）等。有些蛋白质分子中还含有少量磷或者铁、铜、锌、锰、钴、钼等，个别蛋白质还含有碘元素。其中氮的含量相对恒定，平均为16%，由于体内的含氮物质主要是蛋白质，所以只要测定生物样品中的含氮量，即可推算出其蛋白质的大约含量。计算公式为

$$100g \text{ 样品中蛋白质的含量（g）} = \text{每克样品中的含氮克数} \times 6.25 \times 100$$

二、蛋白质的基本组成单位——氨基酸

蛋白质受酸、碱或蛋白酶水解的游离终产物是氨基酸（amino acid，AA），因此氨基酸是组成蛋白质的基本结构单位。自然界中氨基酸有300余种，但构成人体蛋白质的氨基酸只有20种。

（一）氨基酸的结构特点

氨基酸是带有氨基的有机酸，其中直接与羧基（—COOH）相连的碳原子为α-碳原子，构成人体蛋白质的氨基酸的氨基（—NH$_2$）或亚氨基（—NH—）均连接在α-碳原子上，因此被称为α-氨基酸，其结构通式如下：

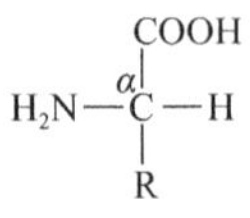

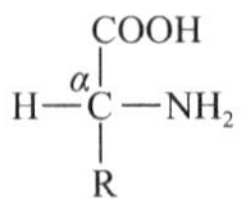

其中，R代表侧链，各种氨基酸的差别就在于侧链不同。除甘氨酸（R=H）外，氨基酸的α-碳原子连接的4个原子或基团各不相同，为手性碳原子，因此氨基酸存在两种构型：L-型和D-型，但组成蛋白质的氨基酸通常为L-型氨基酸（甘氨酸除外）。

（二）氨基酸的分类

按R基团的结构和理化性质的不同，可将20种氨基酸分为5类：非极性脂肪族氨基酸、极性中性氨基酸、芳香族氨基酸、酸性氨基酸和碱性氨基酸（表2-1）。

表 2-1　20 种编码氨基酸分类

中文名	结构式	英文名	三字符	等电点（pI）
1. 非极性脂肪族氨基酸				
甘氨酸	H—CH—COOH 　　│ 　　NH_2	glycine	Gly	5.97
丙氨酸	CH_3—CH—COOH 　　　│ 　　　NH_2	alanine	Ala	6.00
缬氨酸	CH_3—CH—CH—COOH 　　　│　　│ 　　　CH_3　NH_2	valine	Val	5.96
亮氨酸	CH_3—CH—CH_2—CH—COOH 　　　│　　　　│ 　　　CH_3　　　NH_2	leucine	Leu	5.98
异亮氨酸	CH_3—CH_2—CH—CH—COOH 　　　　　　│　│ 　　　　　CH_3　NH_2	isoleucine	Ile	6.02
脯氨酸	CH_2—CHCOOH CH_2　NH 　CH_2	proline	Pro	6.30
甲硫氨酸	CH_3S—CH_2—CH_2—CH—COOH 　　　　　　　　│ 　　　　　　　　NH_2	methionine	Met	5.74
2. 极性中性氨基酸				
丝氨酸	HO—CH_2—CH—COOH 　　　　│ 　　　　NH_2	serine	Ser	5.68
半胱氨酸	HS—CH_2—CH—COOH 　　　　│ 　　　　NH_2	cysteine	Cys	5.07
苏氨酸	HO—CH—CH—COOH 　　　│　│ 　　CH_3　NH_2	threonine	Thr	5.60
天冬酰胺	O ‖ H_2N—C—CH_2—CH—COOH 　　　　　　│ 　　　　　　NH_2	asparagine	Asn	5.41
谷氨酰胺	O ‖ H_2N—C—CH_2—CH_2—CH—COOH 　　　　　　　　　│ 　　　　　　　　　NH_2	glutamine	Gln	5.65
3. 芳香族氨基酸				
苯丙氨酸	⬡—CH_2—CH—COOH 　　　　　│ 　　　　　NH_2	phenylalanine	Phe	5.48
酪氨酸	HO—⬡—CH_2—CH—COOH 　　　　　　　│ 　　　　　　　NH_2	tyrosine	Tyr	5.66
色氨酸	—CH_2—CH—COOH 　　　　│ 　　　　NH_2 （吲哚环）N-H	tryptophan	Trp	5.89
4. 碱性氨基酸				
赖氨酸	NH_2—CH_2—CH_2—CH_2—CH_2—CH—COOH 　　　　　　　　　　　　　│ 　　　　　　　　　　　　　NH_2	lysine	Lys	9.74

续表

中文名	结构式	英文名	三字符	等电点（pI）
精氨酸	NH₂—C—NH—CH₂—CH₂—CH₂—CH—COOH （‖NH）（NH₂）	arginine	Arg	10.76
组氨酸	HC=C—CH₂—CH—COOH（N NH）（NH₂）（CH）	histidine	His	7.59
5. 酸性氨基酸				
谷氨酸	HOOC—CH₂—CH₂—CH—COOH （NH₂）	glutamic acid	Glu	3.22
天冬氨酸	HOOC—CH₂—CH—COOH （NH₂）	aspartic acid	Asp	2.97

这20种氨基酸都有各自的遗传密码，故又称编码氨基酸。此外，体内还有一些没有相应遗传密码的非编码氨基酸，如羟赖氨酸、羟脯氨酸分别由赖氨酸和脯氨酸在蛋白质翻译后的修饰过程中羟化生成；而鸟氨酸由精氨酸在物质代谢过程中产生。

（三）氨基酸的理化性质

1. 两性解离与等电点　由于氨基酸都含有碱性的 α- 氨基和酸性的 α- 羧基，可在酸性溶液中与质子（H^+）结合成带正电荷的阳离子（—NH_3^+），也可在碱性溶液中与 OH^- 结合，失去质子变成带负电荷的阴离子（—COO^-），因此氨基酸是一种两性电解质，具有两性解离的特性。氨基酸的解离方向取决于其所处的溶液的酸碱度。在某一 pH 的溶液中，氨基酸解离成阳离子和阴离子的趋势及程度相等，成为兼性离子，呈电中性，此时溶液的 pH 称为该氨基酸的等电点（pI）。

$$R—CH—COOH \underset{H^+}{\overset{OH^-}{\rightleftharpoons}} R—CH—COO^- \underset{H^+}{\overset{OH^-}{\rightleftharpoons}} R—CH—COO^-$$

阳离子（pH<pI）　　兼性离子（pH=pI）　　阴离子（pH>pI）

酸性氨基酸的等电点 < 4.0，碱性氨基酸的等电点 > 7.5，中性氨基酸的等电点为 5.0 ～ 6.5。

2. 紫外吸收性质　根据氨基酸吸收光谱，含有共轭双键的色氨酸、酪氨酸的最大吸收峰在 280nm 波长附近。由于大多数蛋白质含有酪氨酸和色氨酸残基，所以测定蛋白质溶液的光吸收值是分析溶液中蛋白质含量的快速简便方法。

3. 与茚三酮反应　氨基酸与茚三酮水合物共热，可生成蓝紫色的化合物，称为茚三酮反应。此化合物最大吸收峰在 570nm 波长处。由于此吸收峰值大小与氨基酸释放出的氨量成正比，因此该反应可作为 α- 氨基酸定量分析的依据。

三、肽键和肽

（一）肽键

在蛋白质分子中，氨基酸之间通过肽键（peptide bond）相连。肽键是由一个氨基酸的 α- 羧基与另一个氨基酸的 α- 氨基脱水缩合而成的酰胺键（—CO—NH—）（图 2-1）。

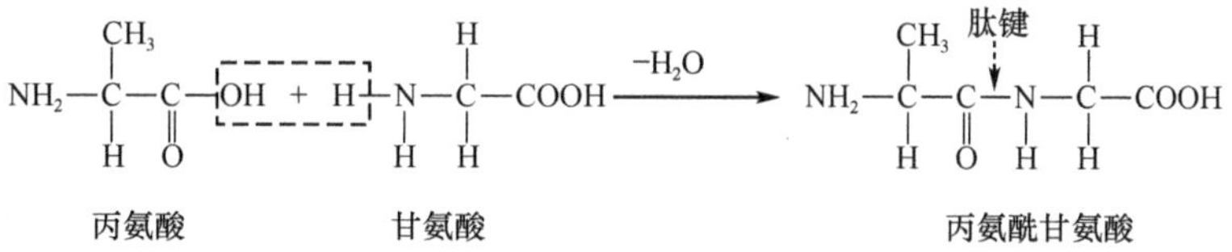

丙氨酸　　　　　　　　甘氨酸　　　　　　　　　　　　丙氨酰甘氨酸

图 2-1　肽键的生成与肽

肽键中 C—N 键的性质介于单、双键之间，具有部分双键的性质，不能旋转。构成肽键的 4 个原子 C、O、N、H 及其相邻的两个 α- 碳原子（C_a）位于同一平面，这个平面被称为肽键平面，这个平面上的 6 个原子（C_{a1}、C、O、N、H、C_{a2}）构成肽单元。肽链中 α- 碳原子与 C 或 N 所形成的单键能够旋转，单键的旋转决定相邻两个肽单元平面的位置关系，于是肽单元成为肽链盘曲折叠的基本单位（图 2-2）。

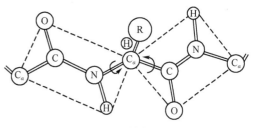

图 2-2　肽键平面

（二）肽

氨基酸之间通过肽键连接起来的化合物称为肽（peptide）。两个氨基酸形成的肽称为二肽，三个氨基酸形成的肽称为三肽，以此类推。一般将 20 肽以下的统称为寡肽，20 肽以上的称多肽或多肽链。组成多肽链的氨基酸在相互结合时因脱水缩合而基团不全，称为氨基酸残基。多肽链有两个末端，其游离 α- 氨基的一端称氨基末端（或 N 端）；游离 α- 羧基的一端称羧基末端（或 C 端）。N 端写在左侧，C 端写在右侧，氨基酸依次从 N 端向 C 端排列。

$$H_2N—甘—丙—谷—亮—丙—甘—缬……组—异—丝—甲硫—COOH$$

氨基酸的命名也是从 N 端指向 C 端，肽的命名方法为 ×× 酰 ×× 酰……×× 酸。例如，丙氨酸和甘氨酸脱水形成的二肽称丙氨酰甘氨酸。

第 2 节　蛋白质的分子结构

蛋白质是由氨基酸按一定的顺序通过肽键连接而构成的具有一定空间结构的生物大分子。在蛋白质研究中，一般将蛋白质分子分为一级、二级、三级、四级结构，其中一级结构又被称为基本结构，后三者统称为空间结构（或高级结构、空间构象）。在蛋白质分子中肽键称为主键，相对于肽键，其他化学键都称为次级键。肽键是维持蛋白质一级结构的主要化学键，次级键主要维持蛋白质的空间结构。

蛋白质分子
中的化学键
- 主键：肽键　　　　　　一级结构的主要化学键
- 次级键
  - 氢键
  - 离子键
  - 疏水键
  - 范德瓦耳斯力　　空间结构的主要化学键

一、蛋白质的一级结构

蛋白质的一级结构就是蛋白质多肽链中从 N 端至 C 端的氨基酸排列顺序，也是蛋白质最基本的结构。维持蛋白质一级结构的主要化学键是肽键，有些蛋白质还包括二硫键。

胰岛素是世界上第一个被确定一级结构的蛋白质，由 A、B 两条多肽链组成，共有 51 个氨基酸残基（图 2-3）。牛胰岛素的分子中共有 3 个二硫键，1 个位于 A 链内，2 个位于 A、B 链之间，它们都是由两个半胱氨酸残基的巯基脱氢形成的。

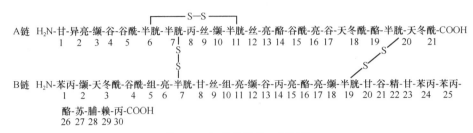

图 2-3　牛胰岛素的一级结构

　　体内蛋白质的种类繁多，一级结构各不相同。当组成蛋白质的 20 种氨基酸按照不同的序列关系组合时，就可以形成多种多样的一级结构，进一步形成不同的空间结构，最终形成纷繁复杂的具有不同生物学活性的蛋白质分子。

二、蛋白质的空间结构

　　蛋白质分子的多肽链在三维空间并非呈线性伸展，而是折叠和盘曲构成特有的比较稳定的空间结构，可分为二级、三级和四级结构。蛋白质的分子形状、理化性质和生物学活性主要取决于其特定的空间结构。

（一）蛋白质的二级结构

　　蛋白质的二级结构是指多肽链局部主链盘曲折叠形成的空间结构，不涉及侧链部分的构象。二级结构的主要形式有 α 螺旋、β 折叠、β 转角和无规卷曲。

　　1. α 螺旋　鲍林（Pauling）等对 α- 角蛋白进行了 X 射线衍射分析，推测蛋白质分子中有重复性结构，并认为这种重复性结构为 α 螺旋（图 2-4A）。α 螺旋的结构特点如下。

　　（1）多肽链主链以肽平面为单位，α- 碳原子为转折点，按顺时针方向盘曲形成右手螺旋。

　　（2）螺旋中每 3.6 个氨基酸残基上升一圈，螺距为 0.54nm。

　　（3）相邻两圈螺旋之间借肽键中 C＝O 中的 O 和第四个肽键的 N—H 形成许多链内氢键，这是稳定 α 螺旋的主要化学键，氢键方向与螺旋长轴基本平行。

　　（4）肽链中氨基酸侧链 R 基团分布在螺旋外侧，其形状、大小及电荷影响螺旋的形成。

　　肌红蛋白和血红蛋白分子中有许多肽段为 α 螺旋结构，毛发的角蛋白、肌肉的肌球蛋白及血凝块中的纤维蛋白，这些蛋白质的多肽链几乎全都卷曲成 α 螺旋，这使其具有一定的机械强度和弹性。

　　2. β 折叠　多肽链主链以肽键平面为单位，折叠成锯齿状结构称为 β 折叠。若干个 β 折叠结构平行排布并以氢键相连，则形成片层结构。若 β 折叠走向相同，即 N 端、C 端方向一致称为顺向平行，反之，称为反向平行。从能量角度看，反向平行更为稳定。氨基酸残基的 R 基团伸向锯齿的上方或下方。维持 β 折叠构象稳定的化学键是两条以上肽链或一条肽链的多个肽段间的 C＝O 中的 O 和 N—H 形成的许多氢键（图 2-4B）。蚕丝蛋白几乎都是 β 折叠结构，许多蛋白质既有 α 螺旋结构又有 β 折叠结构。

　　3. β 转角　蛋白质分子中，肽链经常会出现 180° 的回折，在这种回折角处的构象就是 β 转角。β 转角中，第一个氨基酸残基的羧基 O 与第四个氨基酸残基亚氨基的 H 形成氢键，从而使结构稳定。

　　4. 无规卷曲　部分肽链的构象没有规律性，肽链中肽键平面排列不规则，属于松散的无规卷曲。

　　在许多蛋白质分子中可发现有 2～3 个具有二级结构的肽段，在空间上相互靠近，形成具有特殊功能的空间结构，称为模序。模序是具有特征性的氨基酸序列，能发挥特殊的功能。如锌指结构形似手指，由 1 个 α 螺旋和 2 个反向平行的 β 折叠共 3 个肽段组成，可以结合锌离子，使模序中的 α 螺旋更稳固，可以嵌入 DNA 大沟，因此具有该结构的蛋白质都能与 DNA 或 RNA 结合（图 2-5）。

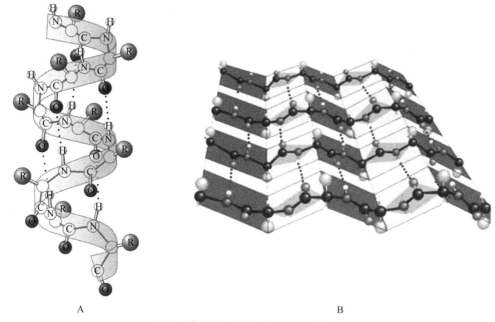

A   B

图 2-4 蛋白质分子的 α 螺旋（A）和 β 折叠结构（B）

（二）蛋白质的三级结构

蛋白质的整条多肽链中全部氨基酸残基的相对空间位置称为蛋白质的三级结构。也就是蛋白质分子在二级结构基础上进一步盘曲折叠形成的构象。形成和稳定蛋白质三级结构的化学键主要靠次级键，包括氢键、疏水键、离子键（盐键）、范德瓦耳斯力等。这些次级键可存在于一级结构上相隔很远的氨基酸残基的 R 基团之间，因此蛋白质的三级结构主要指氨基酸残基的侧链间的结合（图 2-6）。

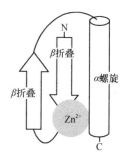

图 2-5 锌指结构

只有一条多肽链的蛋白质的最高级空间结构是三级结构。由一条多肽链形成的蛋白质只有具备三级结构时，才有生物学功能。肌红蛋白就是存在于红色肌肉组织中的具有三级结构的蛋白质。

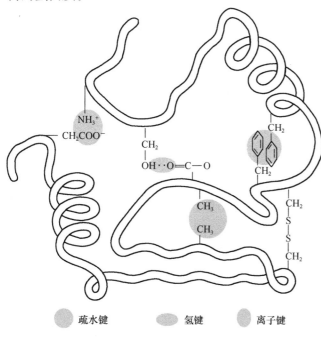

疏水键　　　氢键　　　离子键

图 2-6 蛋白质三级结构中的次级键

多肽链经过如此盘曲后，可形成一些能发挥生物学功能的特定区域。在较大的蛋白质分子中，三级结构常可以折叠成多个相对独立的区域，每个区域具有不同的生物学功能，称为结构域（structural domain）。大多数结构域含有连续的 100 ～ 200 个氨基酸残基，如纤连蛋白由两条多肽链组成，共 6 个结构域，这些结构域可分别与细胞、胶原、DNA、肝素等结合。

（三）蛋白质的四级结构

蛋白质的四级结构是指由两条或两条以上各具有独立三级结构的多肽链，以疏水作用力、氢键、离子键等非共价键缔合而成的蛋白质最高层次的空间结构。在此蛋白质四级结构中，各具有独立三级结构的多肽链称为亚基，亚基

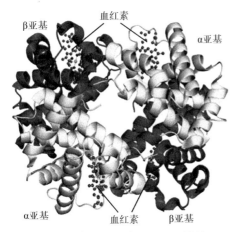

图 2-7 血红蛋白分子的四级结构

单独存在时不具生物活性，只有按特定组成与方式装配形成四级结构时，蛋白质才具有生物活性。

构成四级结构的亚基可以相同，也可以不同。例如，血红蛋白就是由两条相同 α 亚基（由 141 个氨基酸残基组成）和两条相同 β 亚基（由 146 个氨基酸残基组成），按特定方式接触、排布组成的一个球状、接近四面体的分子结构（图 2-7）。血红蛋白的四个亚基通过离子键相连构成四聚体时才具有运输氧和二氧化碳的功能，而每个亚基单独存在时虽可结合氧且与氧亲和力增强，但在体内组织中难以释放氧，不能完成运输氧的功能。蛋白质一级、二级、三级及四级结构之间的关系如图 2-8。

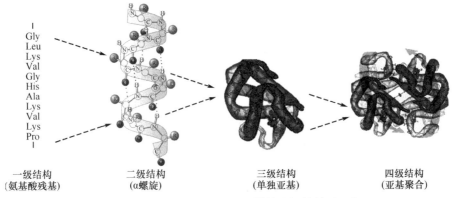

图 2-8 蛋白质一、二、三、四级结构之间的关系示意图

并不是所有蛋白质分子都具有四级结构。大多数蛋白质都只由一条肽链组成，具有三级结构就有生物学活性，只有一部分分子量更大或具有调节功能的蛋白质才具有四级结构。有些蛋白质虽然由两条多肽链组成，但肽链间通过共价键连接，这种结构不属于四级结构，如胰岛素。

第 3 节 蛋白质结构与功能的关系

蛋白质的结构决定其功能，而功能是结构的体现，结构与功能是密切相关的。

一、蛋白质一级结构和功能的关系

（一）蛋白质一级结构是空间构象和功能的基础

牛胰核糖核酸酶 A 是由 124 个氨基酸残基组成的一条多肽链，含 4 个二硫键，用尿素和 β- 巯基乙醇处理该酶溶液，可破坏维系其空间结构的氢键和二硫键，使其二、三级结构破坏，酶分子变成一条松散的多肽链，但肽键不受影响，故一级结构仍然存在，但此酶活性丧失。当用透析法除去尿素和 β- 巯基乙醇后，松散的多肽链又折叠成天然的三级结构，4 个二硫键也正确配对，这时酶活性又逐渐恢复至原来的水平。这一现象说明一级结构是空间结构的基础，空间结构遭破坏时，只要一级结构不被破坏，就有可能恢复到原来的空间结构。

（二）一级结构相似的蛋白质具有相似的空间结构与功能

一级结构相似的多肽或蛋白质，其空间结构和功能也相似。例如，不同哺乳类动物的胰岛素分子都由 51 个氨基酸残基构成 A、B 两条链，并且二硫键的配对位置和空间结构也极相似，仅一级结构中个别氨基酸存在差异，因而它们的功能也类似，都能降低血糖（表 2-2）。

表 2-2　不同哺乳动物胰岛素一级结构的差别

物种	氨基酸位置		
	A8	A10	B30
人	Thr	Ile	Thr
牛	Ala	Val	Ala
猪	Thr	Ile	Ala

（三）蛋白质一级结构改变与功能的关系

蛋白质的一级结构改变，其生物学功能随之改变，且关键部位氨基酸序列改变可引起疾病。如将胰岛素分子中 A 链 N 端的第一个氨基酸残基切去，其活性只剩下 2%～10%，如再将相邻的第 2～4 位氨基酸残基切去，其活性完全丧失，说明这些氨基酸残基属于胰岛素活性部位的功能基团；将胰岛素 A、B 两条链间的二硫键还原，A、B 两条多肽链即分离，此时胰岛素的功能完全消失，说明二硫键是维持胰岛素活性必不可少的。也并非蛋白质分子一级结构中的每个氨基酸都很重要，如将胰岛素分子 B 链第 28～30 位氨基酸残基切去，其活性不受影响，说明这些位置的氨基酸残基对胰岛素的功能活性及整体构象影响不大。

但在蛋白质的一级结构中，参与功能活性部位构成的氨基酸残基，或处于特定构象关键部位的氨基酸残基，即使在整个分子中仅发生一个残基的异常，该蛋白质的功能也会受到明显的影响。例如，镰状细胞贫血的发生，仅仅是由于血红蛋白 β 亚基的第 6 位谷氨酸被缬氨酸取代，仅一个氨基酸的差异，本是水溶性的血红蛋白就会聚集成丝，相互黏着，导致红细胞变成镰刀状而极易破碎，产生贫血。

蛋白质一级结构是空间结构的基础，但随着蛋白质结构研究的深入，人们已认识到蛋白质一级结构并不是决定蛋白质空间构象的唯一因素。

二、蛋白质空间结构与功能的关系

蛋白质的空间结构与各种蛋白质多种多样的功能密切相关，构成毛发的角蛋白因为其分子二级结构中存在大量 α 螺旋而坚韧且富有弹性，蚕丝的丝心蛋白因存在大量 β 折叠结构而柔软、易伸展。

（一）蛋白质构象改变与疾病

若蛋白质的折叠发生错误，尽管一级结构没有改变，但空间构象的变化仍可影响其功能，严重时可导致疾病的发生，有人称此类疾病为蛋白构象疾病。例如，牛海绵状脑病（疯牛病）是由朊病毒引起的一组人和动物神经的退行性病变，其致病机制推测为朊病毒的二级结构有两种不同的构型，当其为 α 螺旋时并不致病，但是在某种未知因素的作用下，α 螺旋转变成 β 折叠时就变成了致病分子，能够传染并引发人和动物患病。肌萎缩侧索硬化（简称 ALS，俗称为渐冻症）也是因为蛋白质的错误折叠后相互聚集，形成沉淀而致病的。

（二）蛋白质的功能依赖于其特定的空间构象

蛋白质的空间构象发生变化，其功能活性也随之改变。当一些小分子物质特异性地与某种蛋白质结合后，使蛋白质的构象发生变化，从而导致其活性改变的现象称为变构效应。例如，血红蛋白在体内的运氧功能就是通过其分子的变化完成的。血红蛋白有紧密型（T 型）和松弛型（R 型）两种能够互变的天然构象。当血红蛋白随红细胞到达肺部毛细血管时，由于氧分压高，O_2 与 T 型血红蛋白的第一个亚基结合后，导致血红蛋白的构象发生改变，与 O_2 的亲和力增强，很快第二、第三个亚基与 O_2

结合，此时血红蛋白变为 R 型。在外周毛细血管中，氧分压较低，而 CO_2、H^+ 浓度较高，它们促使血红蛋白变为 T 型，有利于 O_2 释放入组织中。

第 4 节　蛋白质的理化性质

一、蛋白质的两性解离和等电点

蛋白质分子除了两端游离的氨基和羧基可解离外，侧链中如谷氨酸和天冬氨酸残基中的 γ- 羧基和 β- 羧基，赖氨酸残基中的 ε- 氨基，精氨酸残基的胍基和组氨酸残基的咪唑基，在一定的溶液中都可以解离成带电荷的基团。在蛋白质分子中，既含有可解离出 H^+ 的酸性基团，又含有可结合 H^+ 的碱性基团，因此蛋白质具有两性解离性质。

蛋白质的解离状态受溶液 pH 的影响。当蛋白质溶液处于某一 pH 时，蛋白质解离成阴、阳离子的趋势相等，呈兼性离子状态，净电荷为零，此时溶液的 pH 称为蛋白质的等电点（isoelectric point，pI）。当溶液的 pH 大于 pI 时，蛋白质带负电荷；当溶液的 pH 小于 pI 时，蛋白质带正电荷。蛋白质分子在溶液中的解离状态可用下式表示：

$$
\underset{\substack{\text{蛋白质的阳离子}\\(\mathrm{pH}<\mathrm{pI})}}{P\!\!\nearrow^{NH_3^+}_{\searrow COOH}}
\ \underset{+H^+}{\overset{+OH^-}{\rightleftharpoons}}\
\underset{\substack{\text{蛋白质的兼性离子}\\(\mathrm{pH}=\mathrm{pI})}}{P\!\!\nearrow^{NH_3^+}_{\searrow COO^-}}
\ \underset{+H^+}{\overset{+OH^-}{\rightleftharpoons}}\
\underset{\substack{\text{蛋白质的阴离子}\\(\mathrm{pH}>\mathrm{pI})}}{P\!\!\nearrow^{NH_2}_{\searrow COO^-}}
$$

各种蛋白质分子由于所含的碱性氨基酸和酸性氨基酸残基的数目不同，因而有各自的等电点。凡碱性氨基酸残基含量较多的蛋白质，等电点就偏碱性，如组蛋白、精蛋白等。反之，凡酸性氨基酸残基含量较多的蛋白质，等电点就偏酸性。人体体液中许多蛋白质的等电点在 5.0 左右，所以在体液 pH 7.4 的环境中大多以阴离子形式存在。

带电粒子在电场中向相反电极移动的现象称为电泳。电泳的方向取决于带电粒子所带电荷的性质，电泳的速度取决于带电粒子电荷的多少、分子量的大小等。带电荷多、分子量小者电泳速度快；反之带电荷少、分子量大者电泳速度慢。

二、蛋白质的胶体性质

蛋白质分子量大，直径已达到胶粒 1～100nm 范围，具有胶体溶液的一般性质。溶液中的蛋白质大多呈球形，其疏水基团多聚集在分子内部，表面为亲水基团。亲水基团与水分子产生水合作用，使蛋白质分子表面常被多层水分子所包围，形成水化膜，将蛋白质颗粒彼此隔开，阻止了蛋白质颗粒的相互聚集。当溶液的 pH 不在该蛋白质的等电点时，蛋白质分子表面可带有同种电荷，同性相斥，也能防止蛋白质的聚集沉淀。因此，蛋白质表面的水化膜和同种电荷是使蛋白质亲水胶体稳定的两个因素，若破坏这两个稳定因素，蛋白质极易从溶液中沉淀析出（图 2-9）。

与低分子量物质相比较，蛋白质分子黏度大，扩散速度慢，不易透过半透膜，我们可以利用蛋白质的这一性质来分离提纯蛋白质。做法是将混有小分子杂质的蛋白质溶液放于半透膜制成的袋内，置于流动的水或适宜的缓冲液中，小分子杂质可以从袋中透出去，蛋白质留于袋内，这种方法称为透析。临床上常用的腹膜透析和血液透析应用的就是这个原理（图 2-10）。

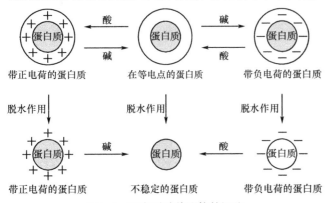

图 2-9　蛋白质胶体颗粒的沉淀

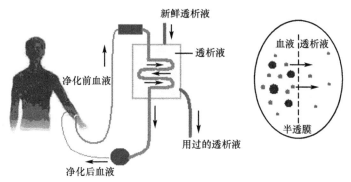

图 2-10　利用蛋白质胶体性质进行血液透析示意图

三、蛋白质的变性、复性与沉淀

（一）变性

在某些物理因素或化学因素的作用下，蛋白质空间结构被破坏，即有序的空间结构变成无序的空间结构，从而导致其理化性质改变和生物学活性丧失，称为蛋白质变性（denaturation）。一般认为蛋白质变性的本质是次级键的破坏，并不涉及肽键和一级结构的变化。引起蛋白质变性的常见物理因素有高温、高压、搅拌、振荡、紫外线照射、超声波等；化学因素有强酸、强碱、有机溶剂、尿素、重金属盐等。

蛋白质变性后，溶解度降低，黏度增大，结晶能力消失，易于被蛋白酶消化，蛋白质的生物学活性也丧失。在临床医学上，变性因素常被应用于消毒灭菌，如乙醇、过氧乙酸和高温高压、紫外线消毒等。反之，注意防止蛋白质变性的发生就能有效地保存蛋白质制剂，如血液制品、疫苗和有活性的酶等。

（二）复性

大多数蛋白质的变性是不可逆的，但当变性程度较轻时，如果去除变性因素，有的蛋白质仍能恢复或部分恢复其原来的构象及功能。变性的蛋白质重新恢复活性称为复性。例如，在牛核糖核酸酶 A 溶液中加入 β- 巯基乙醇和尿素使其变性，酶活性也全部丧失，经过透析，去除尿素和 β- 巯基乙醇，牛核糖核酸酶 A 又可恢复其原来的构象和活性。

（三）沉淀

溶液中蛋白质分子溶解度降低，发生聚集，形成较大的颗粒而从溶液中析出的现象称为蛋白质沉淀。变性的蛋白质易于沉淀，但沉淀的蛋白质不一定变性。引起蛋白质沉淀的主要方法有下述几种。

1. 盐析　在蛋白质溶液中加入大量的中性盐，破坏蛋白质的胶体稳定性而使其沉淀，这种方法称为盐析。高浓度的盐离子夺去了蛋白质胶体分子的水化膜，又抑制了蛋白质的解离，使表面的保护电荷减少。常用来做蛋白质盐析的中性盐有硫酸铵、硫酸钠、氯化钠等。盐析沉淀的蛋白质仍保持蛋白质的活性。调节蛋白质溶液的 pH 至等电点后再用盐析法，蛋白质沉淀的效果更好。

2. 有机溶剂沉淀法　有机溶剂如乙醇、甲醇、丙酮等，对水的亲和力很大，能破坏蛋白质颗粒的水化膜，在等电点时使蛋白质沉淀。在常温下，有机溶剂沉淀蛋白质往往引起变性，乙醇消毒灭菌就是如此。但若在低温条件下（0 ～ 4℃），则变性进行较缓慢，可用于分离制备各种血浆蛋白。

3. 重金属盐沉淀法　蛋白质在碱性溶液（pH 大于等电点）中带负电荷，易与带正电荷的重金属离子如汞、铅、铜、银等结合成盐沉淀。重金属沉淀的蛋白质常是变性的，但若在低温条件下，并控制重金属离子浓度，也可分离制备不变性的蛋白质。临床上利用蛋白质能与重金属盐结合的这种性质，来抢救误服重金属盐中毒的患者，尽快给患者口服大量牛奶或鸡蛋清，然后用催吐剂将结合的重金属盐呕吐出来从而解毒。

 案例 2-1

患者，女，22 岁，学生，与他人生气后自服醋酸铅约 70 g，当时自觉恶心、呕吐，遂被送往医院。患者意识清，精神差，仍觉恶心，未呕吐，体格检查：体温 36.5℃，脉搏 138 次 / 分，呼吸 30 次 / 分，血压 110/70mmHg（1mmHg=0.133kPa），给予洗胃，并口服生蛋清、牛奶等治疗，实验室检查：血铅浓度为 565.744μg/L（正常值参考范围 0 ～ 250μg/L），肝肾功能、血常规等检查未见异常。

问题： 1. 重金属中毒的机制是什么？

2. 蛋白质沉淀的方法有哪些？

4. 生物碱试剂沉淀法 蛋白质又可与某些酸（如三氯乙酸、高氯酸等）结合成不溶性的盐沉淀，沉淀的条件应当是 pH 小于等电点，这样蛋白质带正电荷易于与酸根负离子结合成盐。临床血液化学分析时常利用此原理除去血液中的蛋白质，此类沉淀反应也可用于检验尿中蛋白质。

四、蛋白质的紫外吸收性质

由于蛋白质分子中含有具有共轭双键的酪氨酸和色氨酸，因此蛋白质在 280nm 波长处有特征性的吸收峰。蛋白质光吸收值的大小与蛋白质溶液的浓度成正比，因此可对蛋白质进行定量分析。

五、蛋白质的呈色反应

蛋白质可以发生呈色反应，如与茚三酮反应产生蓝色，与双缩脲试剂反应呈紫色，与酚试剂反应显蓝色等。蛋白质的这些性质可以用来做蛋白质含量的测定。

第 5 节 蛋白质的分类

天然蛋白质的种类繁多，结构复杂，又由于依据不同，分类也多种多样，通常可以见到下面几种分类方法。

一、按分子组成分类

蛋白质从组成上可分为单纯蛋白质和结合蛋白质。单纯蛋白质的分子中只含氨基酸残基。结合蛋白质的分子中除氨基酸外还有非氨基酸成分（辅基），又可按辅基的不同分为核蛋白、磷蛋白、金属蛋白、色蛋白等（表 2-3）。

表 2-3 蛋白质按组成分类

蛋白质类别		举例	非蛋白成分（辅基）
单纯蛋白质		血清蛋白，球蛋白	无
结合蛋白质	核蛋白	病毒核蛋白、染色体蛋白	核酸
	糖蛋白	免疫球蛋白、黏蛋白、蛋白多糖	糖类
	脂蛋白	乳糜微粒、低密度脂蛋白、高密度脂蛋白	脂质
	磷蛋白	酪蛋白、卵黄磷酸蛋白	磷酸
	色蛋白	血红蛋白、细胞色素	色素
	金属蛋白	铁蛋白、铜蓝蛋白	金属离子

二、按分子形状分类

蛋白质从形状上可分为球状蛋白质及纤维状蛋白质等。球状蛋白质的长轴与短轴相差不多，整个分子盘曲呈球状或近似球状，如免疫球蛋白、肌红蛋白、血红蛋白、胰岛素等；纤维状蛋白质的长轴与短轴之比大于 10，整个分子多呈长纤维状，如皮肤中的胶原蛋白、毛发中的角蛋白等。

三、按功能分类

根据功能可将蛋白质分为活性蛋白质和非活性蛋白质两大类。酶、蛋白质激素、运动蛋白质、受体蛋白质、运输和储存的蛋白质等属于活性蛋白质；角蛋白、胶原蛋白等属于非活性蛋白质。

目标检测

一、名词解释

1. 肽键　2. 等电点　3. 结构域

二、单选题

1. 下列氨基酸中属于碱性氨基酸的是

　　A. 丝氨酸　　　B. 赖氨酸　　　C. 谷氨酸

　　D. 酪氨酸　　　E. 苏氨酸

2. 下列氨基酸中属于酸性氨基酸的是

　　A. 半胱氨酸　　B. 脯氨酸　　　C. 色氨酸

　　D. 精氨酸　　　E. 谷氨酸

3. 蛋白质分子中不存在的氨基酸是

　　A. 半胱氨酸　　B. 赖氨酸　　　C. 鸟氨酸

　　D. 脯氨酸　　　E. 组氨酸

4. 蛋白质紫外吸收的最大波长是

　　A. 250nm　　　B. 260nm　　　C. 270nm

　　D. 280nm　　　E. 290nm

5. 变性后的蛋白质，其主要特点是

　　A. 分子量降低　　　　B. 溶解度增加

　　C. 一级结构破坏　　　D. 不易被蛋白酶水解

　　E. 生物学活性丧失

6. 胰岛素分子中 A 链和 B 链之间的交联是靠

　　A. 离子键　　　B. 疏水键　　　C. 氢键

　　D. 二硫键　　　E. 范德瓦耳斯力

7. 维系蛋白质二级结构稳定的主要化学键是

　　A. 离子键　　　B. 氢键　　　C. 疏水作用

　　D. 肽键　　　　E. 二硫键

8. 具有四级结构的蛋白质分子，在一级结构分析时发现

　　A. 具有一个以上的 N 端和 C 端

　　B. 只有一个 N 端和 C 端

　　C. 具有一个 N 端和几个 C 端

　　D. 具有一个 C 端和几个 N 端

　　E. 一定有二硫键存在

9. 维系蛋白质一级结构的化学键主要是

　　A. 范德瓦耳斯力　　　　　　B. 二硫键

　　C. 氢键　　　　　　　　　　D. 离子键

　　E. 肽键

三、简答题

1. 简述蛋白质二级结构的概念。二级结构主要有几种形式？稳定二级结构的化学键主要有哪些？

2. 简述蛋白质变性的概念。蛋白质变性后有哪些性质改变？简述蛋白质变性的应用。

（刘国玲）

第3章
核酸的结构与功能

核酸（nucleic acid）是生物体内重要的大分子，是由其基本结构单位核苷酸按照一定的顺序和方式连接而成的多聚核苷酸。核酸根据其组成不同，可分为脱氧核糖核酸（DNA）和核糖核酸（RNA）两大类。DNA 是主要的遗传物质，通常存在于细胞核内；RNA 主要参与遗传信息的传递与表达，通常存在于细胞质和细胞核中。

第1节　核酸的组成

一、核酸的化学组成

核酸分子含有碳、氢、氧、氮、磷等元素，其中磷的含量相对恒定，为 9%～10%，是核酸的特征元素。因此可以通过测定生物样品中磷的含量来推算其中核酸的含量。

核酸的基本结构单位为核苷酸（图 3-1）。核苷酸可分解为核苷和磷酸。核苷再进一步分解可生成戊糖和碱基。核酸中的戊糖有 D- 核糖和 D-2- 脱氧核糖两类。含有 D- 核糖的核酸为 RNA，含有 D-2- 脱氧核糖的核酸则为 DNA。核酸中的碱基也分为嘌呤碱和嘧啶碱两大类。

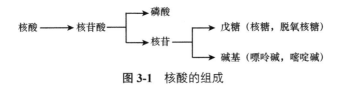

图 3-1　核酸的组成

二、核　苷　酸

（一）核苷

核苷（nucleoside）是由核糖（或脱氧核糖）和碱基通过糖苷键缩合而成的一种糖苷。

1. 戊糖　核酸中的戊糖有 D- 核糖和 D-2- 脱氧核糖（图 3-2）。两者的差别在于 D-2- 脱氧核糖的第二位碳原子上比 D- 核糖少一个氧原子。

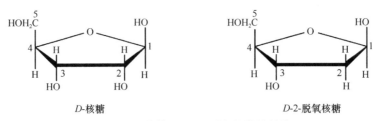

图 3-2　D- 核糖和 D-2- 脱氧核糖的结构

2. 碱基　核酸中的碱基分为嘌呤碱和嘧啶碱两大类。

（1）嘌呤碱　由嘌呤衍生而来。核酸中常见的嘌呤碱有腺嘌呤（adenine，A）和鸟嘌呤（guanine，

G），其化学结构式如图 3-3 所示。DNA 和 RNA 所含嘌呤碱相同。

（2）嘧啶碱　由嘧啶衍生而来。核酸中常见的嘧啶碱有胞嘧啶（cytosine，C）、尿嘧啶（uracil，U）和胸腺嘧啶（thymine，T）。DNA 中含有胞嘧啶和胸腺嘧啶。RNA 中含有胞嘧啶和尿嘧啶。

图 3-3　嘌呤碱和嘧啶碱的结构

（3）稀有碱基　除以上常见碱基外，核酸中还含有一些含量较少的碱基，称为稀有碱基。稀有碱基大多数都是甲基化的碱基，种类极多。tRNA 含有较多稀有碱基。

3. 核苷　核糖和碱基通过糖苷键相连形成核糖核苷，脱氧核糖和碱基相连则形成脱氧核糖核苷。通常，戊糖的第一位碳原子（C-1′）与嘌呤碱的第九位氮原子（N-9）通过糖苷键相连形成嘌呤核苷；戊糖的第一位碳原子（C-1′）与嘧啶碱的第一位氮原子（N-1）相连形成嘧啶核苷。核苷的命名通常在"核苷"两字前冠以碱基名称，再说明戊糖的种类（图 3-4），如腺嘌呤核苷、胞嘧啶脱氧核苷等。

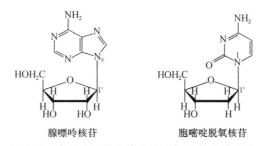

图 3-4　腺嘌呤核苷和胞嘧啶脱氧核苷的结构式

（二）核苷酸

核苷或脱氧核苷 C-5′原子上的羟基与磷酸通过磷酸酯键脱水缩合，生成核糖核苷酸和脱氧核糖核苷酸，其分子结构式见图 3-5。核糖核苷酸是构成 RNA 的基本单位，而脱氧核糖核苷酸是构成 DNA 的基本单位。

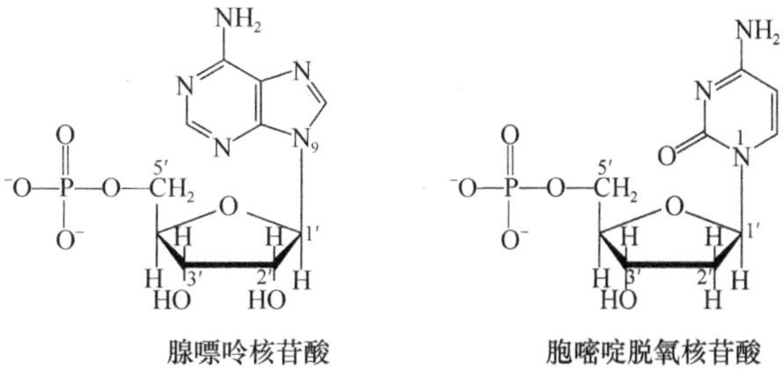

图 3-5　腺嘌呤核苷酸和胞嘧啶脱氧核苷酸的结构式

核糖核苷酸根据磷酸数目不同，又可分为核苷一磷酸（NMP）、核苷二磷酸（NDP）和核苷三磷酸（NTP）；而脱氧核糖核苷酸可分为脱氧核苷一磷酸（dNMP）、脱氧核苷二磷酸（dNDP）和脱氧核苷三磷酸（dNTP）。除构成核酸外，核苷酸在体内具有许多重要功能，如腺苷三磷酸（ATP）是体内能量的直接来源，在生命活动中起重要作用。ATP 的结构式如图 3-6 所示。

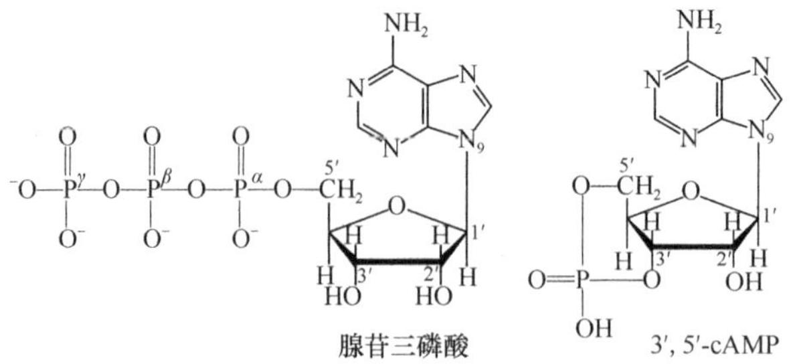

图 3-6　腺苷三磷酸（ATP）的结构式和环化腺苷酸（3′, 5′-cAMP）

此外，在生物体内还存在一些环化核苷酸，它们在细胞功能调节和信号转导上起重要作用，如 3′, 5′-环化腺苷酸（图 3-6）、3′, 5′- 环化鸟苷酸是激素的第二信使。

第 2 节　DNA 的结构与功能

脱氧核糖核酸（DNA）是由脱氧核糖核苷酸聚合而成的生物大分子，是遗传信息的载体。

一、DNA 的结构

（一）DNA 的一级结构

四种脱氧核糖核苷酸通过 3′, 5′- 磷酸二酯键按一定的顺序连接起来，最终形成脱氧核糖核酸。DNA 分子中四种脱氧核糖核苷酸的排列顺序就是 DNA 的一级结构。核苷酸之间的差异主要在于碱基不同，因此碱基的排列顺序也代表了核苷酸的排列顺序。生物的遗传信息就储存于 DNA 分子的碱基排列顺序之中。

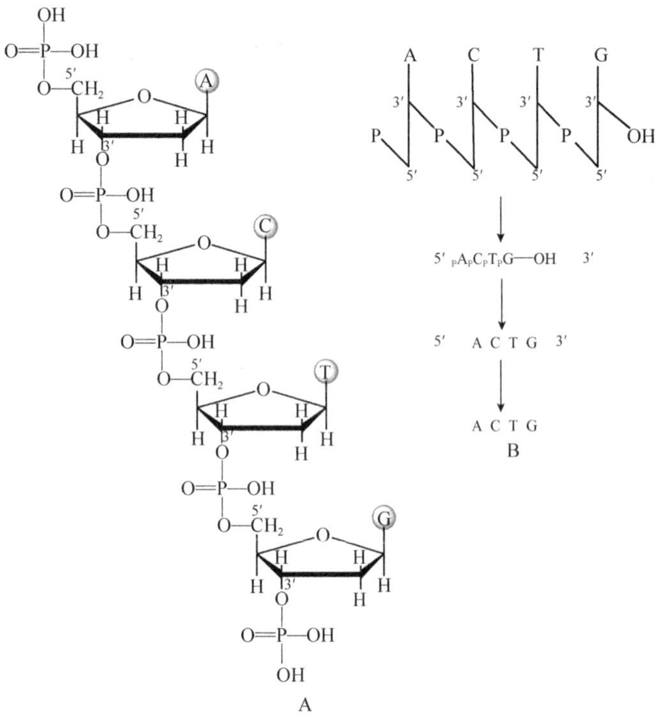

DNA 的一级结构见图 3-7，其中 3′, 5′- 磷酸二酯键是由前一个脱氧核苷酸的第 3 位碳原子（C_3'）上的羟基与后一个脱氧核苷酸的第 5 位碳原子（C_5'）上的磷酸脱水缩合而成的。多个核苷酸通过 3′, 5′- 磷酸二酯键相连则形成多核苷酸链。多核苷酸链折叠卷曲最终形成核酸。

多核苷酸链有两个末端，一个是带有游离磷酸基团第 5 位碳原子的一端，称为 5′ 端；另一个是带有游离羟基第 3 位碳原子的一端，称为 3′ 端。书写多核苷酸链时，通常 5′ 端写在左侧，3′ 端写在右侧，书写的方向是 5′ → 3′（图 3-7）。

核酸分子的大小通常用核苷酸的数目来表示，而核苷酸的数目与碱基数目一致，故也可用碱基数目来表示核酸分子的大小。因为 DNA 分子通常是双链，碱基成对出现，所以可用碱基对（base pair, bp）的数目来表示 DNA 分子的大小，如人类基因组的大小为

图 3-7　DNA 的一级结构

A. DNA 多核苷酸链片段；B. 多核苷酸链简写方式

$3 \times 10^9 \text{bp}$。

（二）DNA 的二级结构

DNA 的二级结构是双螺旋结构。1953 年沃森和克里克在前人研究工作的基础上提出了 DNA 双螺旋结构模型（图 3-8），该结构模型具有以下特征。

1. DNA 双螺旋结构是由两条反向平行的脱氧多核苷酸链围绕同一中心轴形成的。一条链为 5′→3′，而另外一条链为 3′→5′。两条链均为右手螺旋。双螺旋表面有大沟和小沟。

2. DNA 双螺旋的平均直径为 2.37nm。两个相邻的碱基对相距 0.34nm，沿着中心轴 DNA 分子每旋转一周有 10.5 对碱基对，故螺距为 3.54nm。

3. DNA 的骨架结构由磷酸和脱氧核糖经 3′, 5′- 磷酸二酯键连接而成，位于螺旋外侧。螺旋内侧是碱基，碱基为扁平结构，成对存在且垂直于螺旋的轴。

4. 两条脱氧核苷酸链通过碱基之间形成的氢键相连，其中腺嘌呤和胸腺嘧啶配对，形成两个氢键；鸟嘌呤和胞嘧啶配对，形成三个氢键。配对的碱基称为互补碱基。

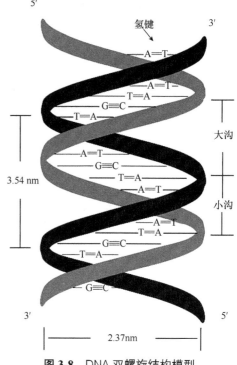

图 3-8 DNA 双螺旋结构模型

5. DNA 双螺旋结构稳定的作用力主要有两种。碱基之间的氢键维持双螺旋的横向稳定，而碱基堆积力维系双螺旋结构的纵向稳定。

DNA 的结构会因环境条件差异而有所不同，常见的基本构型有 A 型、B 型、Z 型等，而沃森和克里克提出的结构模型是 B 型。

（三）DNA 的超螺旋结构

DNA 的超螺旋结构是在双螺旋结构的基础上进一步折叠、弯曲所形成的特定构象，是 DNA 三级结构的一种常见形式，包括正超螺旋和负超螺旋。正超螺旋指的是超螺旋的扭曲方向与双螺旋方向一致，DNA 链彼此缠绕得更紧；负超螺旋则与之相反。天然环状 DNA 的构象通常呈现出负超螺旋，这是因为遗传信息的复制、传递等过程中需要将 DNA 双链解开，而负超螺旋更易解链，从而更利于这些生命活动的进行。

（四）DNA 与蛋白质复合物的结构

生物体内的核酸通常都在超螺旋的基础上，与蛋白质结合形成核蛋白。

1. 细菌拟核　细菌是原核生物，其染色体 DNA 结合碱性蛋白和少量 RNA，形成许多突环，并进一步组装成致密的小体，称为拟核。拟核是细菌生长、繁殖、遗传、变异的物质基础。

2. 真核生物染色体　其基本结构单位是核小体。核小体由组蛋白核心和盘绕其上的 DNA 链组成（图 3-9）。组蛋白核心是八聚体，由组蛋白 H_2A、H_2B、H_3、H_4 各两分子组成。连接的 DNA 链则由组蛋白 H_1 固定。核小体通过 DNA 链连接起来便形成了核小体链，其形态犹如串珠。串珠状核小体链进一步卷曲盘绕成直径为 30nm 的中空状螺旋管，即染色质纤丝。染色质纤丝进一步压缩，最后才组装成染色体。真核生物染色体将 DNA 压缩近万倍（图 3-9）。

二、DNA 的功能

DNA 是遗传的物质基础，其携带的遗传信息以基因形式存在。基因（gene）是 DNA 分子中具有遗传效应的特定区段。基因一方面通过复制能将携带的遗传信息遗传给子代，另一方面通过转录和翻译指导有序合成生命活动所需的各种 RNA 和蛋白质。

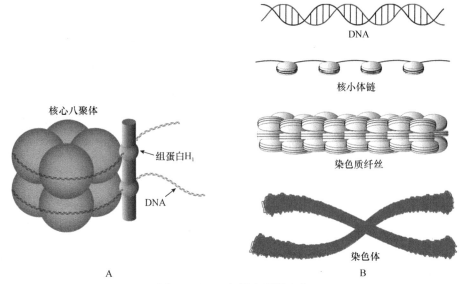

图 3-9 DNA 与蛋白质复合物
A. 核小体的结构；B. 真核生物染色体

一个生物的全部基因序列称为基因组（genome）。基因组包含编码序列和非编码序列。编码序列可编码 RNA 和蛋白质，而非编码序列通常起调控等作用。通常，生物的进化程度越高，基因组编码的信息量也越大。自然界中简单生物的基因组仅含有几千个碱基对，而高等动物的基因组可高达几十万个碱基对，如人类基因组的大小高达 3×10^9 bp。

第 3 节　RNA 的结构与功能

核糖核酸（RNA）是由核糖核苷酸聚合而成的生物大分子，主要参与遗传信息的传递与表达。生物体内的 RNA 多种多样，其中参与蛋白质合成的 RNA 有核糖体 RNA、转运 RNA 和信使 RNA。

一、RNA 的结构

（一）RNA 的一级结构

RNA 的一级结构与 DNA 类似，也是由四种核苷酸通过 3′, 5′- 磷酸二酯键按一定的排列顺序连接而成。RNA 的一级结构与 DNA 的区别主要在于两者的戊糖和碱基的差异。DNA 中的戊糖为脱氧核糖，而 RNA 中的戊糖为核糖。DNA 中的四种碱基为腺嘌呤（A）、鸟嘌呤（G）、胞嘧啶（C）、胸腺嘧啶（T），而 RNA 中不含有胸腺嘧啶（T），取而代之的是尿嘧啶（U）。

（二）RNA 的高级结构

RNA 分子通常是单链结构，但自身回折通过碱基配对能形成局部双螺旋结构，再借助链内次级键折叠形成三级结构。除 tRNA 外，细胞内的 RNA 几乎都与蛋白质结合形成核蛋白。

二、常见 RNA

（一）mRNA 的结构与功能

信使 RNA（messenger RNA，mRNA）是遗传信息的传递者，含量少，仅占 RNA 总量的 2%～5%。通常双链 DNA 中的一条链通过碱基互补配对转录形成 mRNA，而后 mRNA 作为 DNA 序列的信息传递中间体，直接作为模板翻译出蛋白质。

原核生物 mRNA 的转录和翻译发生在同一区域。多数原核生物的 mRNA 都不稳定，其降解紧随翻译进行，半衰期只有几分钟，甚至更短。真核生物 mRNA 的合成和成熟发生在细胞核内，而后成熟的 mRNA 以核糖核蛋白的形式转运到核糖体内进行翻译。真核生物 mRNA 的稳定性比原核生物高，其半衰期达数小时甚至数天。

真核生物的成熟 mRNA 是由其前体核内不均一 RNA（heterogeneous nuclear RNA，hnRNA）剪接、修饰而成。成熟 mRNA 的结构特点是含有特殊的 5′ 端帽子结构和 3′ 端多聚 A 尾结构（图 3-10）。

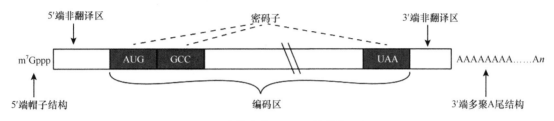

图 3-10　真核生物 mRNA 的结构示意图

1. 5′ 端帽子结构　真核生物成熟 mRNA 在 5′ 端以 7- 甲基鸟嘌呤核苷三磷酸（m^7Gppp）为起始结构，称为 5′ 端帽子结构。该结构可以避免 5′ → 3′ 核酸外切酶的切割，从而保护 mRNA 不被降解，增强其稳定性。此外，5′ 端帽子结构对于 mRNA 从细胞核转运到细胞质、与核糖体结合、与翻译起始因子结合等方面均有重要作用。

2. 3′ 端多聚 A 尾结构　真核生物成熟 mRNA 的 3′ 端有一段约 200 个腺苷酸连接而成的多聚腺苷酸结构，称为多聚 A 尾结构。该结构的添加发生在细胞核内。多数真核生物 mRNA 中，多聚 A 尾与多聚 A 尾蛋白质相结合。该结构可稳定 mRNA 以防止其降解，此外还能促进 mRNA 转运、调控蛋白质合成等。

3. mRNA 的功能　mRNA 是遗传信息的传递者，可以直接作为蛋白质合成模板。mRNA 从 5′ 端的碱基序列 AUG 开始，每连续 3 个核苷酸为一组，能够编码肽链上的一个氨基酸。mRNA 上 3 个连续的核苷酸称为三联体密码或密码子。

（二）tRNA 的结构与功能

转运 RNA（transfer RNA，tRNA）在蛋白质合成过程中具有转运氨基酸的作用。tRNA 由 74 ～ 95 个核苷酸组成。tRNA 约占细胞 RNA 总量的 15%，且含有较多稀有碱基，如双氢尿嘧啶、甲基腺嘌呤、甲基鸟嘌呤、假尿嘧啶等。

1. tRNA 的二级结构　为茎环结构，呈三叶草形。tRNA 中部分碱基互补配对，形成双螺旋区，构成叶茎。不配对的单链区则构成突环，且这些突环区犹如三片叶子。tRNA 的二级结构主要由氨基酸臂、TψC 环、额外环、反密码子环、二氢尿嘧啶环五部分组成（图 3-11A）。

氨基酸臂的 3′ 端有不配对的 CCA 碱基序列，其未配对的 2′ 位和 3′ 位的羟基能接受活化的氨基酸。TψC 环即假尿嘧啶 - 胸腺嘧啶核糖核苷环，其中的 ψ 代表假尿嘧啶，是一种稀有碱基。额外环在 TψC 环与反密码子环之间，不同 tRNA 具有不同大小的额外环，是 tRNA 分类的重要依据。反密码子环中部有 3 个相邻的核苷酸是反密码子。反密码子能与 mRNA 分子上的密码子互补配对，从而识别密码子，使得 tRNA 携带的氨基酸能正确连接到肽链的相应位置。二氢尿嘧啶环含有两个二氢尿嘧啶。

2. tRNA 的三级结构　tRNA 具有倒 "L" 形的三级结构。该结构由继续保持其形态的二级茎环结构进一步折叠而成。其中氨基酸臂与 TψC 环形成一条连续双螺旋，二氢尿嘧啶环与反密码子环形成另一条连续双螺旋，两条双螺旋互相垂直，形成倒 "L" 形（图 3-11B）。执行功能的氨基酸臂和反密码子环都在 "L" 形的轴末端。

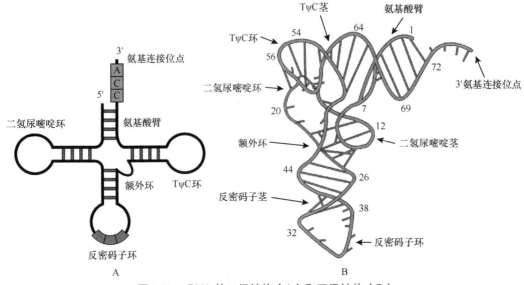

图 3-11 tRNA 的二级结构（A）和三级结构（B）

3. tRNA 的功能 tRNA 参与蛋白质的合成，起着运输氨基酸和识别密码子的作用。此外，tRNA 还有很多其他生物功能，如参与细胞代谢和基因调节表达。

（三）rRNA 的结构与功能

核糖体 RNA（ribosomal RNA，rRNA）约占细胞内 RNA 总量的 80%，是细胞内含量最多的 RNA。rRNA 与核糖体蛋白结合构成核糖体。核糖体是合成蛋白质的场所。核糖体的化学本质是核酶，其中 rRNA 催化蛋白质中肽键的合成，而核糖体蛋白则维持 rRNA 的构象。

核糖体由两个亚基组成，每个亚基都包含 rRNA 和结合在外的蛋白质。其中一个亚基较大，称为大亚基，是肽基转移酶中心；另一个亚基较小，称为小亚基，是核糖体的解码中心。

第 4 节 核酸的理化性质

一、核酸的一般性质

核酸是生物大分子，具有生物大分子的一般特性。不同种类的核酸分子大小差异较大，如 DNA 分子远大于 RNA 分子。核酸溶液黏度很大，又由于 DNA 分子更大且为双链，因此 DNA 溶液的黏度比 RNA 溶液的黏度大。此外，当 DNA 变性时，其黏度下降。

核酸属于极性化合物，通常微溶于水，不溶于乙醇、乙醚、三氯甲烷等有机溶剂。在不同浓度的 NaCl 溶液中，核酸的溶解度也不同。通常 DNA 易溶于高盐浓度，而 RNA 易溶于低盐浓度。

核酸分子中既有碱性基团，又有酸性的磷酸基团，所以核酸是两性电解质。由于碱性基团的碱性较弱，磷酸基团的酸性较强，故核酸具有较强的酸性。

二、核酸的紫外吸收

核酸中的嘌呤碱和嘧啶碱具有共轭双键，使得碱基、核苷、核苷酸、核酸在 240～290nm 波长处具有强烈的紫外吸收特征，最大吸收峰在 260nm 波长处。利用核酸的紫外吸收特性，常用紫外分光光度法对核酸进行定性和定量分析。此外，核酸的紫外吸收值还可作为核酸变性和复性的指标。

三、核酸的变性与复性

（一）核酸变性

核酸变性是指在某些理化因素的影响下，核酸的空间结构发生改变，从而使其理化性质和生物学活性发生变化。核酸变性只改变其空间结构，并不改变核酸的一级结构，即核苷酸的组成和排列顺序并不发生改变。核酸一级结构中的 $3',5'$-磷酸二酯键断裂称为降解，有时核酸的变性和降解可同时进行。引起核酸变性的因素有很多，如高温、强酸、强碱、有机溶剂、尿素等，其中由温度升高引起的变性称为核酸的热变性。

当将 DNA 的稀盐溶液加热到 80 ～ 100℃时，DNA 天然双螺旋结构松散成单链，使其在 260nm 波长处的紫外吸光度增加，该现象称为增色效应。增色效应是因为 DNA 双链解开后，更多的共轭双键暴露出来导致的。

连续加热 DNA 稀盐溶液的过程中，以温度为横坐标，以 DNA 溶液在 260nm 处的吸光度 A_{260nm} 为纵坐标作图，所得曲线称为解链曲线（图 3-12）。从 DNA 的解链曲线可知，DNA 的变性发生在一个很窄的温度范围内，是爆发式的。通常在解链过程中，A_{260nm} 达到最大吸光值的 50% 时，热变性使得 DNA 双螺旋结构失去一半，此时的温度称为解链温度（melting temperature）或熔解温度，用 T_m 表示。一般 DNA 的 T_m 值为 80 ～ 95℃。

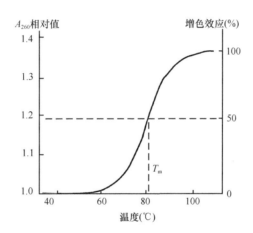

图 3-12　DNA 的解链曲线

DNA 分子的 T_m 值与其分子大小、碱基组成等有关。DNA 分子越大，两条链之间的氢键数量越多，解开双螺旋所需能量越多，T_m 值越高。DNA 分子中 G-C 碱基对含量越高，T_m 值越高，两者成正比关系。这是因为 G-C 碱基对之间含有 3 个氢键，而 A-T 碱基对之间只有 2 个氢键，所以含 G-C 碱基对多的 DNA 分子更稳定。可通过测定 T_m 值来推断 DNA 分子中 G-C 碱基对的含量；也可通过 G-C 碱基对的含量来计算 T_m 值。

此外，RNA 也可以发生变性，但由于 RNA 分子只在局部具有双螺旋区，故其转变不如 DNA 分子明显。RNA 变性曲线更平缓，T_m 值更低。tRNA 具有较多的双螺旋区，故其变性曲线也较陡，具有相对较高的 T_m 值。

（二）核酸的复性

在适当条件下，变性的单链能够重新配对，恢复原来的双螺旋结构，这一现象称为复性（renaturation）。热变性的 DNA 分子经缓慢冷却，可复性，该过程称为退火。最适宜的复性温度称为退火温度，一般约比 T_m 值低 25℃。

核酸分子热变性后，若温度迅速降低，则不能复性。在一些情况下，可将热变性的 DNA 骤然冷却，使其不可发生复性，从而保持 DNA 的变性状态。

四、核酸分子杂交

不同来源的单链核酸分子结合形成杂化双链核酸分子的过程称为分子杂交（molecular hybridization）。分子杂交可发生在 DNA 与 DNA 之间、DNA 与 RNA 之间、RNA 与 RNA 之间。只要两种单链核酸分子之间存在一定程度的碱基互补配对，就可以形成杂化分子。

核酸分子杂交是研究核酸的一个重要方法，在分子生物学和分子遗传学中应用极广。许多重大的分子遗传问题都是用分子杂交来解决的。例如，可用分子杂交来研究 DNA 分子中某一基因的位置、鉴定两种核酸分子之间的相似性、检测某一序列在待测样品中存在与否。

目标检测

一、名词解释

1. 核苷酸　2. mRNA　3. 核酸变性

二、单选题

1. 下列哪种元素为核酸的特征元素

  A. 氮　　　　　　　　　　B. 磷

  C. 氧　　　　　　　　　　D. 碳

  E. 氢

2. 核酸中核苷酸之间的连接方式是

  A. 2′, 3′- 磷酸二酯键　　B. 3′, 5′- 磷酸二酯键

  C. 2′, 5′- 磷酸二酯键　　D. 糖苷键

  E. 肽键

3. 在 DNA 中，A 与 T 之间存在

  A. 1 个氢键　　　　　　B. 2 个氢键

  C. 3 个氢键　　　　　　D. 1 个肽键

  E. 2 个肽键

4. 有关 DNA 二级结构的特点，不正确的是

  A. 两条脱氧多核苷酸链反向平行围绕同一中心轴构成双螺旋

  B. 双条链均为右手螺旋

  C. 以 A-T，G-C 方式形成碱基配对

  D. 骨架由脱氧核糖和磷酸连接而成，位于内侧

  E. 碱基之间的氢键维持双螺旋的横向稳定

5. 与片段 5′-TAGA-3′ 互补的 RNA 片段为

  A. 5′-AGAT-3′　　　　　B. 5′-TCTA-3′

  C. 5′-AUAT-3′　　　　　D. 5′-UCUA-3′

  E. 5′-AUCU-3′

6. 如果双链 DNA 的胸腺嘧啶含量为碱基总量的 20%，则鸟嘌呤含量为

  A. 10%　　　　　　　　B. 20%

  C. 30%　　　　　　　　D. 40%

  E. 60%

7. RNA 病毒不具有以下哪种碱基

  A. 腺嘌呤 A　　　　　　B. 鸟嘌呤 G

  C. 尿嘧啶 U　　　　　　D. 胞嘧啶 C

  E. 胸腺嘧啶 T

8. tRNA 的二级结构是

  A. α 螺旋　　　　　　　B. 麻花形

  C. 三叶草形　　　　　　D. 倒 "L" 形

  E. 双螺旋

9. T_m 是指

  A. 双螺旋 DNA 达到完全变性时的温度

  B. 双螺旋 DNA 开始变性时的温度

  C. 双螺旋 DNA 变性 1/2 时的温度

  D. 双螺旋 DNA 变性 1/4 时的温度

  E. 双螺旋 DNA 变性 3/4 时的温度

10. 关于 DNA 变性概念的叙述，错误的是

  A. 变性后 260nm 波长处紫外吸收不改变

  B. 变性时两条键解离

  C. 变性的二级结构被破坏

  D. 变性不伴有共价键断裂

  E. 加热可导致变性

三、简答题

1. 请简述 DNA 分子和 RNA 分子在组成上的异同。

2. 请简述 DNA 双螺旋结构模型的特征。

3. 请简述 mRNA、tRNA、rRNA 的结构特征和功能要点。

（易智莉）

第4章 酶

第1节 概 述

生物体每时每刻都在进行着新陈代谢，这些代谢活动无不以化学反应为基础，需要通过连续不断的、有条不紊的、类型多样的化学反应来进行。例如，在体外环境中，这些化学反应往往需要在高温、高压、强酸、强碱等剧烈条件下才能发生，而在生物体内，这些反应能在温和的条件下迅速、有序地进行，这是因为生物体内存在着一类极为重要的生物催化剂——酶。因此，酶在生物体物质代谢中发挥着重要作用，与医学的关系十分密切。

一、酶的概念

酶（enzyme，E）是活细胞合成的对其特异底物具有高效催化作用的特殊蛋白质。在酶学中，由酶催化完成的化学反应称为酶促反应。在酶促反应中，被酶催化的物质称为底物（substrate，S），反应生成的物质称为产物（product，P）。酶所具有的催化能力称为酶的活性。在一定条件下，酶若失去催化能力则称为酶的失活。

> **链接**
>
> **核 酶**
>
> 传统概念中酶是蛋白质。美国科罗拉多大学的 T.Cech 和耶鲁大学的 S.Altman 发现 RNA 分子可以在不需要任何其他物质帮助的条件下进行自身的切割、断裂和再装配，本身可以起到传统概念中酶的作用，称为核酶（ribozyme）。两位科学家因此在 1989 年获得诺贝尔化学奖。

二、酶的命名和分类

（一）酶的命名

酶的命名有习惯命名和系统命名两种方法。

1. 习惯命名法　主要根据酶所催化的底物、酶促反应的性质及酶的来源来命名的方法称为习惯命名法，如蛋白酶、乳酸脱氢酶、唾液淀粉酶等。习惯命名法简单易记，使用方便，因此沿用至今，但该命名方法缺乏系统性，有时会出现一酶数名或多酶同名的情况，容易导致酶的名称混乱。

2. 系统命名法　随着新种类的酶不断被发现，为了适应酶学的发展，克服习惯命名法的弊端，需要对已知的酶进行科学化、标准化的命名，国际生物化学联合会酶学专业委员会（IEC）于 1961 年提出了酶的系统命名法。该方法要求标明酶的所有底物和酶催化的反应类型，底物名称之间用"："隔开，若底物之一为水，则可以略去。此外还给予每种酶以特定的系统编号，由 4 个数字组成，分别表示该酶所属的类别、亚类、亚 - 亚类和在亚 - 亚类中的序号，数字前冠以 EC。

系统命名法相当严谨，在国际科学文献中被规范化使用，但鉴于催化多底物反应的酶得到的系统名称过长或过于繁杂，给常规应用带来不便，国际生物化学联合会酶学专业委员会又从每种酶的数个习惯名称中选定一个简便实用的作为推荐名称，如 1, 4-α-D- 葡聚糖：磷酸 α-D- 葡萄糖基转移酶的推荐名称为糖原磷酸化酶。

（二）酶的分类

国际生物化学联合会酶学专业委员会根据酶促反应的性质，将酶分为七大类。

1. 氧化还原酶类　指催化底物进行氧化还原反应的酶类，如琥珀酸脱氢酶、3- 磷酸甘油醛脱氢酶、过氧化氢酶等。

2. 转移酶类　指催化底物分子之间进行基团的转移或交换的酶类，如丙氨酸氨基转移酶、肌酸激酶、糖原磷酸化酶等。

3. 水解酶类　指催化底物发生水解反应的酶类，如淀粉酶、脂肪酶、蛋白酶等。

4. 裂合酶类　指催化底物分子移去一个基团并留下双键的非水解性反应或其逆反应的酶类，如丙酮酸脱羧酶、柠檬酸合成酶、醛缩酶等。

5. 异构酶类　指催化各种同分异构体之间相互转化的酶类，如磷酸己糖异构酶、磷酸甘油酸变位酶、消旋酶等。

6. 连接酶类（或合成酶类）　指催化两分子底物合成一分子化合物，同时伴有 ATP 分子（或其他核苷三磷酸）中的高能磷酸键水解的酶类，如氨基酸 -tRNA 合成酶、谷氨酰胺合成酶、谷胱甘肽合成酶等。

7. 转位酶类（或易位酶类）　催化离子或分子跨膜转运或在膜内移动的酶类，如 ATP-ADP 转位酶、脂肪酸转位酶、阴离子转位酶等。

三、酶作用的特点

酶是催化剂，因此具有一般催化剂的共性，即在化学反应的前后，酶没有量和质的改变；只能催化热力学上允许进行的化学反应；只能缩短达到化学反应平衡所需的时间，而不能改变反应的平衡点。而酶作为生物催化剂，又具有一般化学催化剂所没有的生物大分子特性，使酶促反应具有特殊的性质。

（一）高度的催化效率

酶的催化效率极高，是一般催化剂无可比拟的，对于同一化学反应，酶的催化效率通常比一般催化剂高 $10^7 \sim 10^{13}$ 倍。酶催化作用的机制是降低反应的活化能，与一般催化剂相比，酶能更有效、更显著地降低反应的活化能，因此酶的催化效率更高。

例如，在过氧化氢分解生成水和氧的反应中，用胶体钯做催化剂时需要的活化能为 48.9kJ/mol，其反应速度比无催化剂时提高了 10^7 倍，而用过氧化氢酶做催化剂时需要的活化能仅为 8.4kJ/mol，其反应速度加快了 10^{11} 倍。

（二）高度的特异性

酶对其所催化的底物和反应类型具有较严格的选择性，即酶只能催化某一种或某一类化合物或一定的化学键，发生一定的化学变化并生成一定的产物，这种现象称为酶的特异性或专一性。酶的特异性根据对底物结构要求的严格程度不同，可分为绝对特异性、相对特异性、立体异构特异性 3 种类型。

1. 绝对特异性　有些酶对底物的选择很严格，只作用于某一种底物，进行某一个特定的反应，生成特定结构的产物，这种特异性称为绝对特异性。例如，脲酶只能催化尿素水解生成 NH_3 和 CO_2，而对尿素的衍生物甲基尿素，尽管结构相似但也无催化作用。

2. 相对特异性　有些酶对底物的选择不是很严格，它们可催化某一类化合物或某一种化学键发生反应，这种特异性称为相对特异性。例如，蛋白酶可催化多种蛋白质分子中的肽键水解，对蛋白质的种类并没有严格要求。

3. 立体异构特异性　有些酶对底物的立体构型有要求，只能催化其中的一种立体异构体进行反应，对另外的构型不起作用，酶的这种选择性称为立体异构特异性。

（三）高度的不稳定性

酶的化学本质是蛋白质，凡是能使蛋白质变性的理化因素，如高温、高压、剧烈振荡、紫外线照射、强酸、强碱、重金属盐、有机溶剂等都可以使酶变性而失去其催化活性，因此酶促反应需要为其提供合适的环境。

（四）酶活性的可调节性

酶自身在不断新陈代谢，其活性受机体内多种因素（如底物浓度和产物浓度的变化、激素、神经系统等）调节控制，从而使体内各种化学反应有条不紊、协调地进行，以适应机体内不断变化的内、外环境和生命活动的需要。一旦破坏了酶活性调节的有序性和适应性，就会导致物质代谢紊乱，引发疾病。

第 2 节　酶的结构与作用机制

一、酶的分子组成

酶的化学本质是蛋白质，具有一般蛋白质的结构。只含有一条多肽链的酶称为单体酶，如溶菌酶、牛胰核糖核酸酶 A 等；以非共价键相连的多亚基酶称为寡聚酶，如磷酸果糖激酶 -1 含有 4 个亚基。此外，由几种具有不同催化功能的酶彼此聚合形成的复合物称为多酶复合物，如丙酮酸脱氢酶复合物含有 3 种酶和 5 种辅助因子。

根据分子组成成分的不同，可将酶分为单纯酶和结合酶两类。

1. 单纯酶　指仅由氨基酸残基构成的酶，属于单纯蛋白质。例如，催化水解反应的淀粉酶、脂肪酶、蛋白酶、磷酸酶、核糖核酸酶等均是单纯酶。

2. 结合酶　指由蛋白质和非蛋白质两部分组成的酶，其中蛋白质部分称为酶蛋白，非蛋白质部分称为辅助因子，两者结合形成的完整分子亦称为全酶（holoenzyme）。生物体内大多数酶是结合酶，酶蛋白和辅助因子对于结合酶发挥催化作用都是必需的，因此二者单独存在时均无活性，只有结合形成全酶时才能发挥催化作用。

辅助因子多为无机金属离子或小分子有机化合物。金属离子是最常见的辅助因子，大约 2/3 的酶都含有金属离子，如过氧化氢酶中含有 Fe^{2+}、碱性磷酸酶中含有 Mg^{2+}、柠檬酸合酶中含有 K^+、碳酸酐酶中含有 Zn^{2+} 等。作为辅助因子的小分子有机化合物多数是 B 族维生素的衍生物或卟啉化合物。根据辅助因子与酶蛋白结合的紧密程度和作用特点不同，酶的辅助因子可分为辅酶和辅基两类。其中，与酶蛋白结合紧密，不能通过透析或超滤将其分开的辅助因子称为辅基；反之，与酶蛋白结合疏松，可以用透析或超滤将其分开的辅助因子称为辅酶。

在结合酶中，酶蛋白的种类远多于辅助因子的种类，所以一种辅助因子可以与多种酶蛋白结合成不同的特异性酶，而一种酶蛋白只能与一种辅助因子结合成一种特异性酶。由此看出，酶蛋白决定酶的专一性，辅助因子决定酶促反应的类型，在酶促反应中起递氢、递电子或传递某些化学基团的作用。例如，乳酸脱氢酶催化的反应：

$$\begin{array}{ccc} \text{CH}_3 & & \text{CH}_3 \\ | & & | \\ \text{HCOH} + \text{NAD}^+ \rightleftharpoons & \text{C}=\text{O} + \text{NADH} + \text{H}^+ \\ | & & | \\ \text{COOH} & & \text{COOH} \end{array}$$

乳酸　　　辅酶　　　　　　丙酮酸

在这个反应中，NAD^+ 作为乳酸脱氢酶的辅酶，是氢和电子的载体，发挥传递氢和电子的作用。

二、酶的结构与功能

（一）酶的活性中心与必需基团

酶发挥催化作用需要酶与底物结合形成复合物，由于酶是大分子物质，底物多为小分子物质，所以底物仅结合在酶分子表面的一个具有特定空间结构的区域，这个能与底物特异性结合并催化底物转化为产物的特定三维结构的区域称为酶的活性中心。关于酶的活性中心有几点说明：①对于结合酶来说，辅助因子常常参与活性中心的组成；②酶的活性中心往往位于酶分子表面的凹陷处或裂缝处，主要由多肽链中氨基酸残基的疏水基团组成，也可通过凹陷或裂缝深入酶分子内部，形成疏水"口袋"，便于酶与底物的特异性结合及催化作用的发挥；③不同的酶分子空间构象不同，活性中心各异，是酶具有高度专一性的结构基础；④酶的活性中心是酶具有特定催化作用的关键部位，一旦被其他物质占据或某些理化因素使其空间构象破坏，酶则丧失其催化活性。

酶蛋白分子中存在着许多化学基团，其中与酶催化活性密切相关的基团称为必需基团。如半胱氨酸残基上的—SH、丝氨酸和苏氨酸残基上的—OH 等是构成酶活性中心的常见基团。这些必需基团在酶的一级结构排列上有时相距甚远，但通过多肽链的盘曲折叠使它们在空间结构上能彼此靠近，从而形成酶的活性中心。

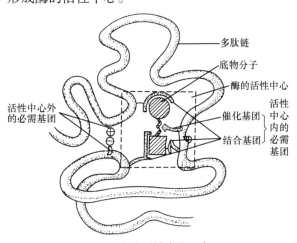

图 4-1　酶的活性中心示意图

酶活性中心内的必需基团按照功能不同可分为两类：一类是结合基团，其作用是与底物结合，使底物与酶形成复合物；另一类是催化基团，其作用是催化底物发生化学反应并使之转化为产物。还有一些必需基团虽然不参加活性中心的组成，但其作用是维持酶分子的空间构象，保证活性中心的稳定形成，也是酶发挥催化作用所必需的，这些基团被称为酶活性中心外的必需基团（图 4-1）。

（二）同工酶

同工酶（isoenzyme）是指可催化相同的化学反应，而酶蛋白的分子结构、理化性质及免疫学性质不同的一组酶。同工酶是由不同基因或等位基因编码的多肽链，或由同一基因转录的 mRNA 经不同翻译产生的不同多肽链所组成的蛋白质。它们虽然在一级结构上存在差异，但其活性中心的三维空间结构相同或相似，因此可以催化相同的化学反应。同工酶存在于同一个体的不同组织或同一细胞的不同亚细胞结构中，对代谢调节有重要作用。

现已发现数百种酶具有同工酶，如乳酸脱氢酶、肌酸激酶、碱性磷酸酶等。其中发现最早、研究最多的同工酶是乳酸脱氢酶（LDH）。该酶是由心肌型（H 型）和骨骼肌型（M 型）两种亚基组成的四聚体酶，两种亚基以不同的比例组成 5 种同工酶，即 LDH_1（H_4）、LDH_2（H_3M）、LDH_3（H_2M_2）、LDH_4（HM_3）和 LDH_5（M_4）（图 4-2）。由于分子结构上的差异，引起 LDH 同工酶解离程度不同、分子表面电荷不同，在 pH 8.6 的缓冲液中进行电泳时的速率就不同，从负极泳动到正极的排序依次为 LDH_5、LDH_4、LDH_3、LDH_2、LDH_1，故可用电泳法将其分离。

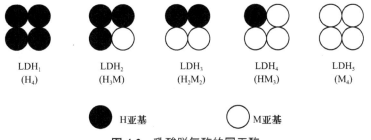

$$LDH_1 \quad LDH_2 \quad LDH_3 \quad LDH_4 \quad LDH_5$$
$$(H_4) \quad (H_3M) \quad (H_2M_2) \quad (HM_3) \quad (M_4)$$

● H亚基　　　○ M亚基

图 4-2　乳酸脱氢酶的同工酶

血清同工酶分布具有器官特异性、组织特异性和细胞特异性，因此与酶的总活性测定相比，同工酶测定可以更为准确地反映病变器官、组织、细胞的种类及其损伤程度，对于疾病的诊断、治疗和预后具有重要意义。例如，表 4-1 列出了人体各组织器官 5 种 LDH 同工酶的分布，在临床上可见心肌梗死患者 LDH_1 活性明显升高，肺梗死患者 LDH_3 升高，患肝脏疾病时 LDH_5 升高。又如，肌酸激酶（CK）是由肌型（M 型）和脑型（B 型）两种亚基组成的二聚体酶，具有三种同工酶，CK_1（BB 型）主要存在于脑组织，CK_2（MB 型）主要存在于心肌，CK_3（MM 型）主要存在于骨骼肌。临床上 CK_2 活性的测定常作为心肌梗死早期诊断的生化指标之一。

表 4-1　人体各组织器官中 LDH 同工酶的分布（占总活性的比例，%）

LDH 同工酶	心肌	肺	肾	肝	骨骼肌
LDH_1	73	14	43	2	0
LDH_2	24	34	44	4	0
LDH_3	3	35	12	11	5
LDH_4	0	5	1	27	16
LDH_5	0	12	0	56	79

三、酶催化作用机制

（一）降低反应活化能

在化学反应中，底物分子所含的能量水平高低不一，平均能量水平较低，所含自由能较低的底物分子很难发生化学反应。只有那些达到或超过一定能量水平的分子即活化分子，才有可能相互碰撞发生化学反应。活化分子具有的高出底物平均水平的能量称为活化能，也就是反应物从基态转变为活化态所需要的能量。酶与一般的催化剂一样，都是通过降低反应的活化能来提高反应速度，而酶具有高度的催化效率是因为酶比一般催化剂能更有效地降低反应的活化能。

（二）酶与底物结合形成中间产物

1. 诱导契合作用　酶促反应进行时，首先酶（E）与底物（S）结合形成酶 - 底物复合物（ES），然后复合物分解，生成产物（P）并释放酶。通过形成酶 - 底物复合物，从而引起底物分子发生相应的化学反应，促进产物的生成，反应式如下所示。

$$E + S \Longrightarrow ES \longrightarrow E + P$$

酶与底物的结合并不是简单的锁与钥匙的机械关系。底物分子与酶活性中心的构象不一定能完全吻合，而是在酶与底物相互接近时，二者在结构上相互诱导、变形和相互适应，最终结合，这一过程称为酶 - 底物结合的诱导契合学说，如图 4-3 所示。

2. 邻近效应与定向排列　在两个以上底物参加的反应中，底物之间必须以正确的方向相互碰撞，才有可能发生反应。酶在反应中将底物结合到酶的活性中心，使它们相互接近并形成有利于反应的正

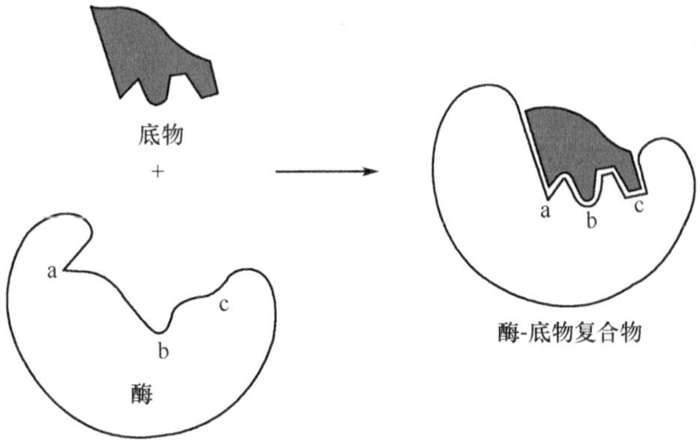

图 4-3 酶与底物结合的诱导契合学说示意图

确定向关系。这种邻近效应与定向排列实际上是在局部提高了反应物的浓度，使各分子间距离缩短，从而将分子间的反应变成分子内的反应，大大提高了反应速率。

3. 表面效应　酶分子内部疏水性氨基酸较丰富，常形成疏水"口袋"以容纳并结合底物。疏水环境可排除水分子对酶和底物功能基团的干扰性吸引或排斥，防止在底物与酶之间形成水化膜，有利于酶与底物的密切接触和结合，这种现象称为表面效应。

4. 多元催化　酶具有两性解离的性质，所含的多种功能基团具有不同的解离常数，其中有些基团可以作为质子供体（酸），有些基团可以作为质子受体（碱）。这些基团参与质子的转移，可以大幅提高酶促反应速率，这种催化作用称为酸 - 碱催化作用。有些酶的催化基团在催化过程中，通过与底物形成瞬间共价结合而激活底物，并进一步水解释放产物和酶，表现出共价催化作用。应该指出的是，酶促反应常常是多功能基团协同作用、多种催化机制的同时介入，共同完成催化反应，这是酶促反应高效率的重要原因。

四、酶活性的调节

细胞内许多酶的活性是可以调节的，通过适当的调节可使有些酶在有活性和无活性、或者高活性和低活性两种状态之间转变。某一代谢途径的总反应速率和反应方向的改变取决于关键酶（在某一代谢途径中催化单向不平衡反应且催化活性最低的酶）活性的改变。关键酶活性的调节包括酶结构的调节（快速调节）和酶含量的调节（慢速调节）。这里主要介绍酶结构的调节。

（一）别构调节

体内某些代谢物可与酶活性中心外的某个部位以非共价键可逆结合，引起酶发生构象变化，从而改变酶的催化活性，酶的这种调节方式称为别构调节，也称为变构调节。受别构调节的酶称为别构酶，使酶发生别构调节的代谢物称为别构效应剂。根据别构效应剂对别构酶的调节效果，使酶活性增高的别构效应剂称为别构激活剂；反之，称为别构抑制剂。别构效应剂导致别构酶的构象改变，影响酶 - 底物复合物的形成而改变别构酶的催化活性，从而改变代谢途径的方向和物质代谢的速度，使物质代谢适应细胞内外环境变化的需要，是细胞的一种基本调节方式。

（二）共价修饰

酶蛋白肽链上的某些基团可在其他酶的催化下，与某些化学基团可逆地共价结合，从而改变酶活性，这种调节方式称为酶的共价修饰或酶的化学修饰。酶的共价修饰有多种形式，其中最常见的是磷酸化和去磷酸化。在共价修饰过程中，酶发生无活性（或低活性）与有活性（或高活性）两种形式的互变。

（三）酶原与酶原激活

有些酶在细胞内合成或初分泌时并无催化活性，只是酶的无活性前体，这种无活性的酶的前身物质称为酶原（zymogen）。在一定条件下，酶原水解掉一个或几个特定的肽键，致使构象发生改变，酶的活性中心形成或暴露，转变成具有活性的酶，这一过程称为酶原的激活。例如，胰蛋白酶原在胰腺细胞合成分泌时并无活性，当随胰液进入小肠后，在 Ca^{2+} 存在下受肠激酶的激活，第 6 位赖氨酸残基与第 7 位异亮氨酸残基之间的肽键被切断，水解掉一个六肽，使分子构象发生改变，从而形成酶的活性中心，成为有催化活性的胰蛋白酶（图 4-4）。

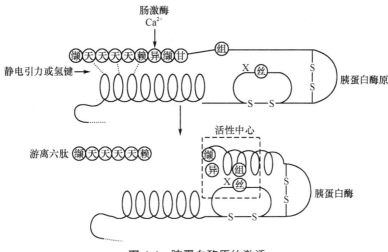

图 4-4 胰蛋白酶原的激活

酶原的存在与酶原激活具有重要的生理意义。一方面它保证合成酶的细胞本身不受自身酶的水解破坏，如消化道内蛋白酶以酶原的形式分泌，避免了组织细胞的自身消化；另一方面还能保证酶在特定环境和部位受到激活后发挥其催化作用，如血液中的凝血因子在血液循环中以酶原的形式存在，可以防止血液在血管内凝固，一旦血管破损，一系列凝血因子会被激活进行止血，对机体起到保护作用。

第 3 节　影响酶促反应速度的因素

酶促反应速度可以用单位时间内底物的减少量或产物的生成量来表示。影响酶促反应速度的因素有酶浓度、底物浓度、温度、pH、激活剂和抑制剂等。研究某一因素对酶促反应速度的影响时，要保证其他因素不变并处于最佳状态，并以酶促反应开始时的速度即初速度为准。

一、底物浓度的影响

在酶浓度及其他条件不变的情况下，底物浓度 [S] 对酶促反应速度 V 的影响作用呈矩形双曲线（图 4-5）。由图可见当 [S] 很低时，V 随 [S] 的增加而增加，两者成正比关系；当 [S] 较高时，V 虽然随 [S] 的增加而增加，但增加的幅度比 [S] 低时有所下降，两者之间不再成正比关系；当 [S] 增高至一定程度时，V 趋于恒定，继续增加 [S]，V 不再增加，达到极限，称为最大反应速度（$V_{\max}$），此时酶的活性中心已被底物饱和。

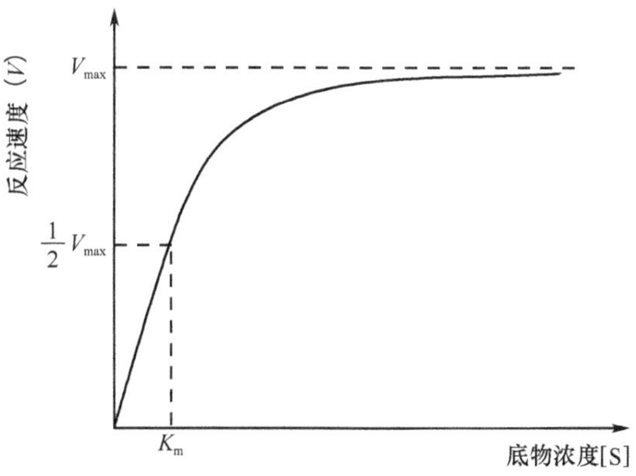

图 4-5 底物浓度对酶促反应速度的影响

（一）米氏方程

根据中间产物学说，1913 年，Michaelis 和 Menten 进行数学推导，提出了酶促反应速度与底物浓度关系的数学方程式，即著名的米氏方程（Michaelis-Menten equation）。

$$V = \frac{V_{\max}[S]}{K_{m}+[S]}$$

式中，V 是在不同 [S] 时的反应速度，V_{max} 为最大反应速度，[S] 为底物浓度，K_m 为米氏常数（Michaelis constant）。当 [S] ≪ K_m 时，方程分母中的 [S] 可以忽略不计，米氏方程可以简化为 $V=V_{max}[S]/K_m$，这时 V 与 [S] 成正比；当 [S] ≫ K_m 时，方程中的 K_m 可以忽略不计，此时 $V=V_{max}$，反应速度达到最大，再增加底物浓度也不影响反应速度。

（二）K_m 的意义

1. 当反应速度为最大速度的一半时，米氏方程式可以变换如下。

$$\frac{V_{max}}{2}=\frac{V_{max}[S]}{K_m+[S]}$$

整理得 $K_m=[S]$。由此可见，K_m 值等于酶促反应速度为最大速度一半时的底物浓度。

2. K_m 值可用来表示酶对底物的亲和力。K_m 值越小，酶与底物的亲和力越大。这表示不需要很高的底物浓度便可达到最大反应速度。反之，K_m 值越大，酶与底物的亲和力越小。

3. K_m 值是酶的特征性常数之一，反应条件一定时，只与酶的种类和底物的性质有关，与酶的浓度无关。不同种类的酶其 K_m 值不同，各种同工酶的 K_m 值也不同。

二、酶浓度的影响

当 [S] ≫ [E] 时，即底物浓度足以使酶饱和的情况下，酶促反应速度 V 与酶浓度 [E] 成正比关系（图 4-6）。

三、温度的影响

温度对酶促反应速度的影响具有双重性。一方面，在一定温度范围内，随着反应体系温度的升高，底物分子的热运动加快，增加其碰撞的机会，可加快酶促反应速度；另一方面，当温度达到一定限度时，酶促反应速度不仅不再加快，反而随着温度的升高而下降，这是因为高温导致酶变性，酶的催化活性减弱甚至丧失。综合这两种因素，酶作用必然有一个最适合的温度（图 4-7）。酶催化活性最大时，反应体系的温度称为酶的最适温度。人体组织中酶的最适温度多在 37℃；反应体系的温度如升高到 60℃，多数酶已变性；80℃时多数酶的变性已不可逆。

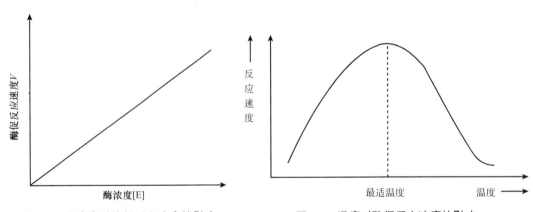

图 4-6　酶浓度对酶促反应速度的影响　　　　图 4-7　温度对酶促反应速度的影响

酶的最适温度不是酶的特征性常数，它与反应进行的时间有关。酶可以在短时间内耐受较高的温度，相反，延长反应时间，最适温度便降低。低温能降低酶活性，但一般不破坏酶，温度回升后，酶又可以恢复活性。临床上低温麻醉便是利用酶的这一性质以减慢组织细胞代谢速度，提高机体对氧和营养物质缺乏的耐受性。生化实验中测定酶活性时，应严格控制反应体系的温度。酶制剂应保存在冰箱中，从冰箱中取出后应立即使用，以免酶发生变性。

四、pH 的影响

在不同的 pH 条件下，酶分子中许多极性基团解离状态不同，其所带电荷的种类和数量也各不相同，酶活性中心的某些必需基团往往仅在某一解离状态时才最容易同底物结合或具有最大的催化作用。因此，pH 的改变对酶的催化作用影响很大（图 4-8）。酶催化活性最高时，反应体系的 pH 称为酶促反应的最适 pH。在动物体内多数酶的最适 pH 接近中性，也有少数例外，如胃蛋白酶的最适 pH 约为 1.8，肝精氨酸酶的最适 pH 为 9.8。

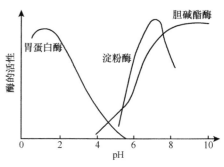

图 4-8　pH 对酶活性的影响

酶的最适 pH 也不是酶的特征性常数，它受底物浓度、缓冲液的种类与浓度，以及酶的纯度等因素影响。反应体系的 pH 低于或高于最适 pH 时，酶的活性降低；远离最适 pH 时还会导致酶变性失活。所以在测定酶的活性时，应选用适宜的缓冲液以保持酶活性的相对恒定。

五、激活剂的影响

凡能使酶由无活性变为有活性或使酶活性增强的物质称为酶的激活剂（activator）。激活剂包括无机离子和小分子有机化合物，如 Mg^{2+}、K^+、Mn^{2+}、Cl^-、胆汁酸盐等。其中，大多数金属离子激活剂对酶促反应是不可缺少的，否则将测不到酶活性，这类激活剂称为酶的必需激活剂，如 Mg^{2+} 是大多数激酶的必需激活剂；有些激活剂不存在时，酶仍有一定的催化活性，但催化效率较低，加入激活剂后，酶的催化活性显著提高，这类激活剂称为非必需激活剂，如 Cl^- 是唾液淀粉酶的非必需激活剂，胆汁酸盐是胰脂肪酶的非必需激活剂。

六、抑制剂的影响

凡能降低酶活性但不引起酶蛋白变性的物质称为酶的抑制剂（inhibitor，I）。抑制剂多与酶的活性中心内或外的必需基团结合，从而导致酶活性降低或丧失。根据抑制剂与酶结合的紧密程度不同，酶的抑制作用可分为不可逆性抑制和可逆性抑制两类。

（一）不可逆性抑制作用

不可逆性抑制剂通常以共价键与酶活性中心上的必需基团相结合，使酶失活。这类抑制剂不能用稀释、超滤、透析等方法去除，但这类抑制剂使酶活性受抑制后可用某些药物解除，使酶恢复活性。

例如，胆碱酯酶催化乙酰胆碱水解生成胆碱和乙酸。敌敌畏、敌百虫等有机磷农药能专一性地与胆碱酯酶活性中心丝氨酸残基的羟基结合，使酶失去活性，导致乙酰胆碱蓄积，造成迷走神经毒性兴奋状态，表现出恶心、呕吐、多汗、心率减慢、呼吸困难、肌肉震颤、瞳孔缩小、惊厥等一系列中毒症状。

$$\begin{array}{cc} R-O \\ R'-O \end{array}\!\!P\!\!\begin{array}{c} =O \\ -X \end{array} \quad + \quad HO-E \quad \longrightarrow \quad \begin{array}{c} R-O \\ R'-O \end{array}\!\!P\!\!\begin{array}{c} =O \\ -O-E \end{array} \quad + \quad HX$$

　　有机磷化合物　　　　羟基酶　　　　失活的酶　　　　　酸

对于有机磷农药中毒，临床上常通过应用解磷定等药物置换结合于胆碱酯酶上的磷酰基，从而解除有机磷化合物对胆碱酯酶的抑制作用，恢复酶活性。

$$R-O-\overset{\overset{\displaystyle O}{\|}}{\underset{\underset{\displaystyle O-E}{|}}{P}}-O-R' + \overset{+}{\underset{\underset{\displaystyle CH_3}{|}}{N}}=CHNOH \longrightarrow \overset{+}{\underset{\underset{\displaystyle CH_3}{|}}{N}}-CHNO-\overset{\overset{\displaystyle O}{\|}}{P}-O-R' + HO-E$$

磷酰化酶　　　　　PAM(解磷定)　　　　　　　磷酰化PAM　　　　活性酶

某些低浓度的重金属离子（如 Pb^{2+}、Hg^{2+}、Ag^+ 等）、有机砷化合物及对氯汞苯甲酸等，可与酶分子的巯基（—SH）进行不可逆的结合，使酶失去活性。例如，一种含砷的化学毒气路易氏气，能与体内酶的巯基结合使其失活导致机体中毒，出现神经系统、皮肤、黏膜、毛细血管等病变和代谢功能紊乱。临床上可用含有两个巯基的二巯基丙醇或二巯基丁二酸钠进行解毒，此类药物在机体内达到一定浓度后可与毒剂结合，从而恢复巯基酶的活性。

$$\underset{Cl}{\overset{Cl}{>}}As-CH=CHCl + E\underset{SH}{\overset{SH}{<}} \longrightarrow E\underset{S}{\overset{S}{<}}As-CH=CHCl + 2HCl$$

路易士气　　　　　巯基酶　　　　　　　　失活的酶　　　　　酸

（二）可逆性抑制作用

可逆性抑制剂与酶和（或）酶 - 底物复合物以非共价键结合，从而使酶活性降低或丧失。这类抑制剂能用透析、超滤等物理方法除去，使酶恢复催化活性。这里介绍三种典型的可逆性抑制作用。

1. 竞争性抑制作用　指抑制剂的结构与酶的底物结构相似，可与底物竞争酶的活性中心，阻碍酶与底物结合形成中间产物，导致酶促反应速度减慢。由于抑制剂与酶的结合是可逆的，所以抑制程度取决于抑制剂与底物之间的相对浓度及两者与酶的亲和力。在抑制剂浓度不变的情况下，增加底物浓度能减弱或消除抑制剂的抑制作用。因此，当底物浓度足够高时，竞争性抑制剂的抑制作用可忽略不计，最大反应速度（V_{max}）仍可保持不变。

酶的竞争性抑制在临床上有重要的实际应用，其原理可以阐明某些药物的作用机制：许多抗癌药物是竞争性抑制剂，如甲氨蝶呤（MTX）、5- 氟尿嘧啶（5-FU）、6- 巯基嘌呤（6-MP）等，它们分别抑制四氢叶酸、脱氧胸苷酸及嘌呤核苷酸的合成，从而抑制肿瘤的生长；又如磺胺类药物通过竞争性抑制作用抑制细菌的生长。

对磺胺类药物敏感的细菌在生长繁殖时，不能利用环境中的叶酸，而是在菌体内二氢叶酸合成酶的催化下，以对氨基苯甲酸、谷氨酸、二氢蝶呤为底物合成二氢叶酸（FH_2），FH_2 又在二氢叶酸还原酶的作用下合成四氢叶酸（FH_4）。FH_4 是一碳单位的主要载体，而一碳单位是细菌合成核苷酸不可缺少的原料。磺胺类药物的化学结构与对氨基苯甲酸相似，是二氢叶酸合成酶的竞争性抑制剂，会抑制 FH_2 的合成，进而使 FH_4 缺乏，导致一碳单位代谢障碍，核酸的生物合成受阻，影响细菌生长繁殖。人类能直接利用食物中的叶酸，核酸的合成不受磺胺类药物干扰。根据竞争性抑制的特点，在使用磺胺类药物时，采用首剂量加倍的方法，以保持血液中药物的有效浓度，才能提高抑菌效果。

$$H_2N-\text{〈苯环〉}-COOH \qquad\qquad H_2N-\text{〈苯环〉}-SO_2NHR$$

对氨基苯甲酸（PABA）　　　　　　　　　　磺胺类药物

$$\left.\begin{array}{l}\text{对氨基苯甲酸}\\ \text{谷氨酸}\\ \text{二氢蝶呤}\end{array}\right\}\ \underset{\text{磺胺药 (-)}}{\overset{FH_2\text{合成酶}}{\longrightarrow}}\ FH_2\ \underset{TMP\ (-)}{\overset{FH_2\text{还原酶}}{\longrightarrow}}\ FH_4\ \text{（细菌繁殖所必需）}$$

2. 非竞争性抑制作用　有些抑制剂与底物的化学结构并不相似，不与底物竞争酶的活性中心，但可与酶活性中心外的必需基团结合，且底物和抑制剂与酶的结合不存在竞争关系，表现为 S 可与游离酶结合，也可与酶 - 抑制剂复合物（EI）结合，同样 I 可与游离酶结合，也可与 ES 结合，但酶 - 底物 - 抑制剂复合物（ESI）不能进一步释放出产物，这种抑制作用称为非竞争性抑制作用。由于非竞争性抑制剂的存在不影响酶和底物的亲和力，故酶的 K_m 值不变，但 ESI 形成后影响产物的生成，最大反应速度（V_{max}）降低。例如，亮氨酸对精氨酸酶的抑制、麦芽糖对 α 淀粉酶的抑制均属于非竞争性抑制作用。

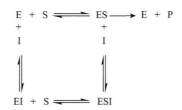

3. 反竞争性抑制作用　与非竞争性抑制剂一样，此类抑制剂也是与酶活性中心外的位点结合，不同的是，此类抑制剂不直接与酶结合，仅与中间产物 ES 结合，使 ES 的量下降。ESI 的生成减少了从中间产物释放产物的量，同时也减少了从中间产物解离出酶的量，使酶促反应的 V_{max} 降低。当此类抑制剂存在于反应体系中时，不仅不排斥酶与底物结合，反而可增加酶对底物的亲和力（K_m 减小），这与竞争性抑制作用相反，故称为反竞争性抑制作用。

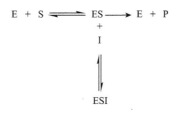

三种可逆性抑制作用的特点比较见表 4-2。

表 4-2　三种可逆性抑制作用的特点比较

类型	与 I 结合的组分	对 V_{max} 的影响	对 K_m 值的影响
竞争性抑制	酶活性中心	不变	增大
非竞争性抑制	酶活性中心外必需基团	减小	不变
反竞争性抑制	中间产物	减小	减小

第 4 节　酶与医学的关系

一、酶与疾病的发生

酶的催化是机体实现物质代谢以维持生命的必要条件，临床上许多疾病的发病机制与酶的生成或作用障碍有关。

1. 酶的生成障碍　先天性代谢缺陷中，多数是由酶的先天性或遗传性缺损所致。例如，先天性缺乏酪氨酸酶将导致白化病；先天性苯丙氨酸羟化酶缺乏使体内的苯丙氨酸不能正常羟化，生成大量的苯丙酮酸堆积在体内，对神经系统有毒性，导致儿童神经系统发育障碍，智力低下。

2. 酶的作用障碍　一种情况是后天由激素代谢障碍或维生素缺乏引起的某些酶的异常。例如，胰岛素分泌绝对或相对不足，使糖代谢的关键酶活性异常，导致糖尿病；维生素 K 缺乏时，凝血因子 Ⅱ、Ⅶ、Ⅸ、Ⅹ 的前体不能在肝内进一步羧化生成成熟的凝血因子，患者表现为凝血时间延长，造成皮下、肌肉、胃肠道出血。还有一种情况是酶活性受到抑制，多见于中毒性疾病。例如，有机磷农药中毒是因为抑制了胆碱酯酶活性；重金属盐中毒是因为抑制了巯基酶活性；氰化物中毒是因为抑制了细胞色素氧化酶活性等。此外，有些疾病引起酶的异常，这种异常又使病情加重。例如，急性胰腺炎时，胰蛋白酶原在胰腺中被激活，造成胰腺组织被水解破坏。

二、酶与疾病的诊断

在正常情况下，人体内酶的活性较为稳定且波动在一定范围之内，当机体某些器官和组织受损或发生病变后，可引起血液、尿液等体液标本中酶活性的异常，临床上常通过测定具有组织、器官特异性的酶的活性变化来协助诊断疾病。例如，急性胰腺炎时血清和尿中的淀粉酶活性显著升高；急性肝炎时血清丙氨酸氨基转移酶活性明显升高；心肌梗死时血清肌酸激酶和乳酸脱氢酶等活性均升高；前列腺癌患者血清酸性磷酸酶活性升高；有机磷农药中毒时血清胆碱酯酶活性下降等。因此，血清中酶的增多或减少可用于辅助疾病诊断和预后判断。

三、酶与疾病的治疗

酶作为药品，目前主要应用于助消化、抗炎、抗凝、抗肿瘤等方面。例如，消化腺分泌功能下降所致的消化不良可服用多酶片（含胃蛋白酶、胰蛋白酶、胰淀粉酶等）予以治疗；外科清创或烧伤患者痂垢的清除可利用溶菌酶、胰蛋白酶等，能起到抗炎、防止浆膜粘连的作用；利用链激酶、尿激酶和纤溶酶等防止血栓形成，促进血栓溶解，可用于脑栓塞、心肌梗死等疾病的防治；利用天冬酰胺酶分解天冬酰胺，可抑制血液中癌细胞的生长。

酶作为生物催化剂，已广泛地应用于工业、农业、医药卫生、能源开发及环境工程等方面。酶的生产和应用的过程称为酶工程，人们把酶工程分为化学酶工程和生物酶工程。当前化学酶工程在工业与医学上创造了巨大经济效益，如用特定的酶来合成抗生素；加酶洗衣粉帮助去除衣物上的污渍；临床上在生化检验中，将酶作为试剂用于测定待测物的浓度或待测酶的活性，在免疫检验中可通过酶标记测定法来检测微量的抗原和抗体。

生物酶工程是酶学原理和基因重组技术相结合的产物，主要任务如下：①采用基因重组技术大量生产酶（克隆酶），目前已成功地生产了100多种酶；②通过基因工程技术，使酶基因发生定位突变，产生遗传性修饰酶（突变酶）；③设计新酶基因合成自然界不曾有的酶（新酶）。

目标检测

一、名词解释

1. 酶　2. 酶的活性中心　3. 酶原　4. 同工酶
5. 酶的竞争性抑制作用

二、单选题

1. 酶的化学本质是

　A. 蛋白质　　　　　　　B. 小分子有机物
　C. 多糖　　　　　　　　D. 脂质
　E. 无机金属离子

2. 关于结合酶叙述正确的是

　A. 酶蛋白具有催化活性
　B. 辅酶具有催化活性
　C. 辅酶与酶蛋白结合牢固
　D. 酶蛋白决定酶的专一性
　E. 一种辅酶只能与一种酶蛋白结合

3. 酶原激活的最主要变化是

　A. 酶蛋白结构改变　　　B. 肽键的断裂
　C. 必需基团的存在　　　D. 活性中心的形成或暴露
　E. 以上都不是

4. 酶的活性中心是指

　A. 结合抑制剂，使酶活性降低或丧失的部位
　B. 结合底物并催化其转变成产物的部位
　C. 结合特定的小分子化合物并调节酶活性的部位

　D. 结合激活剂使酶活性增高的部位
　E. 以上都不是

5. 心肌梗死时，血清中下列哪项的活性会明显升高

　A. LDH_1　　　　B. LDH_2　　　　C. LDH_3
　D. LDH_4　　　　E. LDH_5

6. 酶作用的最佳条件不包括

　A. 最适 pH　　　　　　B. 最适温度
　C. 激活剂　　　　　　　D. 抑制剂
　E. 最适底物浓度

7. 下列哪一项关于温度对酶活性影响的叙述是正确的

　A. 温度对酶促反应速度没影响
　B. 不同酶有其不同的最适温度
　C. 酶的最适温度都在30℃左右
　D. 酶的活性随温度的升高而增大
　E. 低温时酶的活性消失

三、简答题

1. 酶促反应的特点有哪些？
2. 酶的必需基团是什么？必需基团的分类及其作用有哪些？
3. 以酶原形式存在有何生物学意义？
4. 影响酶促反应速度的因素有哪些？各有何影响？
5. 举例说明酶在疾病发生、诊断与治疗中的作用。

（杨　敏）

第5章
维 生 素

第1节 概　述

维生素（vitamin）是维持机体生长、发育等正常生命活动过程所必需的，但在体内不能合成或合成量很少，必须由食物供给的一类低分子有机化合物。维生素的每日需要量甚少，它们既不是体内供能物质，也不是机体组织的组成成分，然而在调节物质代谢和维持正常生理功能等方面发挥着重要作用，是人体必需的营养素之一。一旦长期缺乏某种维生素，会导致物质代谢障碍，引起相应的维生素缺乏症。

> **链接**
>
> **维生素的发现**
>
> 1912年，波兰科学家芬克（Funk）经过千百次的试验，终于从米糠中提取一种能够治疗脚气病的白色物质。这种物质被芬克称为"维持生命的营养素"，简称 Vitamin，也称维生素。随着时间的推移，越来越多的维生素被人们认识和发现，构成了维生素大家族。

一、维生素的命名与分类

（一）命名

维生素的命名方法有三种。

1. 根据发现的先后顺序以字母命名　如维生素 A、B、C、D、E 等。

2. 根据生理功能及相应缺乏症命名　如维生素 B_1 称为抗脚气病维生素，维生素 PP 称为抗糙皮病维生素，维生素 C 称为抗坏血酸维生素等。

3. 根据化学结构特点命名　如维生素 B_1 称为硫胺素，维生素 B_{12} 称为钴胺素等。

目前，三种命名方法中以第一种方法应用最为普遍。

（二）分类

维生素的种类较多，它们的化学结构差异很大，最常见的分类方法是按照维生素的溶解性质不同，分为脂溶性维生素和水溶性维生素两大类。

1. 脂溶性维生素　不溶于水，易溶于脂质及多数有机溶剂的维生素称为脂溶性维生素，包括维生素 A、D、E、K。它们在食物中与脂质共存，并随脂质一同被吸收。吸收后的脂溶性维生素在血液中与脂蛋白及某些特殊的结合蛋白特异结合而运输，在体内有一定量的储存，主要储存部位是肝脏，故不需要每日供给。食物中长期缺乏此类维生素或脂质吸收障碍可引起相应的缺乏症，摄入过多可引发中毒。

2. 水溶性维生素　易溶于水的维生素称为水溶性维生素，包括 B 族维生素（维生素 B_1、B_2、PP、B_6、B_{12}，生物素、泛酸、叶酸）和维生素 C 两大类。因易溶于水，它们在体内很少储存，过剩的部分可随尿液排出体外，因此需要经常从食物中摄取，一般不发生中毒现象。

二、维生素缺乏的原因

维生素在人体内不能合成或合成量不足，且维生素在体内不断参与代谢，部分还会以原型形式排出体外，所以必须经常由食物予以补充，否则会引起维生素缺乏症。所谓维生素缺乏症是指由于某种维生素长期供应不足，导致机体的代谢与功能发生紊乱而引发一系列特殊症状，但能用相应维生素治愈的一类疾病。造成维生素缺乏的主要原因有以下几方面。

1. 摄入量不足　膳食中维生素含量不足或因储存、烹调方法不当，造成维生素大量破坏或丢失。例如，偏食、挑食等使膳食中维生素的量不能满足机体的需求；淘米过度、煮稀饭加碱、米面加工过细均可使维生素 B_1 大量丢失破坏。

2. 机体吸收障碍　多见于消化系统疾病的患者。例如，肠蠕动加快、胆道疾病、长期腹泻等疾病会影响维生素的吸收、储存。

3. 排出增多　可因哺乳、大量出汗、长期大量使用利尿剂等使维生素排出增多。

4. 生理或病理需要量增加而未及时补充　某些特殊人群，如生长期儿童、妊娠期女性、慢性消耗性疾病患者、重体力活动者等，对维生素的需要量相对较多，若补充量不足，可导致缺乏症。

5. 某些药物引起的维生素缺乏　长期服用抗生素使肠道正常菌群的生长受到抑制，可引起某些由肠道细菌合成的维生素缺乏，如维生素 K、维生素 B_6、生物素和叶酸等。

第2节　脂溶性维生素

一、维 生 素 A

维生素 A 有 A_1 和 A_2 两种形式，一般所说的天然维生素 A 指 A_1，又名视黄醇，维生素 A_2 又称 3-脱氢视黄醇。维生素 A_2 的生理效用仅为维生素 A_1 的 40% 左右。维生素 A 在体内的活性形式包括视黄醇、视黄醛和视黄酸。

（一）来源及性质

天然维生素 A 只存在于动物体内，动物肝脏、鱼肝油、乳制品、蛋黄及鱼卵等都是维生素 A 的丰富来源。严格讲，植物食品不含维生素 A，但红色、橙色、深绿色植物性食物中含有丰富的 β-胡萝卜素，如胡萝卜、菠菜、苋菜、杏、芒果等，β-胡萝卜素在肠壁和肝脏中可转变为维生素 A。这种本身不具有维生素 A 活性，但在体内可以转变为维生素 A 的物质，称为维生素 A 原。

维生素 A 的化学性质活泼，易被氧化剂和紫外线破坏。维生素 A 对酸、碱、热稳定，一般烹调和罐头加工过程中较少被破坏。

（二）生物学功能及缺乏症

1. 构成视觉细胞内感光物质　人的视网膜中有两种感光细胞，其中视杆细胞内有感受弱光或暗光的视紫红质，它是由视蛋白和维生素 A 的衍生物 11-顺视黄醛结合生成的。当视紫红质感光时，11-顺视黄醛在发生的光异构作用下转变成全反视黄醛，并与视蛋白分离而失色，这一光异构变化同时可引起视杆细胞细胞膜的钙离子通道的开放，钙离子迅速流入细胞并引起神经冲动，经传导到大脑后产生视觉。人从光线充足处进入暗处时，最初看不清物体是因为视紫红质的分解多于合成，含量缺乏，需经过一段时间，使视紫红质合成积累达到一定量后才能感受弱光，看清物体，这一过程称为暗适应，所需时间称为暗适应时间。维生素 A 缺乏时必然会引起 11-顺视黄醛的不足，视紫红质合成减少，合成速度减慢，对弱光的敏感性降低，使暗适应时间延长，若严重缺乏则发生夜盲症。

2. 参与糖蛋白的合成　维生素 A 能促进组织发育和分化所需要的糖蛋白的合成。若维生素 A 缺乏，可引起上皮组织干燥、增生和过度角化等，其中以眼、呼吸道、消化道等黏膜上皮受影响最为显著。由于上皮组织不健全，易感染疾病，如泪腺上皮组织不健全，泪液分泌减少，则导致眼干燥症。

3. 促进生长发育　维生素 A 参与类固醇激素的合成，从而调节物质代谢，影响细胞分化，故维生素 A 对儿童的生长发育尤为重要。当维生素 A 缺乏时，可造成儿童出现生长停滞、发育不良。

4. 其他作用　维生素 A 还有抑癌、抗氧化、维持正常免疫功能的作用。人体上皮细胞的正常分化与维生素 A 的衍生物视黄酸直接相关，流行病学调查表明维生素 A 的摄入与癌症的发生呈负相关，动物实验也表明摄入维生素 A 可减轻致癌物质的作用。另外，β- 胡萝卜素是抗氧化剂，在氧分压较低的条件下，能直接消灭自由基，而自由基是引起肿瘤和许多疾病的重要因素。免疫球蛋白的化学本质是糖蛋白，其生成与维生素 A 有关，故维生素 A 缺乏时可因免疫球蛋白生成减少而使机体免疫力下降。

二、维生素 D

维生素 D 是类固醇的衍生物，为环戊烷多氢菲类化合物。天然的维生素 D 有两种形式：维生素 D_2 和维生素 D_3，存在于人体内的主要是维生素 D_3，其活化形式为 $1,25\text{-}(OH)_2\text{-}D_3$。

（一）来源及性质

维生素 D_3 含量最丰富的食物是鱼肝油、动物肝脏和蛋黄，牛奶和其他食物中维生素 D_3 的含量较少；维生素 D_3 还有另一个重要来源，即人体皮肤储存有从胆固醇生成的 7- 脱氢胆固醇（维生素 D_3 原），经紫外线的照射可转变为维生素 D_3。以乳类为主食的婴儿应适当补充鱼肝油，并适当接受日光照晒，这样有利于生长发育。维生素 D_2 可来自植物性食品。

维生素 D 对热稳定，对碱和氧较稳定，但在酸性环境中加热则会逐渐分解。通常的加工烹调不会造成维生素 D 的损失。

（二）生物学功能及缺乏症

维生素 D 需在肝和肾中羟化转变为 $1,25\text{-}(OH)_2\text{-}D_3$ 才能具有生物活性。其过程是先在肝中的 25- 羟化酶催化下，维生素 D_3 被羟化生成 $25\text{-}(OH)\text{-}D_3$，它是维生素 D_3 在肝中的主要储存形式，也是血浆中维生素 D_3 的主要存在形式。$25\text{-}(OH)\text{-}D_3$ 经血液运输至肾脏，经肾小管上皮细胞线粒体内 1α- 羟化酶的作用生成 $1,25\text{-}(OH)_2\text{-}D_3$。

$1,25\text{-}(OH)_2\text{-}D_3$ 是维生素 D 的所有存在形式中活性最高的一种，经血液运输至靶细胞发挥其对钙磷代谢的调节作用。$1,25\text{-}(OH)_2\text{-}D_3$ 通过促进小肠对钙、磷的吸收，促进肾小管对钙、磷的重吸收来提高血钙和血磷的浓度，有利于骨样组织钙化，促进成骨作用。当维生素 D 缺乏时，骨的钙化受阻，成骨作用发生障碍，儿童可发生佝偻病，成人可发生骨质疏松甚至骨软化症。

三、维生素 E

天然维生素 E 具有多种存在形式，包括生育酚和三烯生育酚两大类，每类又分为 α、β、γ、δ 四种，其中以 α- 生育酚的活性最高。

（一）来源及性质

天然维生素 E 主要存在于各种植物油（麦胚油、玉米油、棉籽油、花生油、芝麻油）中，谷类、坚果类、绿叶蔬菜、肉、奶、蛋等都是维生素 E 的较好或良好的来源，但鱼类和水果中维生素 E 的含量很少。

维生素 E 在无氧条件下能耐高温，对碱不稳定，对氧尤其敏感，易被氧化破坏。一般烹调时食物中维生素 E 损失不大，但用油烹炸时其活性会降低。

（二）生物学功能及缺乏症

1. 具有抗氧化作用　机体内的自由基具有强氧化性，维生素 E 作为脂溶性抗氧化剂和自由基清除剂，可以与自由基起反应形成生育酚自由基，生育酚自由基可在维生素 C 或谷胱甘肽的作用下，还原生成非自由基产物生育醌。通过这种机制可防止自由基对生物膜的破坏，保护生物膜的结构和功能。维生素 E 的抗氧化功能与其抗肿瘤、抗动脉粥样硬化、改善免疫功能及延缓衰老等过程密切相关。

2. 与动物的生殖功能有关　通过动物实验证明，动物在缺乏维生素 E 时，其生殖器官发育受损，严重时可引起不育。人类尚未发现维生素 E 缺乏所致的不育症，但临床上常用维生素 E 来治疗不育症、先兆流产和习惯性流产等。

3. 促进血红素的合成　维生素 E 能提高血红素合成过程中的关键酶 δ- 氨基 -γ- 酮戊酸（ALA）合成酶及 ALA 脱水酶的活性，促进血红素合成。所以孕妇、哺乳期的妇女及新生儿应注意补充维生素 E。早产的新生儿由于维生素 E 的储存较少、小肠的吸收能力较差，可因维生素 E 缺乏引起轻度溶血性贫血。

4. 其他功能　维生素 E 可抑制血小板聚集，保证血液畅通，进而防止血栓形成，减少心肌梗死和脑卒中的危险；维生素 E 主要储存在肝中，是肝细胞生长的重要保护因子之一，对多种急性肝损伤具有保护作用，对慢性肝纤维化具有延缓和阻断作用；维生素 E 还具有抗肿瘤作用。

维生素 E 因在食物中广泛存在，极易获得，在体内能较长时间储存，故一般不易缺乏。在严重的脂肪吸收障碍和肝严重损伤时可引起缺乏症，表现为红细胞数量减少，寿命缩短。体外实验可见红细胞脆性增加等贫血症，偶可引起神经功能障碍。

四、维生素 K

天然存在的维生素 K 有 K_1 和 K_2 两种，临床上常用的多为人工合成的 K_3、K_4，属于 K_1、K_2 的类似物。维生素 K 的活性形式为 2- 甲基 1，4- 萘醌。

（一）来源及性质

维生素 K_1 又称为叶绿醌，在深绿色蔬菜和植物油中含量丰富，其次是动物肝脏、肉类和奶类，在水果和谷类中含量较低。维生素 K_2 则是人体肠道细菌代谢的产物，人体所需维生素 K 有 50%～60% 由肠道细菌合成。维生素 K_3 是人工合成的水溶性甲萘醌，可口服或注射。

维生素 K 耐热，对碱不稳定，尤其对光敏感，故应避光保存。

（二）生物学功能及缺乏症

维生素 K 的主要生物学功能是维持体内的第 Ⅱ、Ⅶ、Ⅸ、Ⅹ 凝血因子的正常水平，促进血液凝固。凝血因子由无活性型向活性型的转变需要 γ- 羧化酶的催化，维生素 K 作为该酶的辅助因子，参与这种转化反应。维生素 K 缺乏可引起凝血障碍，表现为凝血时间延长，严重时发生皮下、肌肉、胃肠道出血。因维生素 K 来源广泛，且体内肠道中细菌也能合成，故一般不易缺乏。但胰腺疾病、胆管疾病及小肠黏膜萎缩等疾病或长期应用肠道广谱抗生素，可引起维生素 K 缺乏，应口服或注射补充。

现将各种脂溶性维生素的主要来源、活性形式、主要生化功能及典型缺乏症归纳列于表 5-1。

表 5-1　脂溶性维生素的主要来源、生理功能及典型缺乏症

名称	主要来源	活性形式	主要生理功能	典型缺乏症
维生素 A（视黄醇、抗眼干燥症维生素）	动物肝脏、肉类、蛋黄、乳制品，鱼肝油，红色、橙色、深绿色蔬菜水果	视黄醇、视黄醛、视黄酸	1. 构成视觉细胞内感光物质 2. 参与糖蛋白的合成 3. 促进生长发育 4. 抑癌作用	夜盲症 眼干燥症（干眼病）

续表

名称	主要来源	活性形式	主要生理功能	典型缺乏症
维生素 D（钙化醇、抗佝偻病维生素）	鱼肝油、蛋黄、动物肝脏、奶类、皮下 7- 脱氢胆固醇在紫外线照射下转化	1, 25-$(OH)_2$-D_3	促进小肠对钙、磷的吸收，有利于骨的钙化	佝偻病（儿童）骨软化症（成人）
维生素 E（生育酚）	植物油、坚果类、谷类、绿叶蔬菜，肉、蛋、奶等动物性食物	生育酚	1. 抗氧化作用 2. 与动物生殖功能有关 3. 促进血红素的合成 4. 调节血小板聚集、保护肝细胞、抗肿瘤	人类未发现典型缺乏症
维生素 K（凝血维生素）	绿叶蔬菜、植物油、动物肝、肠道细菌合成	2- 甲基 1, 4- 萘醌	促进凝血因子Ⅱ、Ⅶ、Ⅸ、Ⅹ的合成	凝血障碍

第 3 节　水溶性维生素

水溶性维生素包括 B 族维生素（维生素 B_1、B_2、PP、B_6、B_{12}，生物素、泛酸、叶酸）和维生素 C。B 族维生素主要构成酶的辅助因子，直接影响某些酶的活性，参加体内的多种代谢反应。维生素 C 则在一些氧化还原及某些羟化反应中起作用。

一、维生素 B_1

（一）来源及性质

维生素 B_1 又名硫胺素，主要存在于谷类、豆类、胚芽、酵母、瘦肉中，尤其在谷类的表皮部分（如米糠）含量更高；动物内脏、蛋类及绿叶菜中含量也较高，芹菜叶、莴笋叶中含量也较丰富，应当充分利用。土豆中的维生素 B_1 含量虽不高，但以土豆为主食的地区，土豆也是维生素 B_1 的主要来源。某些鱼类及软体动物体内含有硫胺素酶，生吃会破坏其他食物中的维生素 B_1，故"生吃鱼，活吃虾"的说法，既不卫生也不科学。

维生素 B_1 在碱性溶液中加热易被破坏，氧化剂和还原剂均可使其失活，但在酸性溶液中较为稳定，加热至 120℃也不被破坏。

（二）生物学功能及缺乏症

在体内，维生素 B_1 并不具有生理活性，当体内的维生素 B_1 在肝脏及脑组织中经硫胺素焦磷酸激酶作用生成焦磷酸硫胺素（TPP）时，才具有生理活性。

1. 构成 α- 酮酸氧化脱羧酶的辅酶　TPP 是 α- 酮酸氧化脱羧酶的辅酶，参与体内 α- 酮酸的氧化脱羧作用。TPP 在这些反应中转移醛基，其噻唑环上硫和氮之间的碳原子十分活泼，易释放 H^+ 形成具有催化功能的亲核基团，也就是负碳离子。负碳离子可与 α- 酮酸羧基结合使 α- 酮酸脱羧，释放 CO_2。

2. 构成转酮醇酶的辅酶　TPP 也是转酮醇酶的辅酶，参与体内磷酸戊糖代谢。

3. 抑制胆碱酯酶活性　维生素 B_1 可抑制胆碱酯酶活性，减少乙酰胆碱水解。乙酰胆碱是神经传导递质，所以维生素 B_1 在神经传导中起一定作用。

维生素 B_1 缺乏时，神经组织中的糖类代谢首先受到影响，致使丙酮酸和乳酸堆积，以糖有氧分解功能为主的神经组织供能不足及神经髓鞘中鞘磷脂合成受阻，从而引起脚气病，多见于以大米为主食的地区。近年来由于生活水平提高，人们多食用精白米，脚气病在某些地区患病率有所增加。此外，因慢性酒精中毒、吸收障碍（如慢性消化紊乱、长期腹泻等）、需要量增加（如甲状腺功能亢进、手术后、感染等）也可发生维生素 B_1 缺乏。初期表现为末梢神经炎、食欲减退等，进而可发生水肿、神经肌肉变性等。

二、维生素 B₂

（一）来源及性质

维生素 B_2 又名核黄素，动物性食物中含量较多，尤以肝、心、肾中含量丰富，奶、蛋、肉类食品中含量也不少，植物性食品除绿色蔬菜和豆类外，一般含量都不高，某些微生物可以合成维生素 B_2。

维生素 B_2 在酸性溶液中较为稳定且耐热，在碱性溶液中不耐热，故在烹调过程中不宜加碱；对紫外线敏感，易降解为无活性的产物。

（二）生物学功能及缺乏症

进入体内的维生素 B_2 在小肠黏膜中黄素激酶的作用下，可转变成黄素单核苷酸（FMN），还可以进一步在焦磷酸化酶的催化下生成黄素腺嘌呤二核苷酸（FAD）。维生素 B_2 在体内以 FMN 及 FAD 的活性形式发挥其生理功能。FMN 及 FAD 是体内氧化还原酶的辅基，主要起递氢作用，它们参与柠檬酸循环、呼吸链、脂肪酸和氨基酸的氧化，促进糖、脂肪、蛋白质代谢。

机体缺乏维生素 B_2 则出现能量和物质代谢的紊乱，导致组织呼吸减慢，代谢强度降低，临床上表现为口角炎、唇炎、结膜炎、阴囊炎、脂溢性皮炎等症状。

三、维生素 PP

（一）来源及性质

维生素 PP 包括烟酸（旧称尼克酸）及烟酰胺（旧称尼克酰胺）两种，二者在体内可相互转化。富含维生素 PP 的食物为动物肝脏、酵母、花生、豆类及肉类。食物中的维生素 PP 均以烟酰胺腺嘌呤二核苷酸（NAD^+）和烟酰胺腺嘌呤二核苷酸磷酸（$NADP^+$）的形式存在，它们在小肠内被水解成游离的维生素 PP 而被吸收，运输到组织细胞后再合成 NAD^+ 或 $NADP^+$，二者是维生素 PP 在体内的活性形式。人体（肝）能利用色氨酸合成维生素 PP，但效率较低，不能满足人体需要。

维生素 PP 化学性质稳定，不易被酸、碱、热所破坏。

（二）生物学功能及缺乏症

NAD^+（又称辅酶 I）和 $NADP^+$（又称辅酶 II）在体内是多种不需氧脱氢酶的辅酶，分子中的烟酰胺部分具有可逆的加氢及脱氢的特性，是生物氧化中重要的递氢体。维生素 PP 还有抑制脂肪组织的脂肪分解和维护神经组织正常功能的作用。

人类维生素 PP 缺乏症称为烟酸缺乏症，也称糙皮病（pellagra），其典型症状为皮炎（dermatitis）、腹泻（diarrhea）及痴呆（dementia），即所谓"三 D"症。早期常有食欲缺乏、消化不良、腹泻、失眠、头痛、无力、体重减轻等现象。皮炎常呈对称性，并出现于暴露部位，痴呆是神经组织变性的结果。此病多发生在以玉米为主食的地区，现已基本得到控制。另外，抗结核药异烟肼的结构与维生素 PP 十分相似，两者有拮抗作用，长期服用可能引起维生素 PP 缺乏。

四、维生素 B₆

（一）来源及性质

维生素 B_6 为吡啶衍生物，包括吡哆醇、吡哆醛、吡哆胺三种化合物。在体内，后两者可相互转化，并经磷酸化后形成磷酸吡哆醛和磷酸吡哆胺，两者均为维生素 B_6 的活性形式。维生素 B_6 广泛存在于动物肝脏、鱼、肉、豆类、全麦、坚果中，某些微生物可以合成。

天然维生素 B_6 易溶于水，微溶于脂溶剂，在酸性溶液中稳定，在碱性溶液中易被破坏，遇紫外线照射易被破坏。

（二）生物学功能及缺乏症

磷酸吡哆醛作为体内百余种酶的辅酶，在代谢中发挥着重要作用。

1. 磷酸吡哆醛是氨基酸代谢中的氨基转移酶和脱羧酶的辅酶　磷酸吡哆醛是氨基转移酶的辅酶，具有传递氨基的作用，参与体内氨基酸的代谢；同时，它是谷氨酸脱羧酶的辅酶，能促进谷氨酸脱羧生成 γ- 氨基丁酸，后者是一种抑制性神经递质，能降低中枢神经兴奋性。因此，临床上常用维生素 B_6 治疗小儿惊厥及妊娠呕吐。

2. 磷酸吡哆醛是 δ- 氨基 -γ- 酮戊酸（ALA）合成酶的辅酶　ALA 合成酶是血红素合成的限速酶。因此，缺乏维生素 B_6 造成血红素合成受阻，进而可能引起小细胞低色素性贫血和血清铁增高。

3. 磷酸吡哆醛参与糖原分解代谢　磷酸吡哆醛作为糖原磷酸化酶的重要组成成分，参与糖原分解为 1- 磷酸葡萄糖的过程。

人类未发现维生素 B_6 缺乏的典型病例。长期用异烟肼进行抗结核治疗时，因其能与磷酸吡哆醛结合，使其失去辅酶的作用，所以在长期使用异烟肼时，应补充维生素 B_6。

五、叶　　酸

（一）来源及性质

叶酸（folic acid）在绿叶植物中含量丰富，故得名为叶酸，又称蝶酰谷氨酸。主要分布于绿叶蔬菜、水果、动物肝、酵母中。

叶酸微溶于水，在酸性溶液中不稳定，加热、光照可使其破坏，故室温下储存的食物中叶酸易被破坏。

（二）生物学功能及缺乏症

叶酸在小肠黏膜上皮细胞二氢叶酸还原酶的催化下，可转变成叶酸的活性形式——四氢叶酸（FH_4）。FH_4 是体内一碳单位转移酶的辅酶，具有运输一碳单位的作用。一碳单位在体内参加多种物质的合成，与核酸及某些氨基酸代谢关系密切，叶酸对红细胞的发育、成熟具有促进作用。

叶酸在食物中含量丰富，一般不易发生缺乏症，对于妊娠期及哺乳期妇女，因需要量增加，应适量补充叶酸；口服避孕药或抗惊厥药物会干扰叶酸的吸收及代谢，长期服用此类药物时应考虑补充叶酸。当叶酸缺乏时，DNA 合成必然受到限制，骨髓幼红细胞 DNA 合成减少，细胞分裂速度降低，细胞体积变大，可造成巨幼细胞贫血。

六、生　物　素

（一）来源及性质

生物素又称维生素 B_7、维生素 H，来源极其广泛，在肝、肾、蛋类、牛乳、酵母、花生、鱼类等食品中含量较多，人体肠道细菌也能合成。

生物素耐酸、不耐碱，氧化剂及高温可使其失活。

（二）生物学功能及缺乏症

自然界中存在的生物素本身就具有生理活性，生物素是体内多种羧化酶的辅酶，参与羧基的传递。在组织内生物素的分子侧链中，戊酸的羧基与酶蛋白分子赖氨酸残基上的 ε- 氨基通过酰胺键牢固结合，形成羧基生物素 - 酶复合物，又称生物胞素，生物胞素可将活化的羧基转移给酶的相应底物。

生物素因来源广泛，人体肠道细菌也能合成，故缺乏症罕见。新鲜鸡蛋清中有一种抗生物素蛋白，它能与生物素结合使其失去活性并不被吸收。若蛋清加热后这种蛋白便被破坏，也就不再妨碍生物素的吸收。另外，长期使用抗生素可抑制肠道细菌生长，也可能造成生物素的缺乏，主要症状是疲乏、恶心、呕吐、食欲缺乏、皮炎及脱屑性红皮病。

七、泛　酸

（一）来源及性质

泛酸（pantothenic acid）又称维生素 B_5、遍多酸，来源广泛，普遍存在于动、植物中，因此而得名。泛酸在中性溶液中耐热，对氧化剂和还原剂极为稳定，但在酸、碱溶液中加热易被分解破坏。

（二）生物学功能及缺乏症

泛酸在肠道内被吸收后，经磷酸化并获得巯基乙胺而生成 4- 磷酸泛酰巯基乙胺。4- 磷酸泛酰巯基乙胺是辅酶 A（CoA）和酰基载体蛋白质（acyl carrier protein，ACP）的组成部分，所以 CoA 及 ACP 为泛酸在体内的活性形式。在体内 CoA 及 ACP 构成酰基转移酶的辅酶，具有转移酰基的作用，广泛参与糖、脂质、蛋白质代谢及肝的生物转化作用。

因泛酸广泛存在于生物界，故泛酸缺乏症极少见。

八、维生素 B_{12}

（一）来源及性质

维生素 B_{12} 含有金属元素钴，又称钴胺素，是唯一含金属元素的维生素。广泛存在于动物性食品中，酵母和动物肝中含量丰富，植物性食物中不含维生素 B_{12}。

维生素 B_{12} 的水溶液在弱酸中稳定，遇强酸、强碱易分解；日光、氧化剂和还原剂均可使其破坏。

（二）生物学功能及缺乏症

维生素 B_{12} 在体内因结合的基团不同，可有多种存在形式，其中甲钴胺素和 5'- 脱氧腺苷钴胺素是维生素 B_{12} 的活性形式，也是存在于血液的主要形式。

1. 甲钴胺素是 N^5- 甲基四氢叶酸甲基转移酶的辅酶　此酶催化 N^5- 甲基四氢叶酸和同型半胱氨酸之间的转甲基反应，甲钴胺素作为其辅酶参与甲基的转移，产生四氢叶酸和甲硫氨酸。当维生素 B_{12} 缺乏时，N^5- 甲基四氢叶酸的甲基不能转移，这样既不利于甲硫氨酸的生成，同时也影响四氢叶酸的再生，使组织中游离的四氢叶酸含量减少，不能利用它来转运其他的一碳单位，影响嘌呤、嘧啶的合成，最终导致核酸合成障碍，影响细胞分裂，产生巨幼细胞贫血。同型半胱氨酸的堆积可造成同型半胱氨酸尿症。

2. 5'- 脱氧腺苷钴胺素是 L- 甲基丙二酰 CoA 变位酶的辅酶　此酶催化琥珀酰 4- 磷酸泛酰巯基乙胺 CoA 的生成。当维生素 B_{12} 缺乏时，L- 甲基丙二酰 CoA 大量堆积，因 L- 甲基丙二酰 CoA 的结构与脂肪酸合成的中间产物丙二酰 CoA 相似，所以影响脂肪酸的正常合成。维生素 B_{12} 缺乏所致的神经疾患也是由于脂肪酸的合成异常而影响了髓鞘质的转换，结果髓鞘质变性退化，造成进行性脱髓鞘。

维生素 B_{12} 来源广泛，故缺乏症少见。偶见于有严重吸收障碍疾患的患者及长期素食者。

九、维生素 C

（一）来源及性质

维生素 C 又称 L- 抗坏血酸，主要来源于新鲜水果和蔬菜，水果中以酸枣、山楂、柑橘、草莓、猕猴桃等含量高。蔬菜中以辣椒含量最多，其他蔬菜也含有较多的维生素 C。蔬菜中的叶部比茎部的维生素 C 含量高，新叶比老叶高，有光合作用的叶部含量最高。干的豆类及种子不含维生素 C，但当豆或种子发芽后可以产生维生素 C，所以豆芽成为北方冬季维生素 C 的良好来源。植物中含有的抗坏血酸氧化酶能将维生素 C 氧化为无活性的二酮古洛糖酸，所以储存久的水果、蔬菜中的维生素 C 的含量会大量减少。

维生素 C 在酸性中较稳定，对碱和热不稳定，烹饪不当可使其大量丧失；对光照敏感，故应避光阴凉处保存。

（二）生物学功能及缺乏症

1. 参与体内多种羟化反应　体内的结缔组织、骨及毛细血管的重要构成成分离不开胶原蛋白，维生素 C 是胶原脯氨酸羟化酶和胶原赖氨酸羟化酶维持活性所必需的辅助因子，可以促进胶原蛋白的合成。维生素 C 是催化胆固醇转变为 7α- 羟胆固醇反应的 7α- 羟化酶的辅酶，可以促进胆固醇在肝内转化为胆汁酸。此外，肾上腺皮质激素合成中，某些反应也需要维生素 C 的参与。生物转化是人体内一种很重要的代谢过程，可以促进体内的药物、毒物排出体外。羟化反应是生物转化中的一种类型，维生素 C 同样参与这个过程。

2. 参与体内氧化还原反应　氧化还原反应是机体中必不可少的一种反应过程，维生素 C 在其中起着很重要的作用，是人体主要的还原剂。通过还原作用，维生素 C 能起到保护巯基的作用，使巯基酶的—SH 维持还原状态。维生素 C 可以在谷胱甘肽还原酶作用下，促使氧化型谷胱甘肽（G—S—S—G）转变为还原型谷胱甘肽（G—SH）。还原型 G—SH 能使细胞膜的脂质过氧化物还原，起到保护细胞膜的作用。维生素 C 能使红细胞中的高铁血红蛋白（MHb）还原为血红蛋白（Hb），使其恢复对氧的运输。也可使食物中的 Fe^{3+} 还原为 Fe^{2+}，提高铁的吸收率。维生素 C 能保护维生素 A、E 及 B 免遭氧化，还能促使叶酸转变成有活性的四氢叶酸。

3. 抗病毒作用　维生素 C 能增加淋巴细胞的生成，提高吞噬细胞的吞噬能力，促进免疫球蛋白的合成，因此能提高机体免疫力。临床上用于心血管疾病、病毒感染性疾病等的支持性治疗。

维生素 C 缺乏时可患坏血病，主要为胶原蛋白合成障碍所致，表现为毛细血管脆性增加，牙龈肿胀与出血，牙齿松动、脱落、皮肤出现瘀点与瘀斑，关节出血可形成血肿、鼻出血、便血等症。还能影响骨骼正常钙化，出现伤口愈合不良、抵抗力低下、肿瘤扩散等。

现将各种水溶性维生素的主要来源、活性形式、主要生物学功能及典型缺乏症归纳列于表 5-2。

表 5-2　水溶性维生素的主要来源、生物学功能及典型缺乏症

名称	主要来源	活性形式	主要生理功能	典型缺乏症
维生素 B_1（硫胺素、抗脚气病维生素）	谷类的表皮、豆类、酵母、瘦肉、动物内脏、蛋类	TPP	1. α- 酮酸氧化脱羧酶的辅酶 2. 转酮醇酶的辅酶 3. 抑制胆碱酯酶活性	脚气病、末梢神经炎
维生素 B_2（核黄素）	动物内脏、蛋黄、牛奶、肉类、绿叶蔬菜	FMN、FAD	参与构成黄素酶的辅基，在生物氧化中起递氢作用	口角炎、唇炎、舌炎、阴囊炎等
维生素 PP（抗糙皮病维生素）	动物肝脏、酵母、花生、豆类及肉类	NAD^+、$NADP^+$	构成不需氧脱氢酶的辅酶，在生物氧化中起递氢作用	烟酸缺乏症（糙皮病）
维生素 B_6	动物肝脏、鱼、肉、豆类、全麦、坚果	磷酸吡哆醛、磷酸吡哆胺	构成转氨酶和氨基酸脱羧酶的辅酶、ALA 合酶的辅酶	人类未发现典型缺乏症
叶酸	绿叶蔬菜、水果、动物肝脏、酵母	四氢叶酸	构成一碳单位转移酶的辅酶，参与核酸合成，促进红细胞成熟等	巨幼细胞贫血
生物素（维生素 B_7）	动物内脏、蛋类、牛乳、酵母、花生、鱼类，人体肠道细菌也能合成	本身具有生理活性	构成羧化酶的辅酶，参与物质代谢的羧化反应	人类未发现典型缺乏症

续表

名称	主要来源	活性形式	主要生理功能	典型缺乏症
泛酸（遍多酸）	动、植物体内均含有	CoA、酰基载体蛋白质（ACP）	构成 CoA，是酰基转移酶的辅酶，可转移酰基	人类未发现典型缺乏症
维生素 B_{12}	肝、肉、鱼、牛奶等动物性食物	甲钴胺素、5'-脱氧腺苷钴胺素	作为甲基转移酶的辅酶，促进核酸合成，促进红细胞成熟	巨幼细胞贫血
维生素 C（L-抗坏血酸）	新鲜水果、蔬菜	抗坏血酸	1.参与体内多种羟化反应 2.参与体内氧化还原反应 3.抗病毒作用	坏血病

🎯 目标检测

一、名词解释

维生素

二、单选题

1. 下列关于维生素的叙述错误的是
    A. 在体内不能合成或合成量不足
    B. 是一类小分子有机化合物
    C. 都是构成辅酶的成分
    D. 脂溶性维生素不参与辅酶的组成
    E. 摄入过量维生素可引起中毒

2. 关于脂溶性维生素，下列说法正确的是
    A. 是人类必需的一类营养素、需要量大
    B. 体内不能储存，多余者从尿中排出
    C. 都是构成辅酶的成分
    D. 过多或过少都会引起疾病
    E. 易被消化吸收

3. 维生素 B_2 常见的辅基形式是
    A. NAD^+
    B. $NADP^+$
    C. 吡哆醛
    D. TPP
    E. FAD

4. 儿童缺乏维生素 D 时易患
    A. 佝偻病
    B. 骨软化症
    C. 坏血病
    D. 恶性贫血
    E. 糙皮病

5. 脚气病是由于缺乏哪种维生素引起的
    A. 维生素 D
    B. 维生素 K
    C. 维生素 B_1
    D. 维生素 E
    E. 维生素 B_{12}

6. 经常晒太阳不致缺乏的维生素是
    A. 维生素 C
    B. 维生素 A
    C. 维生素 D
    D. 维生素 B
    E. 维生素 E

7. 构成不需氧脱氢酶辅酶 NAD^+ 的维生素是
    A. 维生素 A
    B. 维生素 C
    C. 维生素 PP
    D. 维生素 E
    E. 维生素 B_{12}

8. 临床上常用辅助治疗婴儿惊厥和妊娠呕吐的维生素是
    A. 维生素 B_1
    B. 维生素 B_2
    C. 维生素 B_6
    D. 维生素 D
    E. 维生素 E

9. 缺乏维生素 C 会引起
    A. 坏血病
    B. 脚气病
    C. 夜盲症
    D. 佝偻病
    E. 巨幼细胞贫血

三、简答题

1. 维生素如何分类？各包括哪些维生素？
2. 引起维生素缺乏症的原因有哪些？
3. 缺乏维生素 B_{12} 和叶酸为什么会引起巨幼细胞贫血？

（杨　敏）

第6章 生物氧化

第1节 概　述

一、生物氧化的概念

化学物质在体内进行氧化分解的过程称为生物氧化（biological oxidation）。生物氧化的主要场所是线粒体、过氧化物酶体。不同场所氧化过程及产物各不相同，在线粒体内的生物氧化，其产物是 CO_2 和 H_2O，需要消耗氧并逐步释放能量，其中相当一部分使 ADP 磷酸化为 ATP，供给生命活动所需，其余能量主要以热能形式释放用于维持体温。

二、生物氧化的特点

物质在体内外氧化时所消耗的氧量、终产物及释放的能量都相同，但生物氧化又有其特点。①生物氧化在细胞内进行，环境温和（体温约 37℃、pH 近似中性）。而物质在体外氧化（燃烧）时反应条件剧烈，释放的能量多以热和光的形式骤然释放。②生物氧化是在一系列酶的催化下逐步进行的，能量逐步释放。释放的能量有相当一部分驱动 ADP 磷酸化生成 ATP，作为机体各种生理活动需要的直接能源。而物质在体外氧化时能量是骤然释放的。③生物氧化中 H_2O 是由物质脱下的氢通过呼吸链经一系列酶逐步传递给氧生成的，CO_2 则由有机酸脱羧产生。体外氧化产生的 CO_2、H_2O 是由物质中的碳和氢直接与氧结合生成。

三、生物氧化过程中 CO_2 的生成

人体内 CO_2 主要来源于有机酸的脱羧反应。根据脱去的羧基所在碳原子的位置不同分为 α- 脱羧和 β- 脱羧两种，又根据脱羧的同时是否伴有脱氢反应而分为单纯脱羧和氧化脱羧。

1. α- 单纯脱羧　如在氨基酸脱羧酶催化下氨基酸的脱羧反应。

$$R—\overset{\alpha}{C}HNH_2—COOH \xrightarrow[\text{磷酸吡哆醛}]{\text{氨基酸脱羧酶}} R—CH_2NH_2 + CO_2$$

2. α- 氧化脱羧　如在丙酮酸脱氢酶复合物催化下丙酮酸的氧化脱羧反应。

$$\begin{matrix} CH_3 \\ | \\ \alpha C=O \\ | \\ COOH \end{matrix} + CoA—SH \xrightarrow[NAD^+ \qquad NADH+H^+]{\text{丙酮酸脱氢酶复合物}} CH_3CO—SCoA + CO_2$$

3. β- 单纯脱羧　如草酰乙酸在草酰乙酸脱羧酶催化下的脱羧反应。

$$\begin{matrix} \beta CH_2COOH \\ | \\ \alpha COCOOH \end{matrix} \xrightarrow{\text{草酰乙酸脱羧酶}} \begin{matrix} \beta CH_3 \\ | \\ \alpha C=O \\ | \\ COOH \end{matrix} + CO_2$$

4. β- 氧化脱羧　如苹果酸在苹果酸酶催化下的氧化脱羧。

$$\begin{array}{l} \beta \ CH_2COOH \\ \alpha \ CH(OH)COOH \end{array} \xrightarrow[\text{NADP}^+ \quad \text{NADPH+H}^+]{\text{苹果酸酶}} \begin{array}{l} \beta \ CH_3 \\ \alpha \ C{=}O \\ COOH \end{array} + CO_2$$

第 2 节　线粒体生物氧化体系

一、氧化呼吸链

物质代谢过程中，代谢物脱下的成对氢原子通过多种酶催化的连锁反应逐步传递，最终与氧结合生成水，并释放能量。这种存在于线粒体内膜上的、由一系列酶和辅酶按一定顺序排列组成的，能够将代谢物脱下的氢和电子传递给氧生成水的连锁反应体系称为电子传递链。由于此反应体系与细胞呼吸有关，故又称为呼吸链（respiratory chain）。

（一）呼吸链的组成

参与氢和电子传递的传递体由四种酶复合体、游离存在的泛醌（CoQ）和细胞色素（Cyt）c 组成（表 6-1）。

成分	酶名称	辅基
复合体 I	NADH- 泛醌还原酶	FMN, Fe-S
复合体 II	琥珀酸 - 泛醌还原酶	FAD, Fe-S
复合体 III	泛醌 - 细胞色素 c 还原酶	铁卟啉, Fe-S
复合体 IV	细胞色素 c 氧化酶	铁卟啉, Cu

表 6-1　线粒体的呼吸链酶复合体

复合体 I（NADH- 泛醌还原酶）：是由以 FMN 为辅基的黄素蛋白（FP）和铁硫蛋白（Fe-S）等组成的跨膜蛋白质。其作用是将电子从 NADH 传递给泛醌（CoQ）。

复合体 II（琥珀酸 - 泛醌还原酶）：由以 FAD 为辅基的黄素蛋白、Fe-S 组成。其作用是将电子从琥珀酸传递给泛醌。

复合体 III（泛醌 - 细胞色素 c 还原酶）：由 Cyt b、Cyt c_1 和 Fe-S 组成的二聚体。其作用是将电子从泛醌传递给 Cyt c。

复合体 IV（细胞色素 c 氧化酶）：含有 Cyt a、Cyt a_3，其作用是将电子从 Cyt c 传递给 O_2。

酶复合体存在于线粒体内膜上，由其所含的各组分完成电子传递过程。呼吸链中的电子传递体大体上可归纳为五类。

1. NAD^+ 和 $NADP^+$　NAD^+ 和 $NADP^+$ 分子中尼克酰胺中的氮为五价氮，能够可逆地接受电子成为三价氮，其对侧的碳原子比较活泼，能可逆地加氢还原。NAD^+ 和 $NADP^+$ 进行加氢反应时，只能接受 1 个氢原子和 1 个电子，将另一个 H^+ 游离在介质中，它们的还原形式可分别写成 $NADH+H^+$ 和 $NADPH+H^+$。

2. 黄素蛋白（flavoprotein，FP）　种类较多，其辅基有两种：黄素单核苷酸（FMN）和黄素腺嘌呤二核苷酸（FAD）。FMN 和 FAD 发挥功能的是异咯嗪环，其 1 位和 10 位氮原子能可逆地加氢还原。

$$\text{FMN（醌型或氧化型）} \underset{-2H}{\overset{+2H}{\rightleftharpoons}} \text{FMNH}_2\text{（氢醌型或还原型）}$$

3. 铁硫蛋白（Fe-S） 因其含有铁硫中心而得名，含有等量的铁原子和硫原子，存在于线粒体内膜上，常常与其他传递体结合成复合物，其中的铁原子通过可逆的 $Fe^{2+} \rightleftharpoons Fe^{3+}+e$ 反应来传递电子。

4. 泛醌 又称辅酶 Q（CoQ 或 Q），是一种脂溶性的小分子醌类化合物，由于其侧链的强疏水性作用，能在线粒体内膜中自由扩散，不包含在 4 个复合体中。泛醌可接受 2 个电子和 2 个质子还原成二氢泛醌，后者又可脱去电子和质子被氧化成泛醌。因此，泛醌可进行双、单电子的传递。

$$\text{泛醌（醌型或氧化型）} \quad +H^+ + e \rightleftharpoons \quad \text{泛醌H·（半醌型）} \quad +H^+ + e \rightleftharpoons \quad \text{二氢泛醌（氢醌型或还原型）}$$

5. 细胞色素（cytochrome，Cyt） 是一类以血红素为辅基的催化电子传递的蛋白质。因其广泛地存在于各种生物的细胞内，又具有颜色而得名。根据其吸收光谱和最大吸收波长不同，可将参与呼吸链组成的细胞色素分为 Cyt a、Cyt a_3、Cyt b、Cyt c_1、Cyt c 五种，由于 Cyt a 和 Cyt a_3 结合紧密，很难分离，故写成 Cyt aa_3。各种细胞色素的主要差别在于辅基铁卟啉环的侧链及铁卟啉与蛋白质的连接方式不同。细胞色素中的铁原子可通过 $Fe^{2+} \rightleftharpoons Fe^{3+}+e$ 反应传递电子。

（二）呼吸链的类型及排列顺序

呼吸链组分的排列顺序是根据其标准氧化还原电位高低、抑制剂阻断氧化还原过程、各组分特有的吸收光谱及体外呼吸链的拆开和重组实验来确定的。目前认为，呼吸链各组分的排列有两条途径，即 NADH 氧化呼吸链和琥珀酸氧化呼吸链（图 6-1）。

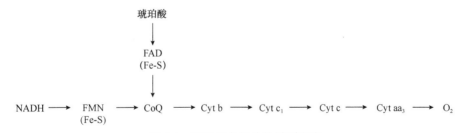

图 6-1 呼吸链各组分的排列顺序

1. NADH 氧化呼吸链 这条呼吸链由复合体Ⅰ、CoQ、复合体Ⅲ、Cyt c、复合体Ⅳ组成。机体内大多数脱氢酶如乳酸脱氢酶、苹果酸脱氢酶等都以 NAD^+ 作辅酶，由 NAD^+ 接受代谢物脱下的氢生成 $NADH+H^+$，然后通过 NADH 氧化呼吸链将携带的两个电子逐步传递给氧。而 $NADH+H^+$ 脱下的氢经复合体Ⅰ传递给 CoQ，此时两个氢原子解离成 $2H^++2e$，$2H^+$ 游离于介质中，当 2e 经复合体Ⅳ传递给氧后与 $2H^+$ 结合，最终生成水。

2. 琥珀酸氧化呼吸链（$FADH_2$ 氧化呼吸链） 体内只有少数几种代谢物（如琥珀酸、脂酰 CoA 等）的脱氢酶是以 FAD 为辅基的，FAD 接受代谢物脱下的 2H 并传给 CoQ 生成 $CoQH_2$，此后的传递与 NADH 氧化呼吸链相同。

二、氧化磷酸化

（一）氧化磷酸化的概念

在物质代谢过程中，代谢物脱下的氢经呼吸链传递并释放出能量，其中部分能量使 ADP 磷酸化生成 ATP。这种能量释放偶联驱动 ADP 磷酸化为 ATP 的过程称为氧化磷酸化。它是体内 ATP 生成的主要方式。

（二）氧化磷酸化的偶联部位

实验证明呼吸链中有 3 个偶联部位，分别存在于 NADH 与 CoQ 之间、CoQ 与 Cyt c 之间、Cyt aa₃ 与 O_2 之间（图 6-2）。由此可见 NADH 氧化呼吸链中存在 3 个偶联部位，而琥珀酸氧化呼吸链中存在 2 个偶联部位，根据实验得出，1 对电子经 NADH 氧化呼吸链传递能产生 2.5 分子 ATP，而经琥珀酸氧化呼吸链传递可产生 1.5 分子 ATP。

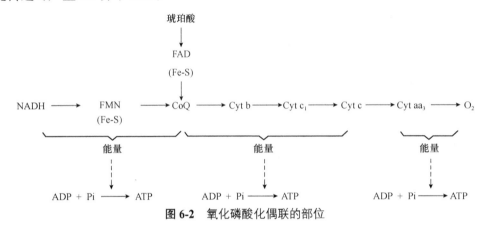

图 6-2 氧化磷酸化偶联的部位

（三）影响氧化磷酸化的因素

1. **ADP/ATP 比值** 此比值为调节氧化磷酸化速率的主要因素。当机体利用 ATP 增多时，ADP 浓度增高，致使该比值升高，ADP 转运至线粒体并磷酸化的速度加快；反之，当机体耗能减少时，氧化磷酸化速率减慢。这种调节作用使氧化磷酸化产生的 ATP 能够适应机体的生理需求。

2. **甲状腺激素** 可促进细胞膜上 Na^+, K^+-ATP 酶的表达，使 ATP 加速分解为 ADP 和 Pi，ADP 进入线粒体内的数量增多，使氧化磷酸化的速率加快。另外，甲状腺激素可使解偶联蛋白基因表达增加，使氧化磷酸化解偶联。因此，甲状腺激素的分泌增加会引起耗氧和产热均增加。

3. **抑制剂** 根据其抑制部位不同，可分为呼吸链抑制剂、解偶联剂和氧化磷酸化抑制剂（图 6-3）。①呼吸链抑制剂能在特异部位阻断氧化呼吸链中的电子传递。例如，鱼藤酮、粉蝶霉素 A 及异戊巴比妥等可阻断复合体 I 中从铁硫蛋白到泛醌的电子传递，抗霉素 A、二巯基丙醇可阻断 Cyt b 与 Cyt c₁ 之间的电子传递，CO、氰化物（CN^-）、H_2S 抑制细胞色素氧化酶，阻断电子由 Cyt aa₃ 到氧的传递。②解偶联剂并不阻断呼吸链中的电子传递，而是使 ADP 磷酸化生成 ATP 受到抑制，因此氧化过程释放的能量不能用于 ADP 的磷酸化，而以热能形式散失，导致氧化与磷酸化脱离。较常见的解偶联剂是二硝基苯酚（DNP）。③氧化磷酸化抑制剂对电子传递和 ADP 磷酸化均有抑制作用，如寡霉素。

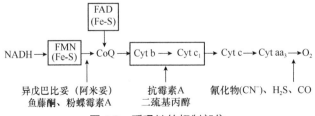

图 6-3 呼吸链的抑制部位

案例 6-1

　　患者，男，65 岁，昏迷半小时，半小时前其儿子晨起发现患者叫不醒，未见呕吐，房间有一煤火炉，患者一人单住，前一天晚上身体正常，查体：T 36.8℃，P 98 次 / 分，R 24 次 / 分，BP 160/90mmHg，昏迷，呼之不应，皮肤黏膜无出血点，瞳孔等大，直径 3mm，对光反射灵敏，口唇樱桃红色，颈软，无抵抗，甲状腺（−），心界不大，初步诊断 CO 中毒。

问题：CO 为什么会引起中毒？如何解毒？

三、能量的利用和储存

（一）高能化合物

　　机体在生物氧化过程中释放的能量大约有 40% 以化学能的形式储存在高能化合物中，形成相应的高能磷酸键或高能硫酯键，常用 "～" 符号表示。它们在水解时均会释放出大于 21kJ/mol 的能量。含有高能键的化合物称为高能化合物。而体内最重要的高能化合物就是 ATP，另外，体内还存在其他高能化合物，如糖原、磷脂、蛋白质合成时需要 UTP、CTP、GTP 供能，它们需要在核苷二磷酸激酶的催化下，从 ATP 中获得高能磷酸键。反应如下：

$$ATP + UDP \longleftrightarrow ADP + UTP$$
$$ATP + CDP \longleftrightarrow ADP + CTP$$
$$ATP + GDP \longleftrightarrow ADP + GTP$$

（二）能量的储存和利用

　　生物体内能量的释放、储存及利用都是以 ATP 为中心。ATP 作为生物体内能量的载体分子，在分解代谢中产生，又在合成代谢等耗能过程中利用。其水解释放的能量可被机体各种生命活动直接利用，如肌肉收缩、腺体分泌、神经传导、维持体温等。另外，磷酸肌酸可作为肌肉、脑中能量的储存形式。ATP 充足时，ATP 可将高能磷酸键转移给肌酸，生成磷酸肌酸。而当 ATP 消耗过多时，磷酸肌酸可将高能磷酸键转移给 ADP 生成 ATP，供给机体所需（图 6-4）。

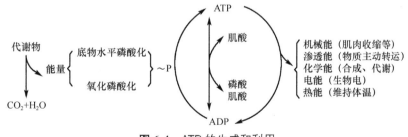

图 6-4　ATP 的生成和利用

第 3 节　非线粒体氧化体系

　　非线粒体氧化体系虽然与能量产生无关，但也具有十分重要的生理意义，不仅参与体内的正常物质代谢，而且在药物、毒物的生物转化等方面均有重要作用。非线粒体氧化体系主要包括抗氧化酶体系等。

　　超氧化物歧化酶（SOD）在生物体内普遍存在，它能清除新陈代谢产生的有害物质。SOD 是一种以金属元素为辅基的抗氧化酶。在真核细胞线粒体中，它以 Mn^{2+} 为辅基，而在细胞质中以 Cu^{2+}、Zn^{2+} 为辅基，但不同辅基的 SOD 均可催化超氧阴离子还原生成 H_2O_2 和 O_2。其中，1 分子超氧阴离子被 SOD 催化生成 O_2，而另一分子超氧阴离子被还原成 H_2O_2，后者可被过氧化氢酶继续分解为 H_2O 和 O_2。

超氧阴离子是生物体各种生理反应过程中（如呼吸链电子传递、黄嘌呤的氧化）产生的中间产物，具有极强的氧化能力，对生物体具有毒害作用，如使 DNA 氧化、修饰甚至断裂；可使蛋白质氧化改变其功能；使膜磷脂分子氧化，造成生物膜损伤等。SOD 可对抗、阻断其对细胞的伤害，及时修复受损细胞并延缓衰老，因此 SOD 的水平高低是反映生物体衰老的直观指标。目前还证实，SOD 对预防心脑血管疾病及抑制肿瘤生长具有积极作用。

过氧化氢酶是一种含血红素的结合酶，其作用是催化 H_2O_2 分解为 H_2O 和 O_2，又称触酶。在体内，H_2O_2 主要用于甲状腺素的生成和消灭细菌，具有一定的生理作用。粒细胞和吞噬细胞中的 H_2O_2 可杀灭细菌；甲状腺上皮细胞中的 H_2O_2 可使酪氨酸碘化（$2I \longrightarrow I_2$），用于甲状腺素合成。然而，在某些组织的细胞中，H_2O_2 过量可对细胞产生毒害作用，如损伤生物膜结构、破坏核酸等。细胞内过氧化氢酶的催化效率极高，每个酶分子在 0℃每分钟可催化 264 万个 H_2O_2 分子分解。因此，人体一般不会发生 H_2O_2 的蓄积中毒。

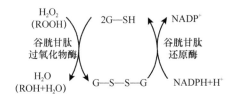

$$2H_2O_2 \xrightarrow{\text{过氧化氢酶}} 2H_2O + O_2$$

谷胱甘肽过氧化物酶以血红素为辅基，可去除 H_2O_2 和其他过氧化物。在细胞质、线粒体及过氧化物酶体中，通过还原型的谷胱甘肽将 H_2O_2 还原为 H_2O，同时产生氧化型的谷胱甘肽。

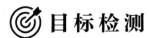

目标检测

一、名词解释

1. 生物氧化　　2. 氧化呼吸链　　3. 氧化磷酸化

二、单选题

1. 下列关于物质在体外燃烧和生物体内氧化的叙述，哪一项是正确的
   A. 都是逐步释放能量
   B. 都需要催化剂
   C. 都需要在温和条件下进行
   D. 生成的终产物基本相同
   E. 氧和碳原子直接化合生成 CO_2

2. 细胞色素 b、c_1、c 均含有的辅基是
   A. 铁卟啉
   B. 血红素
   C. 血红素 A
   D. Fe^{3+}
   E. 原卟啉

3. 调节氧化磷酸化作用的重要激素是
   A. 甲状腺素
   B. 生长素
   C. 胰岛素
   D. 肾上腺素
   E. 糖皮质激素

4. 体内 CO_2 主要来自
   A. 碳原子被氧原子氧化

   B. 磷脂分解
   C. 有机酸的脱羧
   D. 呼吸链的氧化还原过程
   E. 脂肪分解

5. 劳动或运动时 ATP 因消耗而大量减少，此时会出现
   A. ADP 相应增加，ATP/ADP 下降，呼吸随之加快，氧化磷酸化升高
   B. ADP 大量减少，ATP/ADP 增高，呼吸随之加快
   C. ADP 大量磷酸化以维持 ATP/ADP 不变
   D. ADP 相应减少，以维持 ATP/ADP 恢复正常
   E. 磷酸肌酸在体内大量增加

6. CO 影响氧化磷酸化的机理在于
   A. 加速 ATP 水解为 ADP 和 Pi
   B. 解偶联作用
   C. 使物质氧化所释放的能量大部分以热能形式消耗
   D. 影响电子在细胞色素 aa_3 与 O_2 之间传递
   E. 影响电子在细胞色素 b 与细胞色素 c 之间传递

7. 下列不属于高能化合物的是
   A. 1, 3- 二磷酸甘油酸　　B. 磷酸肌酸
   C. 磷酸烯醇式丙酮酸　　D. 6- 磷酸葡糖

E. 琥珀酰辅酶 A

8. 氰化物中毒是由于抑制了下列哪种细胞色素
   A. Cyt a
   B. Cyt aa$_3$
   C. Cyt b
   D. Cyt c
   E. Cyt a$_3$

9. 肌肉组织中肌肉收缩所需要的大部分能量是以下列哪种形式储存的
   A. ADP
   B. 磷酸肌酸
   C. ATP
   D. 磷酸烯醇式丙酮酸
   E. 丙酮酸

10. 人体活动主要的直接供能物质是
    A. 葡萄糖
    B. 脂肪酸
    C. 磷酸肌酸
    D. ATP
    E. ADP

三、简答题

1. 生物氧化的方式有哪几种，以哪种为主？
2. 线粒体内有哪几种呼吸链？试述两条呼吸链的组成、排列顺序和偶联产生 ATP 的部位。
3. 有哪些因素可以影响氧化磷酸化？
4. 试述 ATP 在体内的重要作用有哪些？

（王　齐）

第7章
糖代谢

第1节 概　述

糖类（carbohydrate）是指多羟基醛或多羟基酮以及它们的衍生物或缩聚物组成的一类有机化合物，广泛存在于生物体内。

一、糖类的生理功能

糖类在人体内有多种重要的生理功能。

1. 氧化供能　这是糖类的主要功能，人体每日所需能量的 50% ～ 70% 是由糖类氧化提供的。

2. 糖类是机体重要的碳源　糖类分解代谢的中间产物可在体内转变成多种非糖物质，如非必需氨基酸、脂质和核苷等，糖类为这些物质提供了碳源。

3. 糖类是构成人体组织结构的重要成分　例如，糖类与蛋白质结合形成的糖蛋白或蛋白聚糖是构成结缔组织的成分；糖类与脂质结合形成的糖脂是构成神经组织和细胞膜的成分等。

4. 糖类复合物在体内具有特殊生理功能　例如，免疫球蛋白、补体、某些血型物质和凝血因子等，其化学本质为糖蛋白或蛋白多糖。

食物中糖类的主要包括多糖、寡糖和单糖等。植物中的多糖主要为淀粉，其次还有纤维素；动物体内的多糖主要为糖原，包括肝糖原和肌糖原。寡糖中最常见的为蔗糖、麦芽糖和乳糖等。单糖中的葡萄糖、果糖、半乳糖等对人体最为重要。

二、糖类的消化与吸收

1. 糖类的消化　食物中的糖类以淀粉为主，在口腔中唾液淀粉酶及肠道中胰淀粉酶的催化下，淀粉水解过程中生成麦芽糖、麦芽三糖及极限糊精（4 ～ 9 个葡萄糖残基构成的寡糖），这三者分别在葡萄糖苷酶及极限糊精酶的作用下生成葡萄糖。小肠黏膜细胞中的蔗糖酶和乳糖酶可分别水解蔗糖和乳糖生成单糖。

2. 糖类的吸收　只有单糖能被肠壁吸收。多糖在小肠消化后生成单糖，包括葡萄糖、半乳糖、果糖等，以葡萄糖最多。葡萄糖首先随血液循环通过门静脉入肝，再随血液循环进入各组织细胞进行代谢。

三、糖代谢概况

葡萄糖主要来自食物中淀粉的消化吸收，在饥饿时也可来自糖原的分解或其他物质的糖异生。进入人体内的葡萄糖可通过无氧氧化、有氧氧化和磷酸戊糖途径等方式氧化分解，也可以合成糖原储存，除此之外，葡萄糖作为原料还能转变为脂肪、胆固醇及氨基酸等。

第2节　糖的分解代谢

人体内葡萄糖（glucose，G）的分解代谢有三条途径：无氧氧化、有氧氧化和磷酸戊糖途径。

一、糖的无氧氧化

在无氧或缺氧条件下，葡萄糖或糖原分解生成乳酸的过程称为无氧氧化（anaerobic oxidation），也称无氧分解。

无氧氧化全过程在各组织细胞的细胞质中进行，尤其是在红细胞和肌肉组织中最为活跃。

（一）无氧氧化的反应过程

无氧氧化由十几步连续的化学反应构成，可分为两个阶段：第一阶段是由 6C 的葡萄糖（或糖原）分解生成 3C 的丙酮酸，称为糖酵解（glycolysis）；第二阶段是乳酸的生成（图 7-1）。

$$\underset{\text{(6C)}}{\text{葡萄糖}} \xrightarrow[\text{第一阶段}]{\text{糖酵解}} \underset{\text{(3C)}}{2\times\text{丙酮酸}} \xrightarrow[\text{第二阶段}]{} \underset{\text{(3C)}}{2\times\text{乳酸}}$$

图 7-1　无氧氧化的两个阶段

1. 第 1 阶段——糖酵解　由 10 步反应构成。

（1）葡萄糖（G）→ 6- 磷酸葡萄糖（葡萄糖 -6- 磷酸，G-6-P）　由己糖激酶（肝细胞内为葡糖激酶）催化，消耗 1 分子 ATP，Mg^{2+} 是酶的激活剂。此反应为糖酵解的第一个关键步骤，己糖激酶（肝细胞内为葡糖激酶）为第一个关键酶。

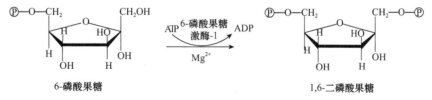

（2）6- 磷酸葡萄糖→ 6- 磷酸果糖（果糖 -6- 磷酸，F-6-P）　G-6-P 在磷酸葡糖异构酶催化下，生成 F-6-P，Mg^{2+} 是激活剂，反应可逆。

（3）6- 磷酸果糖→ 1, 6- 二磷酸果糖（果糖 -1, 6- 二磷酸，1, 6-FBP）　在 6- 磷酸果糖激酶 -1 催化下，消耗 1 分子 ATP，Mg^{2+} 是激活剂。

（4）1, 6- 二磷酸果糖裂解成 2 个三碳化合物　磷酸二羟丙酮和 3- 磷酸甘油醛（甘油醛 -3- 磷酸），此反应由醛缩酶催化。

（5）磷酸二羟丙酮与 3- 磷酸甘油醛异构　二者为同分异构体，在磷酸丙糖异构酶的催化下可以相互转变。

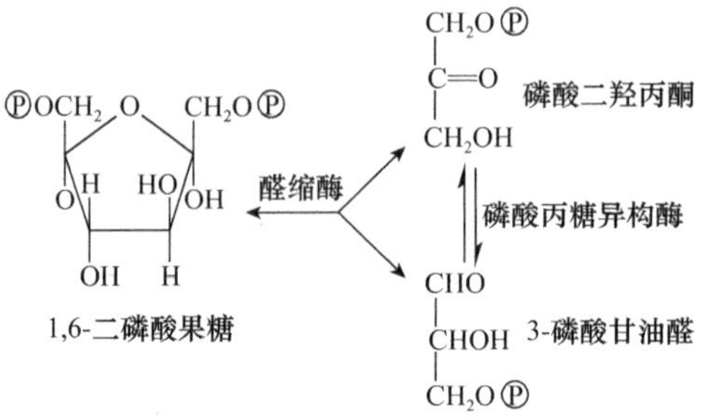

1,6-二磷酸果糖

（6）3-磷酸甘油醛→1,3-二磷酸甘油酸（1,3-BPG）　由3-磷酸甘油醛脱氢酶（甘油醛-3-磷酸脱氢酶）催化，3-磷酸甘油醛脱氢氧化并加磷酸生成高能化合物1,3-二磷酸甘油酸。反应脱下的氢由 NAD^+ 接受生成 $NADH+H^+$，这是糖酵解过程中唯一的一次氧化反应。

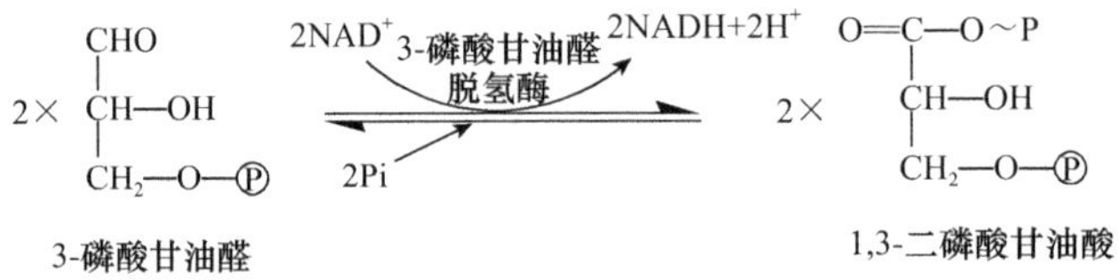

3-磷酸甘油醛　　　　　　　　　　　　　　　　　1,3-二磷酸甘油酸

（7）1,3-二磷酸甘油酸→3-磷酸甘油酸（3-PG）　在磷酸甘油酸激酶催化下，1,3-二磷酸甘油酸转变为3-磷酸甘油酸（甘油酸-3-磷酸），高能磷酸键转移给ADP生成ATP。这种由底物分子在酶的作用下，将高能磷酸键直接转移给ADP生成ATP的方式，称为底物水平磷酸化。这是生物体内产生ATP的方式之一。

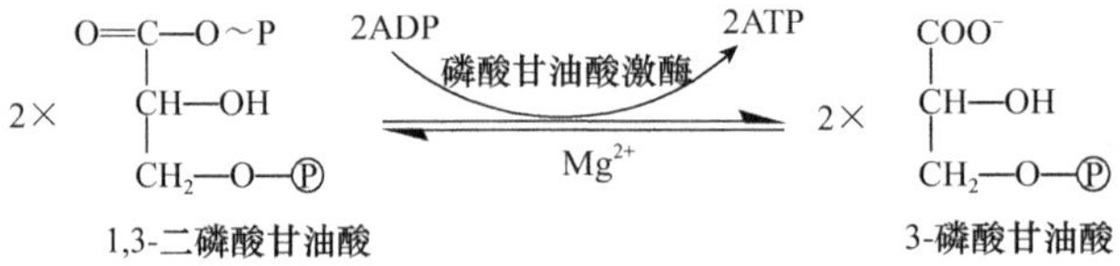

1,3-二磷酸甘油酸　　　　　　　　　　　　　　　3-磷酸甘油酸

（8）3-磷酸甘油酸→2-磷酸甘油酸（2-PG）　此反应由磷酸甘油酸变位酶催化。

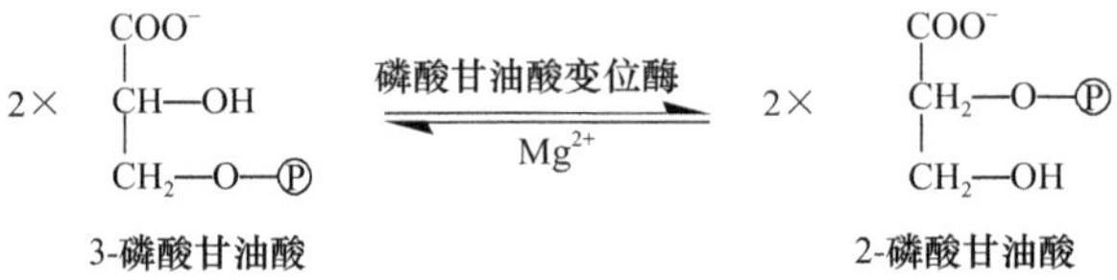

3-磷酸甘油酸　　　　　　　　　　　　　　　　2-磷酸甘油酸

（9）2-磷酸甘油酸→磷酸烯醇式丙酮酸（PEP）　由烯醇化酶催化，2-磷酸甘油酸脱水生成高能化合物磷酸烯醇式丙酮酸，同时分子内部的能量重新分配，形成高能磷酸键。

2-磷酸甘油酸　　　　　　　　　磷酸烯醇式丙酮酸

（10）磷酸烯醇式丙酮酸→丙酮酸　在丙酮酸激酶催化下，磷酸烯醇式丙酮酸转变为丙酮酸，分子中高能磷酸键转移给ADP生成ATP，这是无氧氧化过程中的第二次底物水平磷酸化反应。

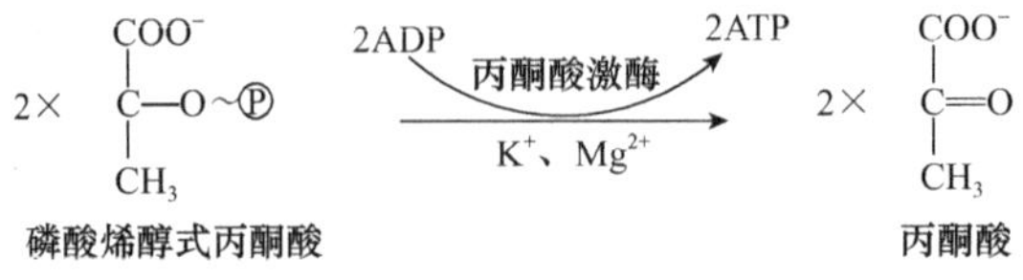

磷酸烯醇式丙酮酸　　　　　　　　　　　　　　丙酮酸

2. 第二阶段——乳酸生成　这是第11步反应，在氧供应不足或机体缺氧时，乳酸脱氢酶（LDH）

催化丙酮酸加氢还原生成乳酸，由 NADH+H$^+$ 提供氢。

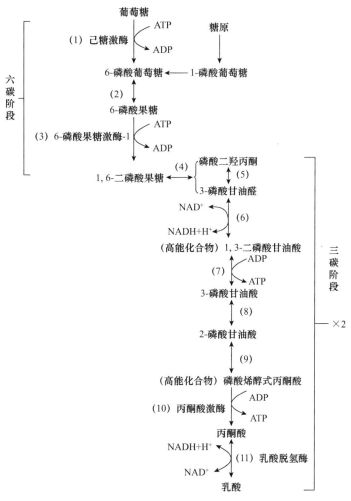

图 7-2　无氧氧化简明过程

（二）无氧氧化的特点

1. 无氧氧化的全过程　在细胞的细胞质中进行。

2. 无氧氧化全过程仅有 1 次氧化（脱氢）反应　此反应为 3- 磷酸甘油醛→1, 3- 二磷酸甘油酸的脱氢反应，无氧氧化反应全程无 O$_2$ 参与。

3. 无氧氧化过程有 3 个关键步骤和 3 个关键酶　葡萄糖→6- 磷酸葡萄糖、6- 磷酸果糖→1, 6- 二磷酸果糖和磷酸烯醇式丙酮酸→丙酮酸是三个关键步骤；己糖激酶、6- 磷酸果糖激酶 -1 和丙酮酸激酶是无氧氧化过程中的三个关键酶。

4. 无氧氧化的终产物是 2 分子乳酸和 2 分子 ATP　1 分子 6C 葡萄糖经无氧氧化后，生成 2 分子 3C 的乳酸，同时净生成 2 分子 ATP。若从糖原开始，则糖原中 1 分子葡萄糖残基净生成 3 分子 ATP。

（三）无氧氧化的生理意义

无氧氧化产生的能量虽少，但对人体却具有非常重要的生理意义。

1. 无氧氧化能迅速为机体供能，是机体在缺氧条件下获得能量的主要方式。无氧氧化对肌肉组织尤其重要，肌肉组织中的 ATP 含量较低，肌肉收缩几秒钟就可全部耗尽。即使不缺氧，葡萄糖进行有氧氧化的过程也比无氧氧化长得多，不能及时满足肌细胞需要，还要通过无氧氧化供能。

2. 氧供充足时，某些组织和细胞主要依赖无氧氧化供能。正常细胞获得能量的主要方式是有氧氧化，但其主要过程在线粒体内进行。成熟的红细胞无线粒体，即使氧供充足，也完全依靠无氧氧化供能。视网膜、神经细胞、肿瘤细胞、白细胞、肾髓质、皮肤、睾丸等，在正常情况下也依赖无氧氧化供能。

3. 为其他物质的合成提供原料。无氧氧化过程中的中间产物可作为体内其他化合物合成的原料。例如，磷酸二羟丙酮可生成磷酸甘油，参与脂肪合成；乳酸可异生为糖；丙酮酸可以转变为丙氨酸等。

二、糖的有氧氧化

葡萄糖的有氧氧化（aerobic oxidation）是指在有氧条件下，葡萄糖或糖原彻底氧化分解生成 CO_2 和 H_2O 并释放大量能量的过程。有氧氧化是葡萄糖氧化分解的主要方式，整个过程在细胞质基质和线粒体内进行。

医者仁心

被拒稿的诺贝尔奖得主——克雷布斯

汉斯·阿道夫·克雷布斯（Hans Aclolf Krebs）是一位知名的生物化学家。1932 年，他与同事共同发现了尿素合成的过程——鸟氨酸循环。1937 年他用鸽子胸肌做实验又提出了三羧酸循环，投稿 *Nature* 却被拒稿。后改投荷兰一杂志后被发表。三羧酸循环是糖、蛋白质、脂肪等代谢联系的重要环节，被公认为代谢研究的里程碑，Krebs 因此获得 1953 年诺贝尔生理学或医学奖。此后，Krebs 常用自己曾被拒稿的故事激励年轻学者专注于自己的研究兴趣，坚持自己的学术观点。

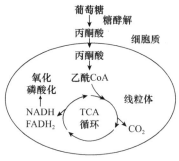

图7-3　有氧氧化的阶段及部位

（一）葡萄糖有氧氧化的反应过程

葡萄糖有氧氧化由二十多步连续的化学反应构成，常划分为四个阶段，第一阶段在细胞质中进行，其余三个阶段均在线粒体内进行（图7-3）。

1. 第一阶段——糖酵解　与无氧氧化的第一阶段相同，1分子葡萄糖分解为 2 分子丙酮酸。

2. 第二阶段——丙酮酸氧化脱羧生成乙酰 CoA　丙酮酸由细胞质进入线粒体内，在丙酮酸脱氢酶复合物的催化下，经过 5 步连续的化学反应，脱氢又脱羧生成乙酰 CoA。脱掉的羧基生成 CO_2，这是机体产生 CO_2 的方式——有机酸脱羧，这次脱羧属于 α- 氧化脱羧，即 α-C 原子上脱氢又脱羧基。脱下的 2H 最终由 NAD^+ 接受成为 $NADH+H^+$。整个反应过程是不可逆的，丙酮酸脱氢酶复合物是关键酶。

3. 第三阶段——三羧酸循环　三羧酸循环是由 8 步反应构成的一个循环过程，在线粒体基质中进行。由于循环的第一步反应生成了含有三个羧基的化合物柠檬酸，故称为三羧酸循环（tricarboxylic acid cycle，TAC 或 TCA 循环）或柠檬酸循环，也称克雷布斯（Krebs）循环。

（1）三羧酸循环的过程

1）乙酰 CoA 与草酰乙酸合成柠檬酸：此反应由柠檬酸合酶催化，反应不可逆，柠檬酸合酶为

TCA 循环的第一个关键酶。

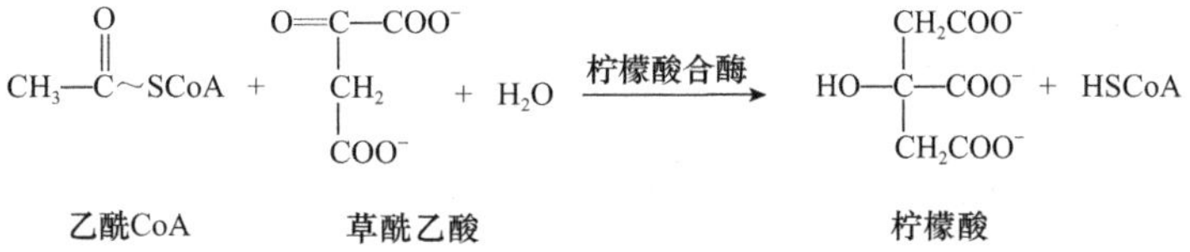

乙酰CoA　　　　草酰乙酸　　　　　　　　柠檬酸

2）柠檬酸异构生成异柠檬酸：在顺乌头酸酶的催化下，柠檬酸先脱水生成不稳定的中间产物顺乌头酸，再加水异构成异柠檬酸，反应过程可逆。

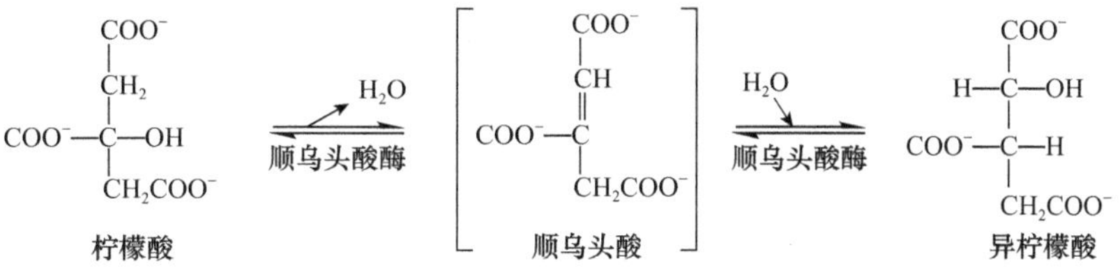

柠檬酸　　　　　　　　顺乌头酸　　　　　　　异柠檬酸

3）异柠檬酸氧化脱羧生成 α- 酮戊二酸：在异柠檬酸脱氢酶催化下，异柠檬酸 β-C 原子上脱氢又脱羧基，生成 α- 酮戊二酸，NAD^+ 接受脱下的 2H 成为 $NADH+H^+$。这是 TCA 循环中的第一次脱羧，属于 β- 氧化脱羧，生成 1 分子 CO_2。此反应不可逆，是 TCA 循环中反应速度最慢的一步。异柠檬酸脱氢酶是 TCA 循环过程中的第二个关键酶。

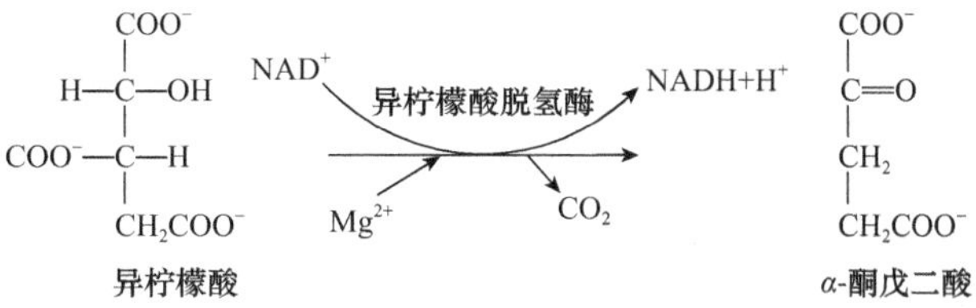

异柠檬酸　　　　　　　　　　　　　　　　　α-酮戊二酸

4）α- 酮戊二酸氧化脱羧生成琥珀酰 CoA：α- 酮戊二酸脱氢酶复合体催化 α- 酮戊二酸氧化脱羧生成高能化合物琥珀酰 CoA。反应中脱下的 2H 由 NAD^+ 接受成为 $NADH+H^+$。这是 TCA 循环中的第二次脱羧，属于 α- 氧化脱羧，生成 1 分子 CO_2。α- 酮戊二酸脱氢酶复合体是 TCA 循环过程中的第三个关键酶。

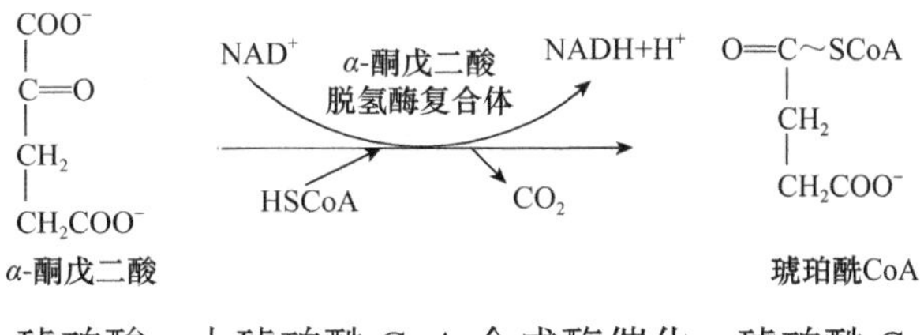

α-酮戊二酸　　　　　　　　　　　　　　琥珀酰CoA

5）琥珀酰 CoA 转变为琥珀酸：由琥珀酰 CoA 合成酶催化，琥珀酰 CoA 将高能键转移给 GDP 生成 GTP，GTP 继续将高能键转移给 ADP 生成 ATP。这是三羧酸循环中唯一的一次底物水平磷酸化反应。

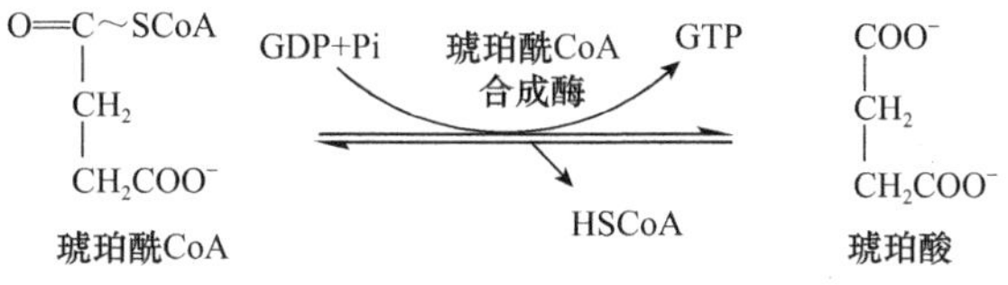

琥珀酰CoA　　　　　　　　　　　　　　琥珀酸

$$GTP + ADP \xrightarrow{\text{GDP激酶}} ATP + GDP$$

6）琥珀酸脱氢生成延胡索酸：在琥珀酸脱氢酶催化下，琥珀酸脱氢生成延胡索酸。FAD 是琥珀酸脱氢酶的辅酶，接受脱下的 2H 生成 $FADH_2$。

$$
\underset{\text{琥珀酸}}{\underset{|}{\overset{\text{COO}^-}{\overset{|}{\text{CH}_2}}}\atop\underset{}{\text{CH}_2\text{COO}^-}} \quad \xrightarrow[\text{琥珀酸脱氢酶}]{\text{FAD} \quad \text{FADH}_2} \quad \underset{\text{延胡索酸}}{\underset{|}{\overset{\text{COO}^-}{\overset{|}{\text{CH}}}}\atop\underset{}{\text{CHCOO}^-}}
$$

7）延胡索酸加水生成苹果酸：此反应由延胡索酸酶催化。

$$
\underset{\text{延胡索酸}}{\underset{|}{\overset{\text{COO}^-}{\overset{|}{\text{CH}}}}\atop\underset{}{\text{CHCOO}^-}} + H_2O \quad \xrightarrow{\text{延胡索酸酶}} \quad \underset{\text{苹果酸}}{\text{HO}-\underset{|}{\overset{\text{COO}^-}{\overset{|}{\text{CH}}}}\atop\underset{}{\text{CH}_2\text{COO}^-}}
$$

8）苹果酸脱氢生成草酰乙酸：这是 TCA 循环的最后一步反应，由苹果酸脱氢酶催化。苹果酸脱下的 2H 由 NAD$^+$ 接受氢成为 NADH+H$^+$，它自身变成草酰乙酸，完成一次三羧酸循环（图 7-4）。

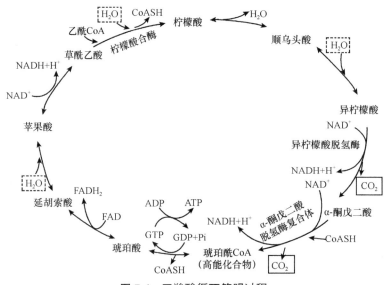

图 7-4 三羧酸循环简明过程

（2）三羧酸循环的特点

1）一次底物水平磷酸化生成 1 分子 ATP：整个过程有一次产能反应，属于底物水平磷酸化，发生在琥珀酰 CoA →琥珀酸，直接产生 GTP，然后由 GTP 将高能键转移给 ADP 生成 1 分子 ATP。

2）两次脱羧生成 2 分子 CO$_2$：一次循环有两次脱羧反应，共产生 2 分子 CO$_2$。

3）三个关键酶催化三个不可逆反应：柠檬酸合酶、异柠檬酸脱氢酶、α- 酮戊二酸脱氢酶复合体是三酸酸循环的三个关键酶，它们所催化的反应在生理条件下是不可逆的，所以整个循环是不可逆的。

4）四次脱氢生成 3 分子 NADH+H$^+$ 和 1 分子 FADH$_2$：二者分别进入呼吸链产生 H$_2$O 并进行氧化磷酸化产生 ATP。

4. 第四阶段——氧化磷酸化　代谢物脱下的氢经过呼吸链传递给氧生成水，并在此过程中将产生的能量转给 ADP，同时偶联 ADP 磷酸化形成 ATP 的过程称为氧化磷酸化。这是体内 ATP 生成的第二种方式，也是最重要的方式。

（二）葡萄糖有氧氧化的产物及生理意义

1. 有氧氧化的产物　1 分子葡萄糖生成 2 分子丙酮酸，再进行两次三羧酸循环后，有机酸脱羧生成 CO$_2$、脱下的氢在线粒体内进入呼吸链产生 H$_2$O 的同时，进行氧化磷酸化生成 ATP。1 分子葡萄糖经有氧氧化生成 6 分子 CO$_2$、6 分子 H$_2$O、32 分子 ATP 或 30 分子 ATP（表 7-1），总反应式如下。

$$\text{G（C}_6\text{H}_{12}\text{O}_6\text{）} + 6\,O_2 + 30\,\text{或}\,32\text{ADP} + 30\,\text{或}\,32\text{Pi} \longrightarrow 6\,CO_2 + 6\,H_2O + 32\,\text{或}\,30\text{ATP}$$

表 7-1　1 分子葡萄糖经有氧氧化产生 ATP 的反应及数目

生成和消耗 ATP 的反应	生成 ATP 数
葡萄糖 —→ 6- 磷酸葡萄糖	−1
6- 磷酸果糖 —→ 1, 6- 二磷酸果糖	−1
2×（3- 磷酸甘油醛 —→ 1, 3- 二磷酸甘油酸）	3 或 5
2×（1, 3- 二磷酸甘油酸 —→ 3- 磷酸甘油酸）	2×1
2×（磷酸烯醇式丙酮酸 —→ 丙酮酸）	2×1
2× 丙酮酸 —→ 2× 乙酰 CoA	2×2.5
2×（乙酰 CoA —→ CO_2 + O_2）	2×10
净生成	30 或 32

2. 有氧氧化的生理意义　有氧氧化是葡萄糖在体内分解代谢的主要途径，具有重要的生理意义。

1）有氧氧化是体内葡萄糖氧化分解的主要途径，也是机体在正常情况下多数组织细胞获得能量的主要方式。1 分子葡萄糖经有氧氧化净生成 32 或 30 分子 ATP，产生的能量比无氧氧化多得多。

2）三羧酸循环是体内糖、脂肪、蛋白质彻底氧化的共同途径：糖、脂肪、蛋白质经代谢后都能生成乙酰 CoA 或三羧酸循环中的中间产物，进入三羧酸循环彻底氧化分解。

3）三羧酸循环是糖、脂肪、蛋白质代谢联系的枢纽：三羧酸循环中的 α- 酮戊二酸、草酰乙酸等均可构成氨基酸的骨架，氨基酸也可脱氨基转变成相应的 α- 酮酸进入三羧酸循环彻底氧化或经草酰乙酸转变为糖。脂肪酸和甘油均可转变为乙酰 CoA，进入三羧酸循环彻底氧化等。

> **链接**
>
> **巴斯德效应**
>
> 　　路易斯·巴斯德（L.Pasteur，1822 ～ 1895），法国微生物学家、化学家，近代微生物学的奠基人。他在实验中发现，在氧充足的条件下，细胞优先进行有氧氧化而使无氧氧化受抑制，后人把这种现象称为巴斯德效应。

三、磷酸戊糖途径

磷酸戊糖途径是葡萄糖氧化分解的另一条途径，因在此过程中生成了多种具有重要生理作用的磷酸戊糖而得名。该途径由 6- 磷酸葡萄糖开始，经过多步反应后生成 6- 磷酸果糖和 3- 磷酸甘油醛，再进入有氧和无氧氧化途径代谢。

（一）反应过程

磷酸戊糖途径主要在肝脏、脂肪组织、哺乳期的乳腺、肾上腺皮质、性腺、骨髓和红细胞等细胞的细胞质中进行。反应过程可分为两个阶段：第一阶段是氧化反应阶段，生成磷酸戊糖和 NADPH+H^+；第二阶段是基团转移反应。

1. 第一阶段——氧化反应阶段　6- 磷酸葡萄糖经 2 次脱氢，生成 2 分子 NADPH+H^+，1 次脱羧反应生成 1 分子 CO_2，自身则转变成 5- 磷酸核糖（核糖 -5- 磷酸）。6- 磷酸葡萄糖脱氢酶（葡萄糖 -6- 磷酸脱氢酶）是此途径的关键酶，NADPH+H^+（还原型辅酶Ⅱ）是该途径生成的第一种重要的中间产物。

2. 第二阶段——基团转移反应　第一阶段生成的 5- 磷酸核糖是合成核苷酸的原料，部分磷酸核糖通过一系列基团转移反应，进行酮基和醛基的转换，产生含 3 碳、4 碳、5 碳、6 碳及 7 碳的多种糖的中间产物，最终都转变为 6- 磷酸果糖和 3- 磷酸甘油醛。它们可转变为 6- 磷酸葡萄糖继续进行磷酸戊糖途径，也可以进入糖的有氧氧化或无氧氧化途径继续氧化分解。磷酸戊糖途径基本反应过程如图 7-5 所示。

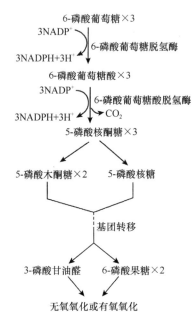

图 7-5　磷酸戊糖途径基本反应过程

（二）生理意义

磷酸戊糖途径生成了两种重要的中间产物——5- 磷酸核糖和NADPH+H⁺。

1. 生成的 5- 磷酸核糖为体内核苷酸的合成提供原料　核苷酸是核酸的基本组成单位，5- 磷酸核糖是合成核苷酸的原料，而此途径是体内生成 5- 磷酸核糖的唯一途径。

2. 生成的 NADPH+H⁺ 作为供氢体为许多反应提供氢

（1）NADPH+H⁺ 是谷胱甘肽还原酶的辅酶，对维持还原型谷胱甘肽（G—SH）的正常含量有很重要的作用。还原型谷胱甘肽是体内重要的抗氧化剂，能保护一些含疏基（—SH）的蛋白质和酶类免受氧化剂的破坏，在红细胞中，还原型谷胱甘肽对保护红细胞膜蛋白的完整性起重要作用。

当体内过多氧化剂产生时，还原型谷胱甘肽（G—SH）转化为氧化型谷胱甘肽（GS—SG），则失去对红细胞的保护作用，易导致溶血。但红细胞内有谷胱甘肽还原酶，可将氧化型谷胱甘肽（GS—SG）还原为还原型谷胱甘肽（G—SH），但需要 NADPH+H⁺ 作为供氢体，而人体内 NADPH+H⁺ 主要来自磷酸戊糖途径（图 7-6）。

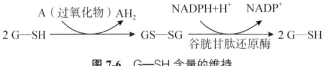

图 7-6　G—SH 含量的维持

由于遗传缺陷，有些人先天缺乏 6- 磷酸葡萄糖脱氢酶，体内磷酸戊糖途径不能正常进行，NADPH+H⁺ 生成量不足，在过量食用氧化性强的食物（如蚕豆）或某些药物（如抗疟疾药物）后，易导致红细胞膜破坏而产生溶血性贫血（如 6- 磷酸葡萄糖脱氢酶缺乏症，也称蚕豆病）。

（2）NADPH+H⁺ 作为供氢体参与脂肪酸、胆固醇和类固醇激素的生物合成。脂肪酸、胆固醇和类固醇激素合成时，都需要大量的氢，来自磷酸戊糖途径。

（3）NADPH+H⁺ 参与肝脏生物转化反应。NADPH+H⁺ 提供氢参与激素、药物、毒物等的生物转化作用。

第 3 节　糖原的合成与分解

糖原（glycogen）是多个葡萄糖通过糖苷键相连所形成的带分支的大分子多糖，是动物体内糖的储存形式，以肝糖原和肌糖原为主。正常人体内肝糖原的总量为 70 ~ 100g；肌糖原的总量为 180 ~ 300g。

糖原中的葡萄糖主要以 α-1, 4- 糖苷键相连形成直链，只有分支处以 α-1, 6- 糖苷键形成支链（图 7-7）。

一、糖原的合成

体内由葡萄糖合成糖原的过程称为糖原合成。肝糖原和肌糖原分别在肝和肌细胞的细胞质中合成。

（一）糖原的合成过程

1. 葡萄糖→ 6- 磷酸葡萄糖　此反应与糖酵解的第一步反应

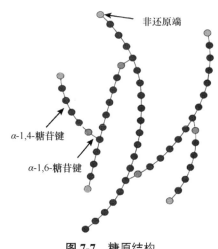

图 7-7　糖原结构

相同。

$$葡萄糖 \xrightarrow[\text{ATP} \quad \text{Mg}^{2+} \quad \text{ADP}]{\text{己糖激酶或葡糖激酶(肝)}} 6\text{-磷酸葡萄糖}$$

2. 6- 磷酸葡萄糖→1- 磷酸葡萄糖　此反应可逆，由磷酸葡糖变位酶催化。

$$6\text{-磷酸葡萄糖} \underset{\text{磷酸葡糖变位酶}}{\overset{}{\rightleftharpoons}} 1\text{-磷酸葡萄糖}$$

3. 1- 磷酸葡萄糖→尿苷二磷酸葡萄糖（UDPG）　在 UDPG 焦磷酸化酶的催化下，1- 磷酸葡萄糖与三磷酸尿苷（UTP）反应生成 UDPG 和焦磷酸（PPi）。UDPG 是葡萄糖的活性形式，也称为"活性葡萄糖"。

4. 糖原生成　糖原合成时需要引物，糖原引物是指细胞内原有的较小的糖原（G_n）。在糖原合酶催化下，UDPG 与糖原引物反应，将 UDPG 上的葡萄糖基转移到引物上，以 α-1, 4- 糖苷键相连，形成比原来多了一个碳原子的糖原 G_{n+1}。此反应不可逆，糖原合酶是糖原合过程的关键酶。糖原合成时，每增加一个葡萄糖残基，消耗 1 分子 ATP 和 1 分子 UTP。

$$糖原引物(G_n) + UDPG \xrightarrow{\text{糖原合酶}} 糖原(G_{n+1}) + UDP$$

上述反应可在糖原合酶作用下反复进行，使糖链不断地延长，但不能形成分支。当链长增至 12 ～ 18 个葡萄糖残基时，分支酶就将长 6 ～ 7 个葡萄糖残基的寡糖链转移至另一段糖链上，以 α-1,6- 糖苷键相连形成糖原分子的分支（图 7-8 ）。

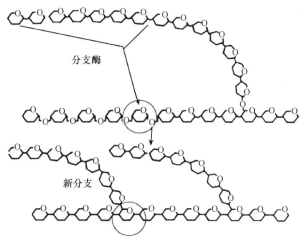

图 7-8　糖原合成时分支的形成

（二）糖原合成的生理意义

糖原合成是机体储存葡萄糖的方式，也是储存能量的一种方式。糖原合成对维持血糖浓度的恒定有重要意义，如进食后机体将摄入的糖合成糖原储存起来，以免血糖浓度过高。

二、糖原的分解

糖原的分解习惯上指肝糖原分解产生葡萄糖的过程。糖原分解在细胞质基质中进行，肝糖原和肌糖原分解产物不同。

（一）糖原分解的过程

在糖原磷酸化酶的作用下，从糖原非还原端葡萄糖基开始磷酸化，生成 1- 磷酸葡萄糖和比原来少了一个葡萄糖残基的糖原，见图 7-9（1）。此反应为糖原分解的关键步骤，糖原磷酸化酶是关键酶。以上反应重复进行，糖原分子中葡萄糖残基不断被转变为 1- 磷酸葡萄糖。1- 磷酸葡萄糖由变位酶催化生成 6-磷酸葡萄糖，图 7-9（2）。肝及肾中存在葡萄糖 -6- 磷酸酶，能水解 6- 磷酸葡萄糖生成葡萄糖，图 7-9（3）。肌肉中缺乏葡萄糖 -6- 磷酸酶，生成的 6- 磷酸葡萄糖只能经糖酵解生成丙酮酸后再转变成乳酸，图 7-9（4），并同时为肌肉收缩提供能量。

糖原变得越来越小，当距离分支点有 4 个葡萄糖残基时，由转移酶将 3 个葡萄糖残基转移到邻近糖链的末端。分支点处的葡萄糖残基由 α-1, 6- 糖苷酶水解生成葡萄糖（图 7-10）。

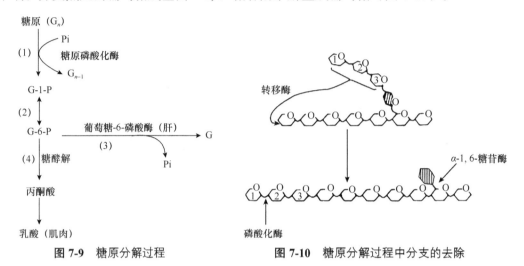

图 7-9　糖原分解过程　　　　　　图 7-10　糖原分解过程中分支的去除

（二）糖原分解的生理意义

肝糖原分解能提供葡萄糖，既可在不进食期间维持血糖浓度的恒定，又可持续满足脑组织等对能量的需求。肌糖原分解则为肌肉自身收缩提供能量。

第 4 节　糖　异　生

糖异生（gluconeogenesis）是指在生物体内非糖物质转变为葡萄糖或糖原的过程。糖异生的原料包括乳酸、丙酮酸、生糖氨基酸、甘油等物质。正常情况下，肝是糖异生的主要器官，长期饥饿及酸中毒时，肾皮质细胞也可进行糖异生。

一、糖异生的途径

糖异生途径基本上是沿糖酵解的逆过程进行的，但是糖酵解中的 3 个不可逆反应是糖异生的 3 个"能障"。

下面以丙酮酸的糖异生为例说明需要克服的 3 个"能障"。

（一）第 1 个能障：丙酮酸→磷酸烯醇式丙酮酸

丙酮酸在丙酮酸羧化酶催化下生成草酰乙酸，反应由 ATP 供能；草酰乙酸继续由磷酸烯醇式丙酮酸羧激酶催化生成磷酸烯醇式丙酮酸，需 GTP 供能。以上反应过程称为丙酮酸羧化支路。

$$\text{丙酮酸} \xrightarrow[\text{ATP} \quad \text{ADP}]{\text{丙酮酸羧化酶}} \text{草酰乙酸} \xrightarrow[\text{GTP} \quad \text{GDP}]{\text{磷酸烯醇式丙酮酸羧激酶}} \text{磷酸烯醇式丙酮酸}$$

丙酮酸羧化酶仅存在于线粒体内，其辅酶是生物素。磷酸烯醇式丙酮酸羧激酶在细胞质及线粒体中均存在，所以草酰乙酸可直接在线粒体内或穿梭到细胞质中脱羧生成磷酸烯醇式丙酮酸。克服第 1 个"能障"相当于消耗 2 分子 ATP。

（二）第 2 个能障：1, 6- 二磷酸果糖 → 6- 磷酸果糖

在果糖二磷酸酶 -1 催化下，1, 6- 二磷酸果糖水解掉第 1 位上的磷酸，生成 6- 磷酸果糖。

$$1,6\text{-二磷酸果糖} \xrightarrow[\substack{H_2O \quad Pi}]{\text{果糖二磷酸酶-1}} 6\text{-磷酸果糖}$$

（三）第 3 个能障：6- 磷酸葡萄糖 → 葡萄糖

此反应由葡萄糖 -6- 磷酸酶催化，该酶只存在于肝细胞内，6- 磷酸葡萄糖水解掉磷酸成为葡萄糖。

$$6\text{-磷酸葡萄糖} \xrightarrow[\substack{H_2O \quad Pi}]{\text{葡萄糖-6-磷酸酶}} \text{葡萄糖}$$

丙酮酸为三碳化合物，故每异生为 1 分子葡萄糖，需要 2 分子丙酮酸，同时消耗 6 分子 ATP。丙酮酸羧化酶、磷酸烯醇式丙酮酸羧激酶、果糖二磷酸酶 -1 和葡萄糖 -6- 磷酸酶是糖异生途径的关键酶。

二、糖异生的生理意义

1. 维持血糖水平的相对恒定　这是糖异生最主要的生理功能。饥饿时，肌肉产生的乳酸量较少，糖异生的原料主要为生糖氨基酸和甘油，经糖异生转变为葡萄糖，维持血糖水平恒定，保证脑等重要组织器官的能量供应。

2. 糖异生是补充或恢复肝糖原储备的重要途径　实验证明，肝糖原不完全是由葡萄糖直接合成，尤其是在饥饿时，甘油、生糖氨基酸等经糖异生合成肝糖原成为补充或恢复肝糖原储备的重要来源。

3. 有利于维持酸碱平衡　在长期饥饿的情况下，肾脏的糖异生作用加强，可促进肾小管细胞的泌氨作用。NH_3 与原尿中的 H^+ 结合成 NH_4^+，随尿排出体外，降低原尿中 H^+ 的浓度，加速排 H^+ 保 Na^+ 作用，有利于维持酸碱平衡。

4. 有利于乳酸的再利用　剧烈运动时，肌肉组织细胞内的葡萄糖经无氧氧化生成大量乳酸，后者进入血中经血液循环运到肝；在肝内，乳酸经糖异生作用合成葡萄糖。肝内糖异生产生的葡萄糖再随血液循环运送到肌细胞氧化利用，这样就构成了乳酸循环（图 7-11）。通过此循环，既回收了乳酸中的能量，又防止了乳酸堆积造成的酸中毒。

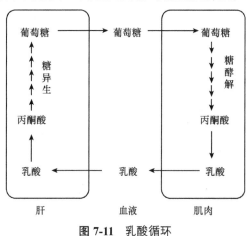

图 7-11　乳酸循环

第 5 节　血　　糖

血糖是指血液中的葡萄糖。血糖浓度随进食、活动等变化而有所波动。正常人空腹血糖浓度为 $3.9 \sim 6.1$mmol/L。血糖浓度的相对稳定对保证组织器官，特别是脑组织的正常生理活动具有重要意义。血糖浓度的相对恒定依赖于体内血糖来源与去路的动态平衡。

一、血糖的来源与去路

（一）血糖的来源

血糖的来源主要有三方面：①食物中的糖类消化生成葡萄糖进入血液，这是血糖的主要来源；②肝糖原分解产生的葡萄糖，为空腹时血糖的来源；③非糖物质在肝、肾中经糖异生作用转变为葡萄糖，是饥饿时血糖的来源。

（二）血糖的去路

一般情况下，血糖的去路主要有三方面：①在组织细胞中氧化分解供能，这是血糖的主要去路；②在肝、肌肉等组织合成糖原储存；③转变成脂肪及其他物质，如核糖、脱氧核糖、有机酸、非必需氨基酸等。

血糖浓度若高于肾糖阈时，尿中可出现葡萄糖，称为尿糖，这是葡萄糖的非正常去路。血糖的来源与去路如图 7-12 所示。

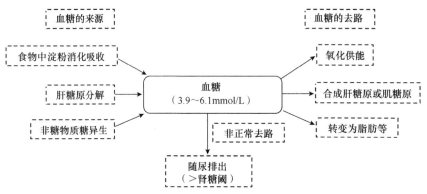

图 7-12　血糖的来源与去路

二、血糖浓度的调节

正常情况下，血糖浓度的相对恒定依赖于血糖来源与去路的平衡，这种平衡需要体内多种因素的协同调节，主要有神经、组织器官和激素等层次的调节。其中肝脏是调节血糖最重要的器官，激素在调节血糖中起主要作用。

根据激素作用的结果，调节血糖浓度的激素分为降低血糖的激素和升高血糖的激素两大类。

1. 降低血糖浓度的激素　胰岛素是体内唯一降血糖的激素，可通过调节糖代谢的各途径增加血糖去路、减少血糖来源，从而起到降低血糖的作用。

2. 升高血糖浓度的激素　胰高血糖素、肾上腺素、糖皮质激素等，主要通过调节各代谢途径的强弱起到增加血糖来源、减少血糖去路的效果，从而增高血糖的作用。

各激素对血糖调节作用的机制如表 7-2 所示。

表 7-2　某些激素调节血糖的作用机制

激素的分类	激素名称	作用机制
降低血糖的激素	胰岛素	1. 促进组织细胞摄取葡萄糖 2. 促进葡萄糖的氧化分解 3. 促进糖原合成，抑制糖原分解 4. 抑制糖异生 5. 促进糖转变成脂肪
升高血糖的激素	胰高血糖素	1. 促进肝糖原分解 2. 抑制糖酵解，促进糖异生 3. 激活激素敏感性脂肪酶，加速脂肪动员
	糖皮质激素	1. 抑制组织细胞摄取葡萄糖 2. 促进糖异生
	肾上腺素	1. 促进肝糖原和肌糖原分解 2. 促进肌糖原酵解 3. 促进糖异生

三、糖代谢异常

1. 高血糖　临床上将空腹血糖浓度高于 7.0mmol/L 称为高血糖。如果血糖值超过肾糖阈会出现糖尿。

引起高血糖和糖尿的原因有生理性和病理性两种。生理性高血糖见于摄入过多糖，使血糖升高甚至超过肾糖阈，出现糖尿，为饮食性高血糖或糖尿；人在情绪激动时，交感神经兴奋，肾上腺素分泌增加导致的高血糖或糖尿称为情感性高血糖或糖尿。生理性高血糖常是暂时的，空腹或心情平静时，血糖依旧可以恢复正常。病理性高血糖和糖尿多见于糖尿病患者。糖尿病患者由于其自身胰岛素分泌不足或利用障碍，机体利用和转化葡萄糖的能力下降，导致血中葡萄糖增高甚至从尿中排出。糖尿病患者常有"三多一少"的症状，即多饮、多食、多尿、体重减少。

2. 低血糖　在临床上，空腹血糖浓度低于 2.8mmol/L 时称为低血糖。人在低血糖时常出现头晕、出汗、心悸（心率加快）、面色苍白、视物不清、神志不清、血压下降等症状。低血糖也有生理性和病理性之分。生理性低血糖主要见于长时间饥饿、持续长时间的体力活动或体育运动等情况；病理性低血糖如胰岛素分泌过多、升高血糖浓度的激素分泌不足、严重肝脏疾病或临床治疗时使用降糖药物过量等情况。

当血糖低于 2.48mmol/L 时可严重影响脑功能，会出现低血糖昏迷。

 案例 7-2

患者，男，56 岁，近 1 个月来感口渴，饮水量增至每天 4000ml。尿量增加，每日 10 余次。食量比以前稍增加，体重较前减轻约 10kg。检查空腹血糖 10.0mmol/L，尿糖（＋）。

问题： 1. 此患者可能患什么疾病？

　　　 2. 在案例中找出此患者哪"三多"和哪"一少"？

🎯 目标检测

一、名词解释

1. 糖酵解　2. 无氧氧化　3. 有氧氧化　4. 糖异生
5. 乳酸循环　6. 血糖

二、单选题

1. 糖类最重要的功能是

　A. 构成组织细胞　　　B. 保温

　C. 传递遗传信息　　　D. 氧化供能

　E. 储存能量

2. 葡萄氧化分解最主要的途径是

　A. 无氧氧化　　　　　B. 有氧氧化

　C. 磷酸戊糖途径　　　D. 糖异生

　E. 糖原合成

3. 葡萄糖无氧氧化的产物是

　A. 丙酮酸　　　　　　B. CO_2+H_2O+ATP

　C. 磷酸二羟丙酮　　　D. 苹果酸

　E. 乳酸 +ATP

4. 下列哪个是糖酵解的关键酶

　A. 苹果酸脱氢酶　　　B. 丙酮酸脱氢酶复合物

　C. 乳酸脱氢酶　　　　D. 6- 磷酸果糖激酶 -1

　E. 柠檬酸合酶

5. 一分子葡萄糖彻底氧化成 CO_2 和 H_2O，可净生成多少分子的 ATP

　A. 2　　　　　　　　　B. 7

　C. 10　　　　　　　　 D. 20

　E. 30 或 32

6. 为机体快速供能的代谢途径是

　A. 无氧氧化　　　　　B. 有氧氧化

　C. 磷酸戊糖途径　　　D. 糖异生

　E. 糖原合成

7. 糖、脂肪、蛋白质三大营养物质代谢联系的枢纽是

　A. 乳酸循环　　　　　B. 有氧氧化

　C. 三羧酸循环　　　　D. 糖异生

　E. 丙酮酸羧化支路

8. 下列物质中不能糖异生的是

　A. 丙酮酸　　　　　　B. 乙酰辅酶 A

　C. 甘油　　　　　　　D. 乳酸

　E. 生糖氨基酸

9. 肌糖原不能分解为葡萄糖，是因为肌肉中缺乏

A. 己糖激酶

B. 葡萄糖 -6- 磷酸酶

C. 葡萄糖 -6- 磷酸脱氢酶

D. 6- 磷酸果糖激酶 -1

E. 乳酸脱氢酶

10. 糖原合成的关键酶是

A. 糖原合酶

B. 分支酶

C. 磷酸葡糖变位酶

D.UDPG 焦磷酸化酶

E. 磷酸化酶

11. 磷酸戊糖途径最重要的意义是生成了

A. $FADH_2$ 　　　　B. $NADP^+$

C. $NADH+H^+$ 　　D. $NADPH+H^+$

E. NAD^+

12. 人体内唯一能降低血糖浓度的激素是

A. 胰高血糖素 　　B. 肾上腺素

C. 胰岛素 　　　　D. 糖皮质激素

E. 抗利尿激素

13. 三羧酸循环在下列哪个部位进行

A. 线粒体 　　　　B. 内质网

C. 细胞质 　　　　D. 细胞核

E. 溶酶体

14. 成熟红细胞获得能量的主要方式为

A. 有氧氧化 　　　B. 无氧氧化

C. 磷酸戊糖途径 　D. 糖异生

E. 三羧酸循环

15. 血糖的非正常去路是

A. 氧化供能 　　　B. 合成肝糖原

C. 合成肌糖原 　　D. 随尿排出

E. 转变为脂肪

三、简答题

1. 试比较无氧氧化和有氧氧化进行的部位、产物、ATP 生成的数目及生理意义。

2. 磷酸戊糖途径有何生理意义？

3. 简述糖异生的原料、反应部位及生理意义。

4. 肝糖原和肌糖原分解的产物各是什么？为什么肌糖原分解的产物不是葡萄糖？

5. 血糖正常参考范围是多少？简述人体内血糖的正常来源与去路。

（晁相蓉）

第**8**章
脂质代谢

脂质（lipid）是在自然界广泛存在的一类重要的储能物质，由脂肪（fat）和类脂（lipoid）两大类物质组成。脂肪包含 C、H、O 三种元素，由 1 分子甘油与 3 分子脂肪酸结合而成，称为三酰甘油（triacylglycerol，TAG）或甘油三酯（triglyceride，TG）；类脂主要包括磷脂（phospholipid，PL）、糖脂（glycolipid，GL）、胆固醇（cholesterol，Ch）、胆固醇酯（cholesterol ester，ChE）。虽然各种脂质的化学组成和结构有很大差异，但都不溶于水而易溶于乙醚、氯仿等有机溶剂。

第1节 概 述

一、脂质的分布

不同的脂质，分布也不相同。

（一）脂肪的分布

体内脂肪主要分布于皮下、大网膜、肠系膜和脏器周围的脂肪组织等处，占体重的 10% ~ 20%，作为能量的储备，因此这部分脂肪又称为储存脂。脂肪含量因人而异，易受代谢、膳食、运动、职业、疾病等多种因素的影响而发生较大变动，亦称为可变脂。

（二）类脂的分布

类脂是构成生物膜的重要成分，在各组织器官中含量较为恒定，其中以神经组织中含量最为丰富。类脂约占体重的 5%，其含量不受代谢、膳食、职业等因素的影响，因此被称为固定脂，亦称为基本脂。

二、脂质的生理功能

脂质具有重要的生物功能，但不同的脂质功能不同。

（一）脂肪的生理功能

1. 储能与供能 脂肪是机体内储存能量的主要物质，同时也是主要的供能物质。脂肪约提供人体每日正常生命活动所需能量的 25%，每克脂肪在体内分解成二氧化碳和水时可释放出 38kJ 的能量，是同等质量的糖、蛋白质产生能量的 1 倍以上。脂肪具有疏水性，储存时因几乎不与水结合而体积较小，相同体积糖原彻底氧化分解所产生的能量是脂肪的 1/6。因此，在饥饿、禁食、糖尿病等糖供应能量不足的情况下，脂肪的分解代谢能提供机体所需能量的 90% 以上。

2. 维持体温，保护内脏 人体皮下脂肪不易导热，可维持人体体温。内脏周围的脂肪组织可缓冲外力对内脏的冲击，保护内脏器官免受损伤。

3. 促进脂溶性维生素的吸收 脂肪是脂溶性维生素 A、D、E、K 的载体，如果摄入食物中缺少脂肪，将影响脂溶性维生素的吸收和利用。

4. 提供必需脂肪酸　脂肪酸是脂肪的分解产物之一，是人体必不可少的营养成分。机体可以从食物中获得脂肪酸，也可以自身合成多种脂肪酸。但有些脂肪酸机体无法合成，只能从食物中获取，这种脂肪酸被称为必需脂肪酸。必需脂肪酸主要包括亚油酸（十八碳二烯酸）、亚麻酸（十八碳三烯酸）、花生四烯酸等。必需脂肪酸具有改善大脑营养、降低血脂、预防心脑血管疾病等功能。

（二）类脂的生理功能

类脂由磷脂、糖脂、胆固醇及胆固醇酯等构成，不同的类脂，功能亦有所区别。

1. 构成生物膜　类脂是生物膜的重要组分，特别是磷脂，它所具有的亲水头部和疏水尾部构成了生物膜磷脂双分子层的基本骨架，不仅构成了镶嵌膜蛋白的基质，也为细胞提供了通透性屏障，在维持细胞的正常结构与功能方面起到了非常重要的作用。

2. 转变成多种重要的生理活性物质　胆固醇在体内可转变成胆汁酸、维生素 D_3、肾上腺皮质激素、性激素等具有重要生理活性的物质。肺组织中的磷脂还可合成二软脂酰胆碱，具有保持肺泡表面张力的作用，有利于肺泡的伸张。

3. 作为第二信使参与代谢调节　细胞膜上的磷脂如磷脂酰肌醇 -4, 5- 双磷酸（PIP_2）可水解生成三磷酸肌醇（IP_3）和二酰甘油（DAG），两者均可作为第二信使传递信息。

三、脂质的消化吸收

（一）脂质的消化

食物中的脂质，三酰甘油占 90% 以上，此外还有少量的磷脂、胆固醇及其酯和一些游离脂肪酸。脂质的消化主要在小肠中进行，在小肠上段胆汁酸盐使食物脂质乳化后，在胰液中的酶类如胰脂肪酶、辅脂酶、胆固醇酯酶、磷脂酶 A_2 的催化下，生成单酰甘油、脂肪酸、胆固醇及溶血磷脂等物质。

（二）脂质的吸收

脂质的吸收主要在十二指肠下段和空肠上段。甘油及中短链脂肪酸（碳原子数 ≤ 10）直接吸收入小肠黏膜细胞后，进而通过门静脉进入血液。长链脂肪酸及其他脂质消化产物随微团吸收入小肠黏膜细胞。在小肠黏膜细胞中，生成三酰甘油、磷脂、胆固醇酯及少量胆固醇，与细胞内合成的载脂蛋白构成乳糜微粒，通过淋巴最终进入血液。可见，食物中脂质的吸收与糖的吸收不同，大部分脂质通过淋巴直接进入体循环，而不通过肝脏。因此食物中脂质主要被肝外组织利用，肝脏利用外源的脂质是很少的。

第 2 节　脂 肪 代 谢

一、脂肪的分解代谢

（一）脂肪动员

机体进行正常生命活动所需能量的 25% 来自脂肪的分解代谢，储存在机体内的三酰甘油在脂肪酶的作用下逐步水解成游离脂肪酸和甘油，并释放进入血液，被全身组织细胞氧化分解的过程称为脂肪动员。

催化三酰甘油水解的酶分别为三酰甘油脂肪酶、二酰甘油脂肪酶和单酰甘油脂肪酶，三者统称为脂肪酶。其中三酰甘油脂肪酶因活性最低，成为脂肪动员的限速酶。该酶的活性受多种激素影响，故又被称为激素敏感性脂肪酶（HSL）。肾上腺素、胰高血糖素、促肾上腺皮质激素等都能使 HSL 从无活性向有活性转变，促进三酰甘油的水解，这些激素被称为脂解激素。而胰岛素、前列腺素 E_2 等激素的作用与脂解激素相反，能降低三酰甘油脂肪酶的活性，抑制脂肪水解，被称为抗脂解激素。在各级脂肪酶的作用下，1 分子三酰甘油水解为 3 分子脂肪酸和 1 分子甘油。

$$\text{三酰甘油} \xrightarrow[\text{R}_1—\text{COOH}]{\text{三酰甘油脂肪酶}} \text{二酰甘油} \xrightarrow[\text{R}_2—\text{COOH}]{\text{二酰甘油脂肪酶}} \text{单酰甘油} \xrightarrow[\text{R}_3—\text{COOH}]{\text{单酰甘油脂肪酶}} \text{甘油}$$

（二）甘油的代谢

脂肪动员产生的甘油分子量小、极性大，可直接扩散入血，随血液循环运往肝、肾等组织，在甘油磷酸激酶的作用下被利用。肝脏甘油激酶的活性高，脂肪动员产生的甘油主要被肝细胞摄取利用，脂肪和肌肉组织中的甘油激酶活性很低，这些组织产生的甘油需要经血入肝再进行氧化分解。

$$\begin{array}{c}\text{CH}_2—\text{OH}\\|\\\text{HC}—\text{OH}\\|\\\text{CH}_2—\text{OH}\\\text{甘油}\end{array} \xrightarrow[\text{甘油磷酸激酶}]{\text{ATP}\quad\text{ADP}} \begin{array}{c}\text{CH}_2—\text{OH}\\|\\\text{HC}—\text{OH}\\|\\\text{CH}_2—\text{O}—\text{℗}\\\text{3-磷酸甘油}\end{array} \xrightarrow[\text{磷酸甘油脱氢酶}]{\text{NAD}^+\quad\text{NADH}+\text{H}^+} \begin{array}{c}\text{CH}_2—\text{OH}\\|\\\text{C}=\text{O}\\|\\\text{CH}_2—\text{O}—\text{℗}\\\text{磷酸二羟丙酮}\end{array} \begin{array}{l}\longrightarrow \text{葡萄糖}\\\quad\text{和糖原}\\\longrightarrow \text{CO}_2+\text{H}^+\\\quad +\text{能量}\end{array}$$

（三）脂肪酸的 β 氧化

游离脂肪酸不溶于水，需与清蛋白结合后，才能在血液循环的作用下被运送至心、肝、骨骼肌等处利用。在有氧条件下，脂肪酸在体内被彻底氧化分解生成 CO_2 和 H_2O 并释放出大量能量。脂肪酸是机体所需能量的重要来源，除脑组织和成熟红细胞外，体内大多数组织都能氧化利用脂肪酸，但以肝和肌肉组织最为活跃。

1. 脂肪酸的活化　在脂酰 CoA 合成酶催化作用下，脂肪酸在细胞质中消耗能量生成脂酰 CoA 的过程，称为脂肪酸的活化，此反应由 ATP 提供能量，同时需要 HSCoA 和 Mg^{2+} 参与。

$$\underset{\text{脂肪酸}}{\text{RCOOH}} + \text{HSCoA} + \text{ATP} \xrightarrow[\text{Mg}^{2+}]{\text{脂酰CoA合成酶}} \underset{\text{脂酰CoA}}{\text{RCO}\sim\text{SCoA}} + \text{AMP} + \text{PPi}$$

脂酰 CoA 因含有高能硫酯键，能量增加，且水溶性强，代谢活性比脂肪酸有显著的提高，ATP 在反应中释放两个高能磷酸键后生成 AMP 和焦磷酸（PPi），PPi 立即被细胞内的焦磷酸酶水解，防止反应逆向进行，因此 1 分子脂肪酸活化，实际上消耗了两个高能磷酸键，相当于消耗了 2 分子 ATP。

2. 脂酰 CoA 进入线粒体　脂肪酸的活化是在细胞质中进行的，而催化脂酰 CoA 氧化分解的酶系却存在于线粒体的基质内，脂酰 CoA 不能直接穿过线粒体内膜，需要在肉碱的协助下才能转运进入线粒体。

线粒体外膜存在肉碱脂酰转移酶 I（CAT I），催化脂酰 CoA 与肉碱结合，生成脂酰肉碱，后者在位于线粒体内膜的肉碱 - 脂酰肉碱转位酶的作用下，通过内膜进入线粒体基质。进入线粒体的脂酰肉碱，在位于线粒体内膜内的肉碱脂酰转移酶 II（CAT II）的催化下，与 HSCoA 反应，重新形成脂酰 CoA 并释放出肉碱，脂酰 CoA 则在线粒体内氧化酶体系的作用下，进行 β 氧化。而肉碱则在肉碱 - 脂酰肉碱转位酶的作用下转运至线粒体内膜外侧，继续发挥转运脂酰基的作用（图 8-1）。

脂酰 CoA 进入线粒体是脂肪酸 β 氧化的限速步骤，CAT I 是脂肪酸 β 氧化的限速酶。当饥饿、高脂低糖膳食或糖尿病时，机体没有充足的糖供应，或不能有效地利用糖，需要脂肪酸氧化供能，此时 CAT I 活性增加，脂肪酸氧化分解加快。相反，当饱食后脂肪酸合成增多，抑制 CAT I 活性，脂肪酸的氧化分解被抑制而速度减慢。

图 8-1　脂酰 CoA 进入线粒体

3. 脂酰 CoA 的 β 氧化 线粒体基质中有多个酶结合在一起构成的脂肪酸 β 氧化酶系，脂酰 CoA 进入线粒体后，在这个酶系的催化下，从脂酰基的 β- 碳原子开始，顺序进行脱氢、加水、再脱氢和硫解四步反应，脂酰 CoA 断裂生成一分子乙酰 CoA 和比原来少两个碳原子的脂酰 CoA，这个过程称为 β 氧化。

（1）脱氢 脂酰 CoA 在脂酰 CoA 脱氢酶作用下，其 α、β 碳原子上各脱去一个氢原子，由该酶的辅基 FAD 接受生成 $FADH_2$，同时生成生成 α, β- 烯脂酰 CoA。

（2）加水 α, β- 烯脂酰 CoA 在 α, β- 烯脂酰 CoA 水化酶的催化下，加 1 分子 H_2O，生成 L-β- 羟脂酰 CoA。

（3）再脱氢 L-β- 羟脂酰 CoA 在 L-β- 羟脂酰 CoA 脱氢酶催化下，β- 碳原子脱去两个氢原子，由 NAD^+ 接受生成 $NADH+H^+$，同时生成 β- 酮脂酰 CoA。

（4）硫解 β- 酮脂酰 CoA 在 β- 酮脂酰 CoA 硫解酶的催化下，与 1 分子 HSCoA 作用，α、β 位碳原子之间化学键断裂，生成 1 分子乙酰 CoA 和 1 分子比原来少 2 个碳原子的脂酰 CoA。脂酰 CoA 被缩短 2 个碳原子后，可再次进行脱氢、加水、再脱氢、硫解 4 步连续反应，反复循环进行，直至脂酰 CoA 全部生成乙酰 CoA（图 8-2）。β 氧化过程生成的 $FADH_2$、$NADH+H^+$ 经呼吸链氧化，与 ADP 磷酸化偶联，形成 ATP。

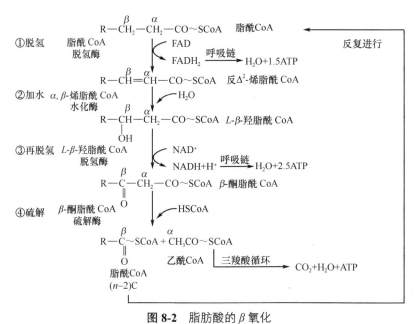

图 8-2 脂肪酸的 β 氧化

4. 脂肪酸氧化的能量生成 脂肪酸氧化分解生成大量的乙酰 CoA，除少部分乙酰 CoA 在肝细胞线粒体中缩合成酮体，通过血液循环运送至肝外组织氧化利用外，大部分乙酰 CoA 主要在线粒体中通过进入三羧酸循环彻底氧化分解生成 CO_2 和 H_2O，释放能量。

现以软脂酸为例，计算其彻底氧化分解所生成的 ATP 的数量。软脂酸是含有 16 个碳原子的饱和脂肪酸，需经 7 次 β 氧化，产生 7 分子 $FADH_2$、7 分子 $NADH+H^+$ 及 8 分子乙酰 CoA。每分子 $FADH_2$ 通过呼吸链产生 1.5 分子 ATP，每分子 $NADH+H^+$ 通过呼吸链产生 2.5 分子 ATP，每分子乙酰 CoA 通过三羧酸循环可产生 10 分子 ATP。因此，1 分子软脂酸彻底氧化分解共生成 1.5×7+2.5×7+10×8=108 分子 ATP，减去脂肪酸活化时消耗的 2 分子 ATP，净生成 106 分子 ATP。由此可见，1 分子软脂酸比 1 分子葡萄糖氧化分解释放的能量还要多，因此脂肪酸也是机体重要的能源物质。

（四）酮体的生成和利用

酮体是脂肪酸在肝中分解时所产生的特有中间产物，包括乙酰乙酸、β- 羟丁酸和丙酮，其中 β- 羟丁酸约占酮体总量的 70%，乙酰乙酸约占 30%，丙酮含量非常少。

1.酮体的生成　酮体是在肝细胞的线粒体中以脂肪酸 β 氧化产生的乙酰 CoA 为原料合成的。肝细胞线粒体内含有各种合成酮体的酶类，特别是 β-羟基-β-甲戊二酸单酰辅酶 A（HMG-CoA）合成酶，该酶是酮体生成的限速酶。其合成过程如下。

1）2 分子乙酰 CoA 在乙酰乙酰 CoA 硫解酶的催化下，缩合生成乙酰乙酰 CoA，并释放 1 分子 HSCoA。

2）乙酰乙酰 CoA 在 HMG-CoA 合酶的催化下，再与 1 分子乙酰 CoA 缩合生成 HMG-CoA，并释放 1 分子 CoA。

3）HMG-CoA 在 HMG-CoA 裂解酶的催化下，裂解生成乙酰乙酸和乙酰 CoA。

4）乙酰乙酸在 β-羟丁酸脱氢酶的催化下，由 NADH+H^+ 提供氢，还原成 β-羟丁酸，少量乙酰乙酸由脱羧酶催化脱羧或自发脱羧生成丙酮（图 8-3）。

2.酮体的利用　肝细胞中没有琥珀酰 CoA 转硫酶和乙酰乙酸硫激酶，所以肝细胞不能利用酮体。肝外组织中，如骨骼肌、心肌、肾脏、脑组织中含有活性很强的利用酮体的酶，可氧化分解酮体产生能量（图 8-4）。

（1）乙酰乙酸和 β-羟丁酸的利用　β-羟丁酸在 β-羟丁酸脱氢酶催化下脱氢氧化生成乙酰乙酸，乙酰乙酸在琥珀酰 CoA 转硫酶或乙酰乙酸硫激酶作用下生成乙酰乙酰 CoA。乙酰乙酰 CoA 在硫解酶作用下，分解成 2 分子乙酰 CoA，乙酰 CoA 主要进入三羧酸循环彻底氧化分解。

（2）丙酮的利用　正常情况下丙酮的含量很少，代谢上不占主导地位，在体内部分可转变成丙酮酸或乳酸，经糖异生转变成糖，大部分随泌尿系统或呼吸系统排出体外。

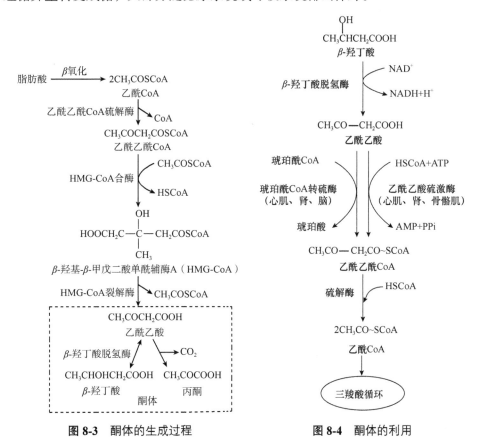

图 8-3　酮体的生成过程　　　　　图 8-4　酮体的利用

3.酮体生成的生理意义　酮体是脂肪酸在肝脏代谢的正常中间产物，分子量小，溶于水，能通过血脑屏障及肌肉的毛细血管壁，是肝向外输出能源的重要形式，一般情况下，脑组织主要依赖葡萄糖作为能源，但在长期饥饿、糖供应不足或糖利用障碍时，酮体可以代替葡萄糖成为脑、肌肉组织的主要能源。

正常情况下，血中酮体含量很少，仅为 0.03 ～ 0.50mmol/L。但是在饥饿、高脂低糖膳食及糖尿病时，脂肪动员加强，酮体生成增多。由于乙酰乙酸、β- 羟丁酸都是较强的有机酸，在血中浓度过高，易使血液 pH 下降导致出现代谢性酸中毒，称为酮症酸中毒，严重时可危及生命。

二、脂肪的合成代谢

三酰甘油是机体储存能量及氧化供能的重要形式，机体通过合成三酰甘油储存能量，以供饥饿时需要。肝、脂肪组织、小肠是合成三酰甘油的重要场所，但以肝的合成能力最强。肝细胞能合成脂肪，但不能储存脂肪。合成后需运到肝外组织储存或加以利用。合成三酰甘油所需的原料为甘油与脂肪酸，主要由糖代谢提供。

（一）脂肪酸的合成代谢

1.合成部位　脂肪酸的合成是由多个酶组成的脂肪酸合酶复合体催化完成的，它存在于肝、肾、脑、肺、乳腺及脂肪组织等的细胞质中，这些组织均可合成脂肪酸，但以肝合成脂肪酸的能力最强。

2.合成原料　脂肪酸合成的主要原料是乙酰 CoA 和 NADPH+H[+]，乙酰 CoA 主要来自葡萄糖的有氧氧化，体内某些氨基酸的分解代谢也能提供部分乙酰 CoA。脂肪酸合成的供氢体是 NADPH+H[+]，来自糖代谢的磷酸戊糖途径。此外，脂肪酸的合成还需要 ATP、生物素、CO_2 和 Mn^{2+} 的参与。

葡萄糖在线粒体中有氧氧化产生乙酰 CoA，而脂肪酸的合成酶系却存在于细胞质中，因此，线粒体内生成的乙酰 CoA 必须进入细胞质才能用于脂肪酸的合成。而乙酰 CoA 不能自由透过线粒体内膜，需通过柠檬酸 - 丙酮酸循环才能将乙酰 CoA 转移到细胞质中（图 8-5）。此循环如下：线粒体内乙酰 CoA 与草酰乙酸缩合成柠檬酸，后者通过线粒体内膜上的特异载体转入细胞质，在细胞质中柠檬酸裂解酶的催化下，裂解为草酰乙酸和乙酰 CoA。此时细胞质中的乙酰 CoA 可用来合成脂肪酸，而草酰乙酸则在苹果酸脱氢酶的作用下还原成苹果酸，再经线粒体内膜上的载体转运至线粒体内。苹果酸也可在苹果酸酶的催化下氧化脱羧生成丙酮酸，再经载体转运进入线粒体，同时生成的 NADPH+H[+] 可参与脂肪酸的合成。进入线粒体的苹果酸和丙酮酸最终均可转变成草酰乙酸，再次参与乙酰 CoA 的转运。

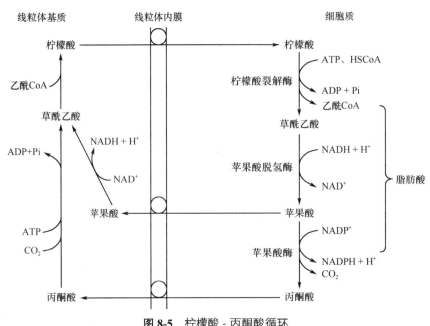

图 8-5　柠檬酸 - 丙酮酸循环

3. 合成过程

（1）丙二酸单酰 CoA 的合成　在细胞质中，乙酰 CoA 羧化成丙二酸单酰 CoA。此反应不可逆，由乙酰 CoA 羧化酶催化，生物素是辅酶，Mg^{2+} 为激活剂，碳酸氢盐提供 CO_2，ATP 提供能量。反应式如下。

$$CH_3CO{\sim}SCoA + HCO_3^- + ATP \xrightarrow[\text{生物素，} Mg^{2+}]{\text{乙酰CoA羧化酶}} HOOCCH_2CO{\sim}SCoA + ADP + PPi$$

乙酰 CoA 羧化酶是脂肪酸合成的限速酶，受变构调节，柠檬酸和异柠檬酸是此酶的变构激活剂，而软脂酰 CoA 和其他长链脂酰 CoA 是它的变构抑制剂。

（2）软脂酸的合成　软脂酸的合成是一个连续的酶促反应过程，机体内催化此过程的为脂肪酸合酶复合体，该过程是以 1 分子乙酰 CoA 为基础，在脂肪酸合酶复合体的催化下不断与丙二酸单酰 CoA 依次发生缩合、加氢、脱水、再加氢四步连续反应，丙二酸单酰 CoA 作为二碳供体，由 $NADPH+H^+$ 供氢，每次增加 2 个碳原子，经过 7 次循环，最终生成 16 个 C 原子的饱和脂肪酸（软脂酸）。软脂酸合成的总反应如下

$$7丙二酸单酰CoA + 乙酰CoA \xrightarrow{\text{脂肪酸合酶复合体}} 软脂酸（16碳饱和脂肪酸）$$
$$14NADPH \qquad 14NADP^+ + 7CO_2$$

4. 其他脂肪酸的生成　经脂肪酸合酶复合体催化合成的是软脂酸，碳链长短不一的脂肪酸则是通过对软脂酸的加工完成的。脂肪酸碳链的延长主要是在线粒体和内质网中进行。在线粒体中，软脂酰 CoA 与乙酰 CoA 缩合，由 $NADPH+H^+$ 提供氢，生成硬脂酰 CoA。在内质网中，以丙二酰 CoA 为二碳单位的供体，由 $NADPH+H^+$ 提供氢生成硬脂酰 CoA。

5. 脂肪酸合成的调节　胰岛素诱导乙酰 CoA 羧化酶、脂肪酸合酶复合体的合成，促进脂肪酸合成，还能促使脂肪酸进入脂肪组织，加速合成脂肪，而胰高血糖素、肾上腺素、生长素抑制脂肪酸合成。

（二）α- 磷酸甘油的生成

甘油的活化形式是 α- 磷酸甘油，主要由糖酵解过程生成的磷酸二羟丙酮转化而成，这是 α- 磷酸甘油的主要来源，另外，也可由食物中的甘油直接活化形成，但由于肌肉和脂肪组织中甘油激酶活性低，只能产生少量 α- 磷酸甘油。

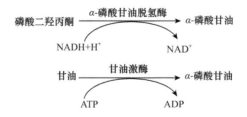

（三）脂肪的合成

三酰甘油的合成有两条基本途径，以脂酰 CoA 和 α- 磷酸甘油为原料，由脂肪酸合成的多功能酶催化完成。

1. 单酰甘油途径　小肠黏膜上皮细胞主要以此途径合成三酰甘油。该途径主要利用肠道消化吸收的单酰甘油为起始物，再加上两分子脂酰 CoA，合成三酰甘油。

2. 二酰甘油途径　此途径是体内合成三酰甘油的主要途径。肝细胞和脂肪细胞以此途径合成三酰甘油。1 分子的 α- 磷酸甘油和 2 分子的脂酰 CoA 在 α- 磷酸甘油脂酰基转移酶的催化下，依次加上 2 分子脂酰基生成磷脂酸。磷脂酸在磷酸酶的作用下，水解脱去磷酸生成 1, 2- 二酰甘油，最后在脂酰基转移酶的作用下，再和 1 分子脂酰 CoA 反应生成三酰甘油（图 8-6）。

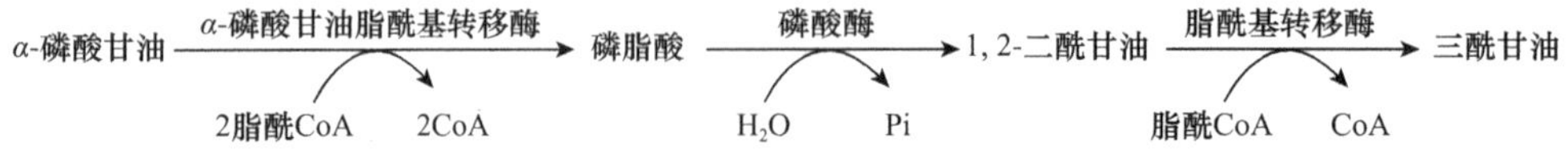

α-磷酸甘油 —α-磷酸甘油脂酰基转移酶→ 磷脂酸 —磷酸酶→ 1,2-二酰甘油 —脂酰基转移酶→ 三酰甘油

2脂酰CoA　2CoA　　　　H₂O　Pi　　　　　　脂酰CoA　CoA

图 8-6　二酰甘油途径

三、多不饱和脂肪酸的衍生物

多不饱和脂肪酸中的前列腺素、血栓噁烷、白三烯是体内一类重要的生物活性物质，均由必需脂肪酸中的花生四烯酸衍生而来，它们均可作为短程信使参与几乎所有细胞的代谢活动，与炎症、免疫、过敏反应及心血管疾病等疾病的病理过程有关，在调节细胞代谢上具有重要作用。

第 3 节　磷 脂 代 谢

一、概　　述

磷脂是一类含有磷酸的类脂，按其化学组成不同可分为甘油磷脂与鞘磷脂两大类。鞘磷脂由神经鞘氨醇构成，是构成神经纤维鞘的主要成分。甘油磷脂由甘油、脂肪酸、磷酸及含氮化合物组成，是机体含量最多的一类磷脂，它除了构成生物膜外，还是胆汁和膜表面活性物质的主要成分，并参与细胞膜对蛋白质的识别和信号转导，其基本结构如下。

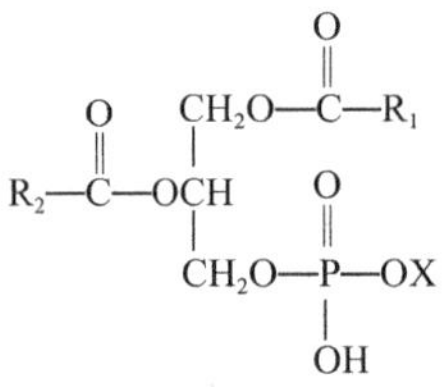

$$
\begin{array}{c}
\text{O} \\
\| \\
\text{CH}_2\text{O}-\text{C}-\text{R}_1 \\
\text{O} \qquad\quad | \\
\| \qquad\quad | \\
\text{R}_2-\text{C}-\text{OCH} \quad\ \text{O} \\
| \qquad \| \\
\text{CH}_2\text{O}-\text{P}-\text{OX} \\
| \\
\text{OH}
\end{array}
$$

甘油磷脂分子结构中的脂肪酸，C_1 位上多为饱和脂肪酸，C_2 位上多为不饱和脂肪酸，通常为花生四烯酸。这两个 C 位上的脂酰基为疏水基团。C_3 位上与磷酸相连的取代基 X 可以是含氮碱基或者是羟基等的亲水基团，因此甘油磷脂既含有亲水基团又含有疏水基团，是构成生物膜和血浆脂蛋白的重要物质，还能够促进脂质的消化吸收。根据与磷酸相连的取代基团的不同，甘油磷脂又可以分为磷脂酰胆碱（卵磷脂）、磷脂酰乙醇胺（脑磷脂）、二磷脂酰甘油（心磷脂）等，以卵磷脂和脑磷脂最为重要。

鞘磷脂主要分布于大脑和神经髓鞘中，人体含量最多的是神经鞘磷脂。神经鞘磷脂分子中的鞘胺醇的氨基以酰胺键与脂肪酸相连，末端的羟基与磷酸胆碱通过磷酸酯键相连。神经鞘磷脂是神经髓鞘的组成成分，神经髓鞘能防止神经冲动从一条神经纤维向周围神经纤维扩散，保证神经冲动的定向传导。其结构如下。

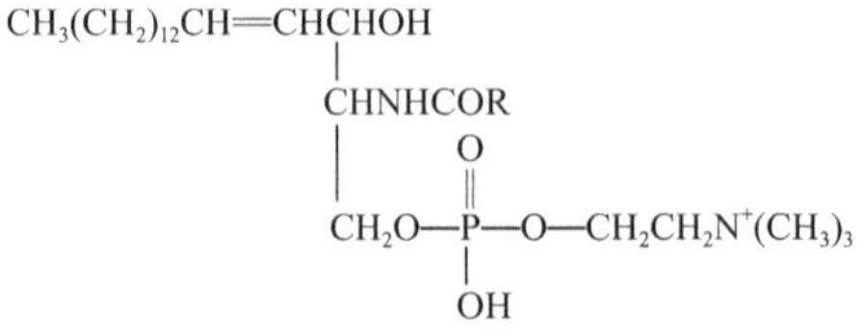

$$
\begin{array}{c}
\text{CH}_3(\text{CH}_2)_{12}\text{CH}=\text{CHCHOH} \\
| \\
\text{CHNHCOR} \\
\qquad\quad \text{O} \\
\qquad\quad \| \\
\text{CH}_2\text{O}-\text{P}-\text{O}-\text{CH}_2\text{CH}_2\text{N}^+(\text{CH}_3)_3 \\
| \\
\text{OH}
\end{array}
$$

二、甘油磷脂的代谢

（一）甘油磷脂的合成

1. 合成部位　全身各组织细胞的内质网都可以合成甘油磷脂，但以肝、肾及小肠等组织最为活跃。

2. 合成原料　合成甘油磷脂的原料有甘油、脂肪酸、磷酸盐、胆碱、乙醇胺、丝氨酸等物质。胆碱和乙醇胺可由食物提供，也可由丝氨酸在体内转变而来，并需要 ATP、CTP（胞苷三磷酸）提供能量，

叶酸和维生素 B_{12} 构成辅助因子参与磷脂的合成。

3. 合成过程　以磷脂酰胆碱（卵磷脂）和磷脂酰乙醇胺（脑磷脂）为例介绍。

（1）CDP- 乙醇胺和 CDP- 胆碱的生成　乙醇胺和胆碱分别受相应的激酶作用，由 ATP 供能，生成磷酸乙醇胺和磷酸胆碱，然后再被 CTP 活化，生成 CDP- 乙醇胺和 CDP- 胆碱。

（2）磷脂酰乙醇胺和磷脂酰胆碱　在位于内质网膜上的磷酸胆碱脂酰甘油转移酶或磷酸乙醇胺脂酰甘油转移酶的催化下，CDP- 乙醇胺和 CDP- 胆碱再分别与二酰甘油反应，生成磷脂酰乙醇胺（脑磷脂）和磷脂酰胆碱（卵磷脂）（图 8-7）。此外，磷脂酰乙醇胺也可从 S- 腺苷甲硫氨酸处获得甲基直接生成磷脂酰胆碱。

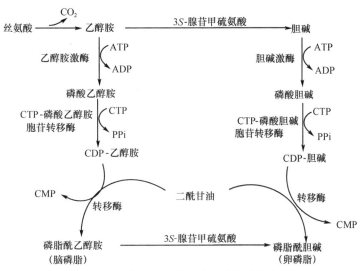

图 8-7　磷脂酰乙醇胺和磷脂酰胆碱的合成

Ⅱ型肺泡上皮细胞可以合成由 2 分子软脂酸构成的一种特殊磷脂酰胆碱，其 1，2 位均为软脂酰基，称为二软脂酰胆碱，是较强的乳化剂，能减低肺泡的表面张力，有利于肺泡的伸张，如果新生儿肺泡上皮合成障碍，则引起肺不张。

（二）甘油磷脂的分解

甘油磷脂的分解由多种磷脂酶共同催化完成。常见的磷脂酶有磷脂酶 A_1、磷脂酶 A_2、磷脂酶 B_1、磷脂酶 C 和磷脂酶 D，甘油磷脂在它们的作用下逐步水解生成甘油、脂肪酸、磷酸及各种含氮化合物如胆碱、乙醇胺和丝氨酸等。磷脂酶 A_1 和磷脂酶 A_2 分别作用于甘油磷脂的 1 位和 2 位酯键，磷脂酶 B_1 作用于溶血磷脂的 1 位酯键，磷脂酶 C 作用于甘油磷脂的 3 位磷酸酯键，而磷脂酶 D 则作用于磷酸与取代基间的酯键。磷脂酶 A_1 存在于组织的溶酶体中，水解甘油磷脂后生成脂肪酸和溶血磷脂 2。磷脂酶 A_2 存在于各组织细胞膜和线粒体膜上，催化甘油磷脂中 2 位酯键水解生成溶血磷脂 1 和多不饱和脂肪酸。溶血磷脂 1 是一种较强的表面活性物质，能使红细胞膜和其他细胞膜结构破坏，引起溶血或细胞坏死。某些毒蛇的唾液中含有磷脂酶 A_2，因此，被毒蛇咬伤后出现溶血症状。

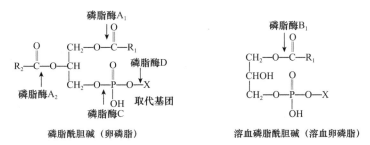

磷脂酰胆碱（卵磷脂）　　　　　　　　溶血磷脂酰胆碱（溶血卵磷脂）

（三）甘油磷脂与脂肪肝

正常成人肝中脂质含量约占肝重的 5%，其中以磷脂含量最多，约占 3%，而三酰甘油约占 2%。如果肝中脂质含量超过 10%，且主要是三酰甘油堆积，组织学观察肝实质细胞脂肪化超过 30% 即为脂肪肝。

形成脂肪肝常见的原因有三个：一是肝细胞内三酰甘油的来源过多，如长期高糖、高脂饮食；二是肝功能障碍，使肝脏合成和释放极低密度脂蛋白的能力下降，而极低密度脂蛋白是肝将脂质运输出肝脏的重要形式，肝内的三酰甘油运出受阻，导致肝细胞内三酰甘油堆积形成脂肪肝，长期脂肪肝可导致肝硬化；三是磷脂合成原料不足，磷脂是构成极低密度脂蛋白的重要成分，如果胆碱、甲硫氨酸、必需脂肪酸等的供给不足，可导致磷脂合成不足，进而引起极低密度脂蛋白合成障碍，致使肝细胞内的三酰甘油堆积在肝脏中而出现脂肪肝。因此，临床上常用磷脂及其合成原料和有关的辅助因子如叶酸、维生素 B_{12} 等防治脂肪肝，就是因为它们能促进肝中磷脂的合成，将三酰甘油向肝外组织转运，减少脂肪在肝脏中的沉积。

第 4 节　胆固醇代谢

胆固醇是体内最丰富的固醇类化合物，具有游离胆固醇和胆固醇酯两种形式，它既作为细胞生物膜的构成成分，又是类固醇激素、胆汁酸及维生素 D 的前体物质。因此对于大多数组织来说，保证胆固醇的供给，维持其代谢平衡是十分重要的。胆固醇广泛存在于全身各组织中，其中脑组织含量最高，肝、肾及肠等内脏，以及皮肤、脂肪组织中亦有较多分布。

一、胆固醇的生物合成

正常人每天膳食中含胆固醇 $300 \sim 500mg$，主要来自动物性食物，植物性食品不含胆固醇，人体固醇的来源除少量来自动物性食物外，主要依靠体内合成，除成人脑组织和成熟红细胞外，人体各组织均可合成胆固醇，肝是最主要的合成场所，合成主要在细胞质基质及内质网中进行，人体每天大约合成 1g 胆固醇。

（一）胆固醇合成的原料

乙酰 CoA 是胆固醇合成的直接原料，同时还需要 ATP 供能和 $NADPH+H^+$ 供氢，合成 1 分子胆固醇需消耗 18 分子乙酰 CoA、36 分子 ATP 和 16 分子 $NADPH+H^+$。乙酰 CoA 及 ATP 多来自糖的有氧氧化，$NADPH+H^+$ 来自磷酸戊糖途径，因此高糖饮食可使血胆固醇浓度升高。

（二）胆固醇合成的过程

胆固醇合成过程比较复杂，有近 30 步反应步骤，整个反应过程可分为 3 个阶段（图 8-8）。

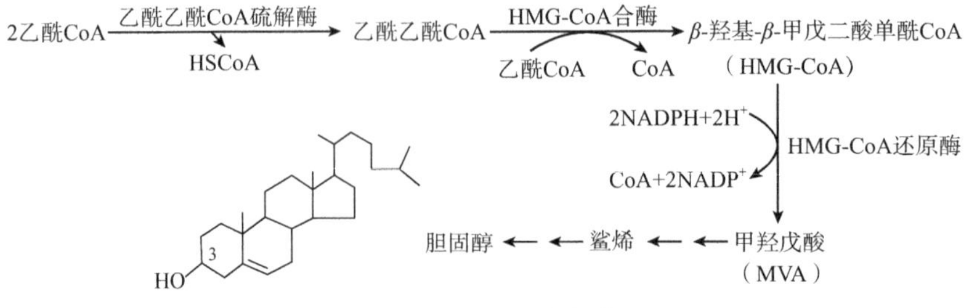

图 8-8　胆固醇的合成

1. 甲羟戊酸（MVA）的合成　在线粒体中产生的乙酰 CoA，通过柠檬酸 - 丙酮酸循环进入细胞质，

2 分子乙酰 CoA 在乙酰乙酰 CoA 硫解酶的作用下生成 1 分子乙酰乙酰 CoA，再在 HMG-CoA 合酶作用下，与 1 分子乙酰 CoA 缩合成 HMG-CoA，在内质网 HMG-CoA 还原酶的催化下，由 NADPH+H^+ 供氢，还原生成 MVA，HMG-CoA 还原酶是合成胆固醇的限速酶。

2. 鲨烯的合成　MVA 由 ATP 供能，在一系列酶催化下，生成 30 碳的鲨烯。

3. 胆固醇的合成　鲨烯经多步反应，脱去 3 个甲基生成 27 碳的胆固醇。

（三）胆固醇合成的调节

HMG-CoA 还原酶是胆固醇合成的限速酶，各种影响胆固醇合成的因素主要是通过对 HMG-CoA 还原酶的调节来实现的。

1. 胆固醇的反馈调节　食物摄入或体内合成胆固醇过多时，均可反馈性抑制 HMG-CoA 还原酶的合成及活性，从而减少胆固醇的合成。这种反馈调节主要存在于肝脏。小肠黏膜细胞的胆固醇合成不受这种反馈调节，即使大量进食胆固醇，血浆中仍有约 60% 的胆固醇由体内合成，因此单靠限制食物摄入胆固醇，对血浆胆固醇浓度的降低能力是有限的。

2. 饮食调节　饥饿或禁食时，不仅可以使 HMG-CoA 还原酶的合成减少，活性降低，而且由于糖和蛋白质的摄入减少，导致胆固醇合成所需的原料乙酰 CoA、NADPH+H^+、ATP 不足，因此，饥饿可以抑制胆固醇的合成。反之，长期摄入高糖、高脂膳食后，HMG-CoA 还原酶活性增高，同时胆固醇合成所需的原料来源增加，所以饱食可增强胆固醇的合成。

3. 激素的调节　调节胆固醇合成的激素主要包括胰高血糖素、糖皮质激素、胰岛素及甲状腺激素等。胰高血糖素和糖皮质激素能抑制 HMG-CoA 还原酶的活性，从而减少胆固醇的合成。胰岛素、甲状腺激素能诱导 HMG-CoA 还原酶的合成，使胆固醇的合成增加。不过，甲状腺激素还可促进胆固醇向胆汁酸的转化，且转化作用较强，因此，甲状腺功能亢进的患者，血清中胆固醇的含量反而下降。

4. 药物作用　某些药物如洛伐他汀和辛伐他汀的结构与 HMG-CoA 类似，能竞争性地抑制 HMG-CoA 还原酶的活性，使体内胆固醇的合成减少。另外，有些药物如阴离子交换树脂考来烯胺等可通过干扰肠道胆汁酸盐的重吸收，促使体内更多的胆固醇转变为胆汁酸盐，从而降低血清胆固醇浓度。

二、胆固醇的酯化

细胞内和血浆中的游离胆固醇都可被酯化成胆固醇酯，但催化它们酯化的酶和反应过程都不尽相同。

（一）细胞内胆固醇的酯化

在组织细胞内，游离胆固醇在脂酰 CoA 胆固醇脂酰转移酶（ACAT）的催化下，C_3 位上的羟基接受脂酰 CoA 提供的脂酰基生成胆固醇酯。

$$\text{胆固醇} + \text{脂酰CoA} \xrightarrow{\text{ACAT}} \text{胆固醇脂} + \text{HSCoA}$$

（二）血浆胆固醇的酯化

血浆中的胆固醇，在卵磷脂胆固醇脂酰转移酶（LCAT）的催化下进行酯化反应，LCAT 在肝细胞内合成后进入血液发挥其功能，当肝细胞受损时，血液中 LCAT 的活性降低，血浆胆固醇含量下降。

$$\text{胆固醇} + \text{卵磷酯} \xrightarrow{\text{LCAT}} \text{胆固醇脂} + \text{溶血卵磷脂}$$

三、胆固醇的转变与排泄

体内的胆固醇不是能源物质，不能被彻底氧化成 CO_2 和 H_2O 释放能量。但可转化为多种物质进一步参与体内代谢或排出体外。

（一）转化为胆汁酸

胆固醇转化成胆汁酸，是胆固醇在体内代谢的主要去路。胆汁酸以钠盐或钾盐的形式存在，对脂质的消化吸收起重要作用；正常人每天合成大约 1g 胆固醇，其中 40% 在肝中合成胆汁酸。

（二）转变为类固醇激素

胆固醇可转化成类固醇激素，在肾上腺皮质可以转变成肾上腺皮质激素；在性腺可以转变为性激素，如雄激素、雌激素、孕激素。

（三）转变为维生素 D_3

在人体肝、小肠黏膜及皮肤细胞内的胆固醇经脱氢氧化生成 7- 脱氢胆固醇，后者经血液运输到皮下经紫外线照射转变为维生素 D_3。维生素 D_3 在经过肝和肾的双重羟化作用后形成具有活性形式的 1, 25- 二羟维生素 D_3[1, 25-$(OH)_2$-D_3]。1, 25-$(OH)_2$-D_3 可促进钙、磷的吸收。

（四）胆固醇的排泄

胆固醇除了在肝内转变为胆汁酸，以胆汁酸盐的形式随胆汁排出外，还有一部分胆固醇可直接随胆汁排入肠腔，进入肠道的胆固醇，除少量被肠黏膜重吸收外，大部分被细菌还原为粪固醇随粪便排出体外。

第5节　血脂与血浆脂蛋白

一、血　脂

血脂是血浆中脂质的总称，包括三酰甘油（TG）、胆固醇（Ch）、胆固醇酯（ChE）、磷脂（PL）、游离脂肪酸（FFA）等。血脂广泛存在于人体中，但含量只占全身脂质总量的极小一部分，外源性和内源性脂质都需经血液运转于各组织之间，因此血脂的含量可以反映体内脂质代谢的情况。受年龄、膳食、性别及代谢因素的影响，血脂波动较大，可由食物中脂质的消化吸收和体内肝脏及脂肪组织的合成两条途径产生，有氧化供能、进入脂库储存、构成生物膜、转变成其他物质等去路。正常情况下，血脂的来源与去路保持动态平衡，高脂饮食后，血浆中脂质含量大幅度上升，3 ～ 6 小时后才可逐渐趋于正常。检测血脂，为可靠地反映血脂水平的真实情况，常在餐后 12 ～ 14 小时采血，正常成人空腹血脂的组成及含量如表 8-1 所示。

表 8-1　正常成人空腹血脂的组成及含量

组成	血脂含量		空腹时主要来源
	mg/dl	mmol/L	
三酰甘油	10 ～ 150	0.11 ～ 1.69	肝
磷脂	150 ～ 250	48.44 ～ 80.73	肝
总胆固醇	100 ～ 250	2.59 ～ 6.47	肝
胆固醇酯	70 ～ 250	1.18 ～ 5.17	肝
游离胆固醇	40 ～ 70	1.03 ～ 1.81	肝
游离脂肪酸	5 ～ 20	0.195 ～ 0.805	脂肪组织

二、血浆脂蛋白

脂质本身不溶于水，必须与蛋白质结合形成脂蛋白才能以溶解的形式随血液循环到达全身各处。

（一）血浆脂蛋白的组成

血浆脂蛋白由血浆中的脂质和蛋白质结合而成。血脂中游离脂肪酸与清蛋白结合单独运输，其余都与载脂蛋白结合，载脂蛋白是肝脏和小肠黏膜细胞合成的特异性球蛋白。血浆脂蛋白由三酰甘油、磷脂、胆固醇及胆固醇酯和载脂蛋白组成，每种血浆脂蛋白都含有这些脂质，但组成比例不同。目前研究较为清楚的载脂蛋白有 A、B、C、D、E 五大类和若干亚类，载脂蛋白不同，组成的血浆脂蛋白亦不相同。

（二）血浆脂蛋白的结构

血浆脂蛋白呈球状，脂质与蛋白质之间多通过脂质的非极性部分与蛋白质组分之间以疏水性相互作用而结合在一起。在球状颗粒表面是极性分子，如蛋白质、磷脂，它们的亲水基团暴露在外，而疏水基团则处于颗粒之内。非极性分子（如三酰甘油、胆固醇酯）则藏于其内部，磷脂的极性部分可与蛋白质结合，非极性部分可与其他脂质结合，作为连接蛋白质和脂质的桥梁，其对维系脂蛋白的构型均具有重要作用。所以，脂蛋白是以三酰甘油及胆固醇酯为核心，载脂蛋白、磷脂及游离胆固醇单分子层覆盖于表面的复合体，可保证不溶于水的脂质能在水相的血浆中正常运输。

（三）血浆脂蛋白的分类

各种血浆脂蛋白因所含脂质与载脂蛋白不同，其颗粒大小、密度、表面电荷、电泳行为各不相同，可用密度分类法和电泳法将其分类。

1.密度分类法　将血浆放在一定密度的盐溶液中进行超速离心，由于各脂蛋白所含脂质与蛋白质的比例不同，密度也不相同，在离心时各脂蛋白因密度不同而漂浮或沉降，根据密度从小到大可将血浆脂蛋白分为乳糜微粒（CM）、极低密度脂蛋白（VLDL）、低密度脂蛋白（LDL）及高密度脂蛋白（HDL）4 种，此种分类方法也称为超速离心法。

2.电泳法　由于各种血浆脂蛋白表面电荷量、本身质量大小不同，在电场中，其运动情况也不相同，根据其迁移速率，将血浆脂蛋白分为乳糜微粒、β-脂蛋白、前β-脂蛋白和α-脂蛋白四种。电泳分类法的脂蛋白种类与超速离心法的脂蛋白分类的相应关系如表 8-2 所示。

表 8-2　血浆脂蛋白的分类

比较项	CM	VLDL	LDL	HDL
电泳位置	原点	前β	β	α
密度（g/m³）	< 0.950	0.950～1.006	1.006～1.063	1.063～1.210
颗粒直径（mm）	80～500	20～80	20～25	7.5～10
蛋白质（%）	0.5～2	5～10	20～25	50
三酰甘油（%）	80～95	50～70	40～42	15～17
磷脂（%）	5～7	15	20	25
游离胆固醇（%）	1～2	5～7	8	5
胆固醇脂（%）	3	10～12	40～42	15～17
合成部位	小肠	肝	血浆	小肠、肝
主要功能	转运外源性脂肪	转运内源性脂肪	转运胆固醇到肝外组织	转运胆固醇至肝内代谢

（四）血浆脂蛋白的代谢

血浆脂蛋白代谢可分为外源性和内源性两条代谢途径。前者是指由食物摄入的三酰甘油和胆固醇在小肠中合成 CM 及其代谢过程；而后者则是指由肝合成 VLDL，VLDL 转变为 IDL 和 LDL，LDL 被肝或其他器官代谢及 HDL 的代谢过程。

1.乳糜微粒（CM）　颗粒最大，90% 是三酰甘油，因此密度极低。食物脂肪的水解产物经小肠吸收，在小肠黏膜细胞重新合成三酰甘油。这些三酰甘油和从食物吸收的磷脂、胆固醇结合形成新生 CM 后经淋巴进入血液，与由 HDL 转移来的 ApoC、ApoE 结合，同时向血浆中释放磷脂、吸收胆固醇，成为成熟 CM。当血液经过脂肪组织、肝脏、肌肉等处的毛细血管时，经血管壁脂蛋白脂肪酶（LPL）的作用，可使 CM 中的三酰甘油水解成脂肪酸和甘油供组织利用。CM 由于失去三酰甘油而逐渐变小成为 CM 残余。所以 CM 的主要功能是转运外源性脂肪到各组织。由于 CM 降解速度很快，半衰期为 5～15 分钟，所以正常人空腹 12～14 小时后血浆不含 CM。

2.极低密度脂蛋白（VLDL）　颗粒较大，三酰甘油占 55%，密度也很低。肝细胞以葡萄糖、食物及脂肪动员产生的脂肪酸为原料合成三酰甘油，再与磷脂、胆固醇、ApoB、ApoE 等结合形成 VLDL，由肝脏释放入血，经血管壁脂蛋白脂肪酶的作用，使其中的三酰甘油水解成脂肪酸和甘油，被细胞利用或重新合成三酰甘油储存，脂蛋白的体积缩小，含总胆固醇量相对地增多，密度变大，成为中密度脂蛋白（IDL）。IDL 继续水解，密度继续变大，最终转变成 LDL。所以 VLDL 的主要功能是运输内源性脂肪到各组织。VLDL 在血液中半衰期为 6～12 小时，由于 VLDL 降解速度很快，正常人空腹 12～14 小时后血浆中几乎不含 VLDL。

3.低密度脂蛋白（LDL）　大部分 VLDL 水解产物 IDL 到达肝脏后，继续水解，三酰甘油明显减少，胆固醇酯增多，结合 ApoB 后密度增大，变成 LDL。LDL 的降解多是通过 LDL 受体途径进行的，在肝脏、动脉管壁等全身各组织细胞膜表面有 LDL 的特异性受体，能特异性识别 LDL，并将其内吞入细胞与溶酶体结合，LDL 中的蛋白质水解为氨基酸，胆固醇酯分解为游离胆固醇和脂肪酸。游离胆固醇能阻止细胞内胆固醇的合成，同时又可使胆固醇转变为胆固醇酯储存。当细胞内游离胆固醇水平增高、胆固醇酯开始堆积时，LDL 受体的合成受到抑制，LDL 吸收率下降。这样能维持血浆中和细胞内胆固醇浓度的平衡。LDL 是正常成人空腹血浆中含量最多的脂蛋白，约占总量的 2/3，主要功能是将肝内胆固醇运到肝外组织。血浆 LDL 半衰期为 2～4 天。

4.高密度脂蛋白（HDL）　CM 中三酰甘油的水解产物及其表层的磷脂、游离胆固醇结合 ApoA 脱离 CM 形成新生 HDL，新生 HDL 进入血液表面的游离胆固醇转变为胆固醇酯，并由颗粒表面转入颗粒核内，形成富含胆固醇酯的球形成熟 HDL。血液中的成熟 HDL 和细胞膜上的受体结合，进入细胞内，与溶酶体融合进行降解，肝脏是 HDL 的主要降解部位。正常人空腹时 HDL 含量较为稳定，约占血浆脂蛋白总量的 1/3，它的主要功能是从周围组织转运胆固醇到肝脏进行代谢，这样能清除外周组织中的胆固醇，防止动脉粥样硬化的形成，因此 HDL 又被称为"抗动脉粥样硬化因子"。血浆 HDL 半衰期为 3～5 天。

三、血浆脂蛋白代谢异常

（一）高脂蛋白血症

血脂异常通常指血清中胆固醇和（或）三酰甘油水平升高，因为脂质不溶或微溶于水，必须与蛋白质结合，以脂蛋白形式存在才能在血液中循环，所以是通过高脂蛋白血症表现出来的，统称为高脂蛋白血症（hyperlipoproteinemia），简称为高脂血症（hyperlipidemia）。高脂血症常分为高胆固醇血症、高三酰甘油血症、混合型高脂血症、低密度脂蛋白血症 4 种类型。原发性高脂血症由遗传基因缺陷导致，较为少见，多数高脂血症由饮食因素即高糖高脂摄入热量过多引起，其次导致因素包括年龄效应和女性更年期的影响。

（二）动脉粥样硬化

动脉粥样硬化是指由于血浆中胆固醇含量过多，沉积于大、中动脉内膜上，形成粥样斑块，导致管腔狭窄甚至阻塞，从而影响器官血液供应的一种病理改变。动脉粥样硬化的形成受多种因素的影响，脂蛋白代谢异常在动脉粥样硬化斑块形成中起极其重要的作用。因此凡能增加动脉壁胆固醇内流和沉积的脂蛋白，如 LDL、VLDL 等，都是导致动脉粥样硬化的因素。凡能促进胆固醇从血管壁外运的脂蛋白（如 HDL），则都具有抗动脉粥样硬化的作用，称为抗动脉粥样硬化的因素。

🎯 目标检测

一、名词解释

1. 酮体　2. β 氧化　3. 必需脂肪酸　4. 高密度脂蛋白

二、单选题

1. 对于下列各种血浆脂蛋白的作用，哪种描述是正确的
   - A. CM 主要转运内源性三酰甘油
   - B. VLDL 主要转运外源性三酰甘油
   - C. HDL 主要将 Ch 从肝内转运至肝外组织
   - D. 中密度脂蛋白（IDL）主要转运三酰甘油
   - E. LDL 是运输 Ch 的主要形式

2. 在下列哪种情况下，血中酮体浓度会升高
   - A. 食用脂肪较多的混合膳食
   - B. 食用高糖食物
   - C. 食用高蛋白膳食
   - D. 禁食
   - E. 胰岛素分泌过多

3. 正常血浆脂蛋白按密度从低到高的顺序排列为
   - A. CM → VLDL → IDL → LDL
   - B. CM → VLDL → LDL → HDL
   - C. VLDL → CM → LDL → HDL
   - D. VLDL → LDL → IDL → HDL
   - E. VLDL → LDL → HDL → CM

4. 胆固醇含量最高的脂蛋白是
   - A. 乳糜微粒　　　　B. 极低密度脂蛋白
   - C. 中密度脂蛋白　　D. 低密度脂蛋白
   - E. 高密度脂蛋白

5. 脂肪动员的关键酶是
   - A. 组织细胞中的三酰甘油酶
   - B. 组织细胞中的二酰甘油脂肪酶
   - C. 组织细胞中的单酰甘油脂肪酶
   - D. 组织细胞中的激素敏感性脂肪酶
   - E. 脂蛋白脂肪酶

6. 酮体生成过多主要见于
   - A. 摄入脂肪过多
   - B. 肝内脂肪代谢紊乱
   - C. 脂肪转运障碍
   - D. 肝功能低下
   - E. 糖供给不足或利用障碍

7. 脂肪酸彻底氧化的产物是
   - A. 乙酰 CoA
   - B. 脂酰 CoA
   - C. 丙酰 CoA
   - D. 乙酰 CoA 及 FAD+2H、NADH+H^+
   - E. H_2O、CO_2 及释出的能量

8. 严重饥饿时脑组织的能量主要来源于
   - A. 糖的氧化　　　　B. 脂肪酸氧化
   - C. 氨基酸氧化　　　D. 乳酸氧化
   - E. 酮体氧化

9. 正常情况下机体储存的脂肪主要来自
   - A. 脂肪酸　　　　　B. 酮体
   - C. 类脂　　　　　　D. 葡萄糖
   - E. 生糖氨基酸

10. 脂肪酰进行 β 氧化的酶促反应顺序为
    - A. 脱氢、脱水、再脱氢、硫解
    - B. 脱氢、加水、再脱氢、硫解
    - C. 脱氢、再脱氢、加水、硫解
    - D. 硫解、脱氢、加水、再脱氢
    - E. 缩合、还原、脱水、再还原

三、简答题

1. 简述脂肪酸的代谢过程。
2. 解释酮体生成的意义。
3. 请写出胆固醇的生物转化过程。
4. 请描述低密度脂蛋白的代谢过程。

（武红霞）

第 9 章
氨基酸代谢

蛋白质是生物遗传信息表达的产物，是体现生命特征最重要的物质基础。蛋白质的组成成分是氨基酸，它是体内许多重要含氮化合物的来源。体内蛋白质首先分解为氨基酸，然后再进行氧化供能或转化反应。

第 1 节　蛋白质的营养作用

一、蛋白质的生理功能

蛋白质是体现生命特征最重要的物质基础，它在体内的生理功能主要有以下几个方面。

1. 维持组织细胞的生长、更新及修复　蛋白质是组织细胞的主要组成成分，机体必须不断地从膳食中摄取足够量的蛋白质，才能满足组织细胞的生长发育、更新和修复的需要。

2. 参与机体多种生理活动　机体许多生理活动如催化作用、运输物质、免疫防御、代谢调节、基因调控、凝血与抗凝血等，都需要蛋白质的直接或间接参与。蛋白质分解产生的氨基酸可进一步代谢生成胺类、神经递质及激素等生理活性物质，也可作为血红素、活性肽类、嘌呤和嘧啶等重要化合物的合成原料。

3. 氧化供能　蛋白质还可作为营养物质氧化供能，每克蛋白质在体内彻底氧化分解可释放约17.19kJ 的能量。一般情况下，成人每日约有 18% 的能量来自蛋白质。

二、蛋白质的需要量

体内蛋白质的合成与分解处于动态平衡状态。正常成人的组织蛋白质每日有 1% ～ 2% 被更新，组织蛋白质降解产生的氨基酸有 3/4 可再利用合成蛋白质，其余的 1/4 被氧化分解，因此每日需要从外界摄入一定量的蛋白质以补充消耗。蛋白质代谢的平衡状态通常用氮平衡进行评价。氮平衡是指机体每日摄入氮量与排出氮量的比较。食物中的含氮物质主要是蛋白质，机体排出的含氮物质主要来自蛋白质的分解代谢，因此氮平衡可间接反映出体内蛋白质代谢的一般状况。人体氮平衡有三种情况。

1. 氮的总平衡　摄入氮量与排出氮量相等，表明机体蛋白质的合成与分解处于动态平衡状态，见于正常成人的蛋白质代谢情况。

2. 氮的正平衡　摄入氮量大于排出氮量，表明体内蛋白质的合成大于分解，见于儿童、青少年、孕妇及疾病恢复期患者等。

3. 氮的负平衡　摄入氮量小于排出氮量，表明体内蛋白质的合成小于分解，见于长期饥饿、营养不良、消耗性疾病、严重烧伤、大量失血等患者。

根据氮平衡实验测算，60kg 的健康成人每日最低分解约 20g 蛋白质。由于食物蛋白质与人体蛋白质在氨基酸组成上的差异性，食物蛋白质分解的氨基酸不可能全部被人体利用，所以成人每日蛋白质的最低生理需要量应大于 30g。中国营养学会推荐成人每日蛋白质需要量为 80g 左右。

三、蛋白质的营养价值

1. 必需氨基酸　机体需要但体内不能合成，或合成量不能满足机体需要，必须由食物供给的氨基酸称为必需氨基酸（essential amino acid）。构成蛋白质的氨基酸有 20 种，其中的 9 种为人体必需氨基酸，分别是赖氨酸、色氨酸、苯丙氨酸、甲硫氨酸、苏氨酸、缬氨酸、异亮氨酸、亮氨酸和组氨酸。酪氨酸和半胱氨酸在体内分别由苯丙氨酸和甲硫氨酸转变而来，食物中这两种氨基酸的量充足时，机体可减少对苯丙氨酸和甲硫氨酸的消耗，故称其为半必需氨基酸。

2. 营养价值　食物蛋白质在机体内的利用率称为蛋白质的营养价值，食物蛋白质的利用率越高，其营养价值也越高。蛋白质的营养价值主要取决于其必需氨基酸的种类、数量和比例。一般来说，蛋白质的必需氨基酸种类齐全、含量高、比例接近人体的需要，其营养价值高；反之则营养价值低。若将营养价值较低的蛋白质混合食用，其必需氨基酸在种类和数量上可以得到互相补充，从而使蛋白质的营养价值提高，称为蛋白质的互补作用。例如，谷类蛋白质含色氨酸较丰富而含赖氨酸较少，有些豆类蛋白质含赖氨酸较多但色氨酸较少，将这两种蛋白质混合食用时，二者所含的必需氨基酸恰好互相补充，可明显提高其营养价值。

第 2 节　氨基酸的一般代谢

一、氨基酸代谢概况

体内氨基酸的来源有食物蛋白质的消化吸收、组织蛋白质的降解和非必需氨基酸的合成。它们分布于体内各组织细胞内和体液中，共同参与分解代谢与合成代谢，构成氨基酸代谢池。氨基酸代谢池一般是以游离氨基酸总量来计算的。氨基酸在体内各组织中的分布不均匀，肌肉中氨基酸占总代谢池的 50% 以上，肝中的氨基酸约占 10%，肾中的氨基酸约占 4%，血浆中的氨基酸占 1% ~ 6%。正常情况下，氨基酸代谢池中氨基酸的来源和去路维持动态平衡。氨基酸在细胞内的主要功能是合成蛋白质和多肽；还有少量氨基酸可用于合成胺类和其他含氮化合物，如嘌呤、嘧啶、肌酸等；还有一部分氨基酸可转变为糖和脂质等物质。氨基酸的分解代谢主要是通过脱氨基作用生成 α- 酮酸，然后再进行氧化分解（图 9-1）。

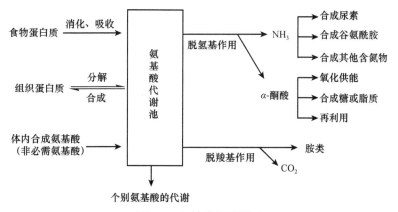

图 9-1　氨基酸代谢概况

各种氨基酸具有共同的结构特点，在代谢上也有相同的规律。多数氨基酸分解代谢的第一步为脱氨基作用，随之生成的氨和 α- 酮酸再分别进行代谢，称为氨基酸的一般代谢。

二、氨基酸的脱氨基作用

氨基酸脱去 α- 氨基生成 α- 酮酸的过程称为氨基酸脱氨基作用。脱氨基作用主要包括氧化脱氨基作用、转氨基作用、联合脱氨基作用和嘌呤核苷酸循环等方式，其中联合脱氨基作用是体内主要的脱氨基方式。

（一）氧化脱氨基作用

经酶催化，氨基酸氧化脱去氨基生成相应 α- 酮酸的反应过程，称为氧化脱氨基作用。体内催化氨基酸氧化脱氨基反应的酶主要为 L- 谷氨酸脱氢酶，它是以 NAD^+ 或 $NADP^+$ 为辅酶的不需氧脱氢酶，能特异地催化 L- 谷氨酸脱氢氧化脱去氨基，生成 α- 酮戊二酸和 NH_3，为可逆反应。

L- 谷氨酸脱氢酶是一种由 6 个相同的亚基聚合而成的变构酶，其变构抑制剂是 ATP 和 GTP，激活剂是 ADP 和 GDP。因此，当体内能量不足时能加速氨基酸的氧化，对体内能量代谢起到了一定的调节作用。L- 谷氨酸脱氢酶广泛存在于肝、肾和脑等组织中，且活性很高，在体内氨基酸脱氨基作用中具有重要意义。

（二）转氨基作用

在氨基转移酶（转氨酶）的催化下，氨基酸的 α- 氨基可逆地转移到 α- 酮酸的酮基上，生成相应的 α- 氨基酸，原来的氨基酸则转变成相应的 α- 酮酸，此反应过程称为转氨基作用。

氨基转移酶简称转氨酶，以磷酸吡哆醛或磷酸吡多胺为辅酶，广泛分布于体内各组织细胞中。体内除赖氨酸、苏氨酸、脯氨酸及羟脯氨酸外，大多数氨基酸均能进行转氨基反应，不同氨基酸只能由专一的转氨酶催化。多数转氨酶是以 α- 酮戊二酸为氨基的接受体，催化特异氨基酸与之进行转氨基反应，如谷丙转氨酶（GPT）和谷草转氨酶（GOT）。谷丙转氨酶（GPT）又称丙氨酸转氨酶（ALT），谷草转氨酶（GOT）又称天冬氨酸转氨酶（AST），这两种酶是体内分布很广、活性较高的转氨酶。

转氨酶属于细胞内酶，正常情况下，只有少量的酶逸出细胞进入血液，故在血清中的活性很低。当某种原因导致组织细胞受损或细胞膜通透性增高时，转氨酶可大量释放入血，造成血清中转氨酶活性显著升高。根据各组织细胞中转氨酶活性的差异性（表 9-1），血清特定转氨酶活性测定可作为某种疾病诊断和观察预后的参考指标，如急性肝炎患者血清中 GPT（ALT）活性明显升高，心肌梗死患者血清中 GOT（AST）活性显著上升。

表 9-1　正常人组织中 GPT（ALT）和 GOT（AST）的活性（单位 / 每克湿组织）

组织	GPT（ALT）	GOT（AST）	组织	GPT（ALT）	GOT（AST）
心脏	7100	156 000	胰腺	2000	28 000
肝	44 000	142 000	脾	1200	14 000
骨骼肌	4800	99 000	肺	700	10 000
肾脏	19 000	91 000	血液	16	20

　　转氨基作用仅把氨基酸分子中的氨基转移给了 α- 酮戊二酸或其他 α- 酮酸，并没有达到脱去氨基的目的。

（三）联合脱氨基作用

　　转氨基作用与谷氨酸氧化脱氨基作用联合进行，最终使氨基酸脱去氨基的反应过程，称为联合脱氨基作用（图 9-2）。

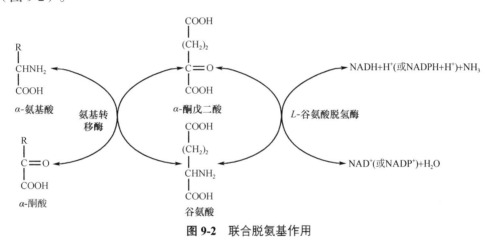

图 9-2　联合脱氨基作用

　　转氨酶在体内分布广、种类多、活性高，但其只能将氨基酸的氨基转移到 α- 酮酸生成新的氨基酸；L- 谷氨酸脱氢酶的分布也很广、活性非常高（肌肉组织除外），其特异性强，仅能催化 L- 谷氨酸氧化脱氨基，不能催化其他氨基酸氧化脱去氨基，而且，体内转氨酶多数是催化特异氨基酸与 α- 酮戊二酸之间进行转氨基反应的。因此，这两种酶的联合可使大多数氨基酸脱去氨基。联合脱氨基是除肌肉组织以外的大多数组织的主要脱氨基方式，反应过程是可逆的，因此其逆反应过程也是体内非必需氨基酸合成的重要途径。

（四）嘌呤核苷酸循环

　　在骨骼肌和心肌组织中，L- 谷氨酸脱氢酶的活性很低，这些组织的氨基酸难以经联合脱氨基作用脱去氨基，而是通过嘌呤核苷酸循环作用脱去氨基。

　　此种脱氨基方式首先是氨基酸经转氨酶的催化，将氨基转移给 α- 酮戊二酸生成谷氨酸，谷氨酸再由 AST 作用将氨基转移给草酰乙酸生成天冬氨酸；然后是嘌呤核苷酸循环反应，即天冬氨酸与次黄嘌呤核苷酸（IMP）缩合生成腺苷酸代琥珀酸，后者裂解生成 AMP 和延胡索酸，AMP 在腺苷酸脱氨酶的催化下脱去氨基重新生成 IMP，并释放出氨。由此可见，这种脱氨基方式也可以看作是另一种联合脱氨基方式（图 9-3）。

三、氨 的 代 谢

　　机体内代谢产生的氨及消化道吸收的氨进入血液，形成血氨。正常生理状态下，血氨浓度为

$47 \sim 65\mu mol/L$。氨具有毒性，特别是脑组织对氨极为敏感，血氨过高可引起中枢神经系统功能紊乱，造成氨中毒。

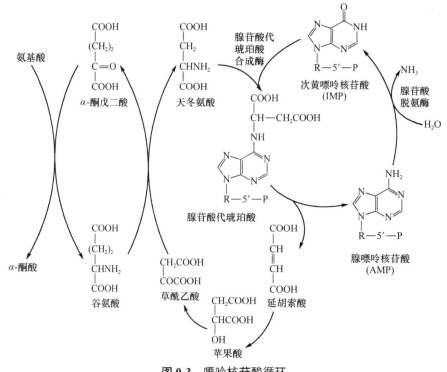

图 9-3 嘌呤核苷酸循环

（一）体内氨的来源

1.体内代谢产生的氨　组织细胞内氨基酸经脱氨基作用产生的氨为体内氨的主要来源。胺类、嘌呤、嘧啶等含氮化合物的分解代谢也可产生少量氨。

2.肠道吸收的氨　肠道吸收的氨主要有两个来源，包括氨基酸在肠道细菌的作用下脱氨基生成的氨，以及血液中尿素渗入肠道经肠道细菌尿素酶水解生成的氨。肠道产氨量较多，每日约 4g，主要在结肠被吸收入血。肠道中吸收氨的速度与肠道的 pH 密切相关。当肠道 pH 偏低时，NH_3 与 H^+ 结合形成 NH_4^+ 并随粪便排出；肠道 pH 偏高时，NH_4^+ 易于转变成 NH_3，NH_3 比 NH_4^+ 易于透过细胞膜而被吸收入血。临床上给高血氨患者做结肠透析时采用弱酸性透析液，而不用碱性肥皂水灌肠，就是为了减少氨的吸收、促进氨的排泄。

3.肾小管上皮细胞产生的氨　肾小管上皮细胞中的谷氨酰胺经谷氨酰胺酶催化，生成谷氨酸和氨。这部分氨的去路决定于原尿的 pH。若原尿的 pH 偏酸，这部分氨易分泌到肾小管管腔中，与原尿中的 H^+ 结合成 NH_4^+，并以 NH_4^+ 的形式随尿排出体外，这对调节机体的酸碱平衡起着重要作用。如果原尿偏碱性，会妨碍肾小管上皮细胞中氨的分泌，易被吸收入血，成为血氨的另一个来源。临床上对因肝硬化产生腹水的患者，不宜使用碱性利尿药，以防氨的吸收增加而引起血氨浓度升高。

（二）氨的转运

体内各组织产生的氨须以无毒的形式经血液运输到肝脏合成尿素解毒，或运至肾脏以铵盐形式随尿排出。氨在血液中主要以丙氨酸和谷氨酰胺两种形式运输。

1.丙氨酸 - 葡萄糖循环　丙氨酸的运氨作用是通过丙氨酸 - 葡萄糖循环实现的。肌肉中的氨基酸经过连续转氨基作用，最终将氨基转移至丙酮酸生成丙氨酸。丙氨酸通过血液运送到肝，丙氨酸再经联合脱氨基作用又转变成丙酮酸并释放出氨。氨用于合成尿素，丙酮酸则经糖异生作用转化为葡萄糖。葡萄糖再由血液运输至肌肉，并循糖酵解途径又分解生成丙酮酸，后者再次接受氨基生成丙氨酸。通过丙氨酸与葡萄糖的反复转变，将氨从肌肉中转运到肝脏去合成尿素，故将这一途径称为丙氨酸 - 葡萄糖循环（图 9-4）。通过这一循环，不仅可将肌肉中的氨以无毒的丙氨酸形式运输到肝脏，同时肝脏又为肌肉提供了能生成丙酮酸的葡萄糖。

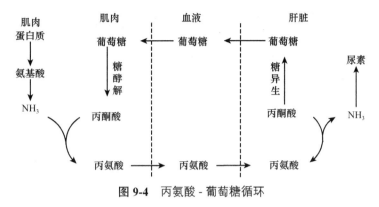

图 9-4　丙氨酸 - 葡萄糖循环

2. 谷氨酰胺的生成与分解　脑和肌肉等组织可以谷氨酰胺形式向肝或肾运输氨。这些组织中的氨与谷氨酸经谷氨酰胺合成酶催化合成谷氨酰胺，由血液运输到肝或肾，再经谷氨酰胺酶催化转化为谷氨酸和氨。谷氨酰胺的合成与分解是不可逆反应。

$$\begin{array}{l} COOH \\ | \\ CHNH_2 \\ | \\ CH_2 \\ | \\ CH_2 \\ | \\ COOH \end{array} \quad \xrightleftharpoons[\text{谷氨酰胺酶}]{\text{谷氨酰胺合成酶}} \quad \begin{array}{l} COOH \\ | \\ CHNH_2 \\ | \\ CH_2 \\ | \\ CH_2 \\ | \\ CONH_2 \end{array}$$

（ATP + NH₃ → ADP + Pi ；NH₃、H₂O）

谷氨酰胺在脑组织细胞固定和转运氨的过程中起着主要作用，成为脑组织氨解毒的重要方式，临床上氨中毒所致的肝性脑病患者可服用或输入谷氨酸盐以降低血氨浓度。谷氨酰胺也能为体内嘌呤和嘧啶等含氮化合物的合成提供酰胺基。因此，谷氨酰胺既是氨的解毒产物，也是氨的利用、储存和运输形式。

谷氨酰胺还可以为天冬氨酸提供酰胺基，使其转变成天冬酰胺。这样在正常细胞能合成足量的天冬酰胺以供蛋白质合成的需要。但在白细胞不能或很少能合成天冬酰胺，必须由血液从其他组织器官运输而来。临床上在治疗白血病时，可应用天冬酰胺酶催化天冬酰胺水解成天冬氨酸，从而减少血液中的天冬酰胺，使白细胞合成蛋白质原料不足，达到治疗白血病的目的。

$$\begin{array}{l} CONH_2 \\ | \\ CH_2 \\ | \\ CHNH_2 \\ | \\ COOH \end{array} \quad \xrightarrow[H_2O]{\text{天冬酰胺酶}} \begin{array}{l} COOH \\ | \\ CH_2 \\ | \\ CHNH_2 \\ | \\ COOH \end{array}$$

天冬酰胺　　　　　　　　天冬氨酸

（NH₃）

（三）氨的主要代谢去路是合成尿素

正常情况下体内的氨主要在肝合成尿素，只有少部分氨在肾以铵盐形式随尿排出。正常成人尿素可占排氮总量的 80% ～ 90%。

1. 合成尿素的主要器官是肝脏　动物实验证明，将犬的肝脏切除，血液和尿中尿素的含量会明显降低，血氨增高。若给此动物输入或饲养氨基酸，则大部分氨基酸积存于血液中，有一部分随尿排出，因血液中氨浓度过高而中毒致死；若切除犬的肾脏而保留肝脏，则发现血中尿素浓度明显升高；若同时切除犬的肝脏和肾脏，血氨显著升高，血中尿素的含量维持在较低水平。此外，临床上可见暴发性肝衰竭患者血液中几乎检测不到尿素而氨基酸含量增高。这些动物实验和临床观察都充分说明肝脏是合成尿素的最主要器官。肾脏和脑等其他组织也能合成尿素，但合成量极少。

2.尿素的合成途径　尿素是在肝脏通过鸟氨酸循环途径合成的。鸟氨酸循环的过程可分为以下四步。

（1）氨基甲酰磷酸的合成　尿素循环启动的第一步是合成氨基甲酰磷酸。在肝细胞线粒体内氨基甲酰磷酸合成酶 I 的催化下，氨及二氧化碳缩合成氨基甲酰磷酸，反应需要 Mg^{2+}、ATP 及 N- 乙酰谷氨酸等辅助因子的参与。氨基甲酰磷酸含有高能键，性质活泼，在酶的催化下很容易与下一步的鸟氨酸反应生成瓜氨酸。

$$NH_3 + CO_2 + H_2O + 2ATP \xrightarrow[\text{Mg}^{2+},\ N\text{-乙酰谷氨酸}]{\text{氨基甲酰磷酸合成酶 I}} H_2N-\overset{\overset{\displaystyle O}{\|}}{C}-O\sim PO_3H_2 + 2ADP + Pi$$

此反应需要消耗 2 分子 ATP，为酰胺键和酸酐键的合成提供能量；氨基甲酰磷酸合成酶 I 是鸟氨酸循环过程的限速酶，催化不可逆反应，N- 乙酰谷氨酸是此酶的必需激活剂。N- 乙酰谷氨酸是由乙酰 CoA 和谷氨酸在 N- 乙酰谷氨酸合成酶的催化下缩合而成，它可诱导氨基甲酰磷酸合成酶 I 的构象发生改变，进而增加酶对 ATP 的亲和力。

（2）瓜氨酸的生成　在线粒体内鸟氨酸氨基甲酰转移酶的催化下，将氨基甲酰磷酸的氨基甲酰基转移至鸟氨酸上生成瓜氨酸和磷酸。此反应不可逆。瓜氨酸合成后经线粒体内膜上的载体蛋白转运至胞质进行下一步反应。

鸟氨酸　　　氨基甲酰磷酸　　　　　　　　　　　　瓜氨酸

（3）精氨酸的合成　在细胞质中，首先在精氨酸代琥珀酸合成酶的催化下，消耗 ATP，瓜氨酸与天冬氨酸反应，合成精氨酸代琥珀酸。然后在精氨酸代琥珀酸裂解酶的作用下，精氨酸代琥珀酸裂解为精氨酸和延胡索酸。

瓜氨酸　　　天冬氨酸　　　　　　精氨酸代琥珀酸　　　　　　精氨酸　　　　延胡索酸

在上述反应过程中，天冬氨酸的氨基为尿素分子的合成提供了第二个氮原子。反应产物精氨酸分子中保留了来自游离的 NH_3 和天冬氨酸分子的氮。

由此生成的延胡索酸可经三羧酸循环的反应步骤加水、脱氢转变成草酰乙酸，后者与谷氨酸经转氨基作用又可生成天冬氨酸继续参与尿素循环。而谷氨酸的氨基可通过转氨基作用来自体内多种氨基酸，使体内多种氨基酸的氨基均可以天冬氨酸的形式参与尿素的生物合成，从而减少了有毒的游离 NH_3 的生成。这样，通过延胡索酸和天冬氨酸将三羧酸循环与尿素循环联系起来。

（4）精氨酸水解生成尿素　在精氨酸酶的催化下，细胞质中的精氨酸水解为尿素和鸟氨酸。鸟氨酸经线粒体内膜上载体的转运再进入线粒体，参与瓜氨酸的合成，进入下一轮循环。

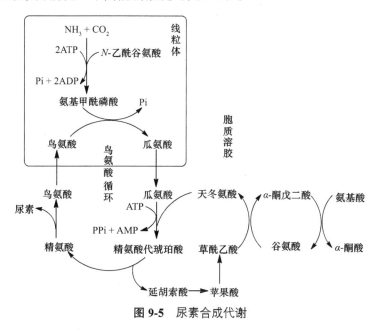

尿素合成的总反应式可总结为

$$2NH_3 + CO_2 + 3ATP + 3H_2O \longrightarrow H_2N—CO—NH_2 + 2ADP + AMP + 4H_3PO_4$$

综上所述，合成尿素的两个氮原子，一个来自各种氨基酸脱氨基作用产生的游离氨，另一个由天冬氨酸提供，天冬氨酸可由草酰乙酸通过连续转氨基作用从多种氨基酸获得氨基转变生成。故尿素分子中的两个氮原子都是直接或间接来源于多种氨基酸的氨基。此外，尿素的合成是一个不可逆的耗能过程，每合成 1 分子尿素需消耗 4 个高能磷酸键（图 9-5）。

图 9-5　尿素合成代谢

尿素无毒，合成后被分泌入血，经肾随尿排出体外。当肾功能障碍时，血液中尿素含量增高。临床上常测定血清尿素含量作为反映肾功能的重要生化指标之一。

（四）高氨血症与氨中毒

一般情况下，血氨的来源和去路始终保持着动态平衡，肝通过合成尿素在维持这种平衡中起着关键作用，使血氨浓度处于较低水平。当肝功能严重损伤时，可导致尿素合成发生障碍，血氨浓度增高，形成高氨血症。此外，尿素合成相关酶的遗传缺陷也可导致高氨血症。高氨血症可引起脑功能障碍，如呕吐、厌食、间歇性共济失调、嗜睡甚至昏迷等，称为氨中毒。氨中毒的作用机制尚不完全清楚。一般认为，氨可通过血脑屏障进入脑组织，与脑中的 α- 酮戊二酸结合生成谷氨酸，氨也可与谷氨酸进一步反应生成谷氨酰胺。高血氨时脑中的氨增加，细胞代偿使以上反应加强以便缓解氨中毒，使脑中 α- 酮戊二酸含量减少，结果使三羧酸循环和氧化磷酸化作用均减弱，脑细胞中 ATP 生成减少，大脑能量供应不足。

四、α- 酮酸的代谢

氨基酸经脱氨基后生成的 α- 酮酸，主要有以下三方面的代谢途径。

（一）氧化供能

各种氨基酸脱氨基生成的 α-酮酸都可通过不同的途径进入三羧酸循环彻底氧化分解成 CO_2 和 H_2O，同时释放能量供机体利用。

（二）转变为糖或脂类

氨基酸脱氨基后生成的 α-酮酸可转变成糖和脂类。根据其转变途径和产物的不同，可将氨基酸分为三类：生糖氨基酸，指可经糖异生途径转变为葡萄糖或糖原的氨基酸；生酮氨基酸，指可沿脂肪酸分解代谢途径生成酮体的氨基酸；生糖兼生酮氨基酸，指能转变为糖又能转变为酮体的氨基酸（表9-2）。

表 9-2 氨基酸按生糖及生酮性质分类

类别	氨基酸
生糖氨基酸	丙氨酸、精氨酸、天冬氨酸、半胱氨酸、谷氨酸、甘氨酸、脯氨酸、甲硫氨酸、丝氨酸、缬氨酸、组氨酸、天冬酰胺、谷氨酰胺
生酮氨基酸	亮氨酸、赖氨酸
生糖兼生酮氨基酸	异亮氨酸、苯丙氨酸、酪氨酸、色氨酸、苏氨酸

（三）生成非必需氨基酸

氨基酸脱氨基生成的 α-酮酸并不一定全部要进入分解代谢或转变为糖和脂类，有一部分可再氨基化为原来的氨基酸，或经一定代谢后再氨基化成为某种氨基酸。

糖类等物质代谢产生的 α-酮酸可直接或经转氨基作用氨基化为相应的 α-氨基酸，这是体内合成非必需氨基酸的主要途径。

第3节 个别氨基酸的代谢

各种氨基酸的侧链 R 基均不相同，在体内的代谢过程也各有其特点。某些氨基酸在代谢过程中可生成具有重要功能的生物活性物质。

一、氨基酸的脱羧基作用

氨基酸经脱羧酶催化，脱去羧基生成相应胺类的过程称为氨基酸的脱羧基作用，氨基酸脱羧酶的辅酶均为磷酸吡哆醛，生成的胺类物质在体内具有重要的生理功能。

（一）γ-氨基丁酸

经 L-谷氨酸脱羧酶催化，谷氨酸脱羧基生成 γ-氨基丁酸（GABA）。谷氨酸脱羧酶在脑和肾组织中活性很高。GABA 是一种抑制性中枢神经递质。

（二）5-羟色胺

色氨酸先由色氨酸羟化酶催化生成 5-羟色氨酸，再经 5-羟色氨酸脱羧酶的作用脱羧生成 5-羟色胺（5-HT）。

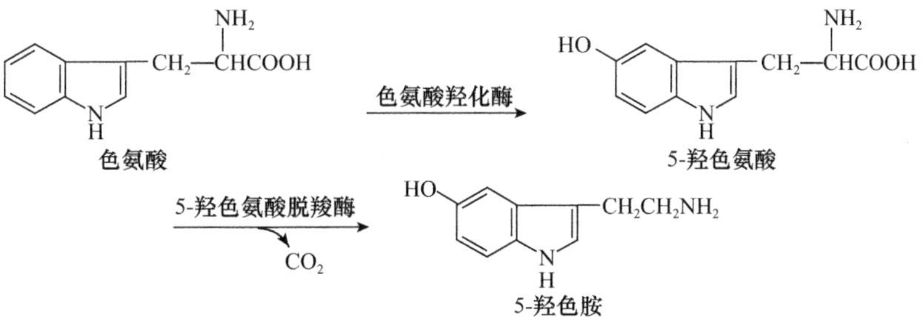

5-HT 广泛分布于体内各组织，如神经组织、胃肠道、血小板及乳腺细胞等。脑组织中的 5-HT 是一种抑制性神经递质。在外周组织中，5-HT 具有很强的血管收缩作用。

（三）组胺

组胺由组氨酸脱羧酶催化组氨酸脱羧生成。组胺广泛分布于体内各组织中，在肺、肝、胃黏膜、肌肉、乳腺及神经等组织中含量很高，主要由肥大细胞产生和释放。

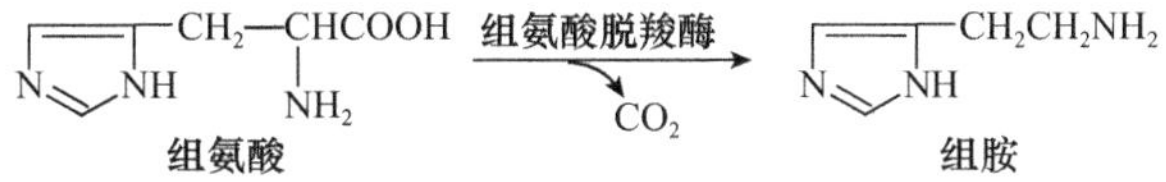

组胺具有强烈的舒张血管的作用，并能使毛细血管的通透性增加。体内组胺浓度过高时可引起血压下降甚至休克；组胺还可使平滑肌收缩，可致支气管痉挛。创伤性休克、炎症病变部位及过敏反应时，肥大细胞常释放大量组胺，引起血管扩张、血压下降、水肿及支气管痉挛等临床表现。组胺还能刺激胃黏膜细胞分泌胃蛋白酶及胃酸。

（四）牛磺酸

L- 半胱氨酸先氧化成磺基丙氨酸，再经磺基丙氨酸脱羧酶催化脱去羧基，生成牛磺酸。牛磺酸是结合胆汁酸的组成成分之一。现已发现脑组织中亦含有较多的牛磺酸，表明它对脑组织可能有重要的生理功能。

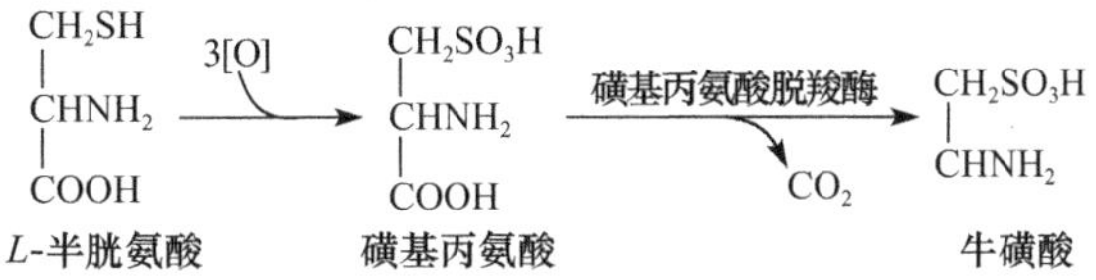

（五）多胺

某些氨基酸的脱羧基作用可以产生多胺类物质。例如，鸟氨酸在鸟氨酸脱羧酶的作用下可生成腐胺，然后转变为精脒和精胺（图 9-6）。精脒和精胺的分子中含有多个氨基，因此统称为多胺。

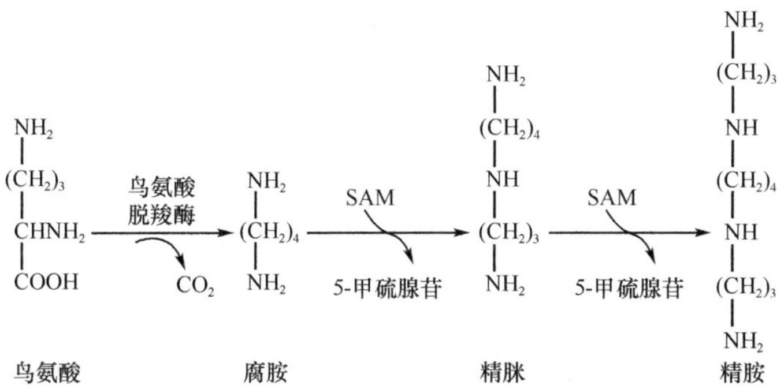

图 9-6　多胺的生成

鸟氨酸脱羧酶是多胺合成的关键酶。多胺是调节细胞生长的重要物质，能通过促进核酸和蛋白质合成使细胞分裂增殖。凡生长旺盛的组织如胚胎、生殖细胞、再生肝、癌瘤组织等，多胺的含量均较高。

二、一碳单位的代谢

（一）一碳单位的概念

体内某些氨基酸在分解代谢过程中产生的含有一个碳原子的有机基团，称为一碳单位（one carbon unit）。一碳单位包括甲基（—CH_3）、甲烯基或亚甲基（—CH_2—）、甲炔基或次甲基（＝CH—）、甲酰基（—CHO）及亚氨甲基（—CH＝NH）等。

（二）一碳单位的载体

一碳单位不能游离存在，需要与载体——四氢叶酸（FH_4）结合才能进行转运和参与代谢过程。FH_4 是由叶酸在二氢叶酸还原酶的催化下还原生成的。FH_4 的结构及其生成过程如下。

5,6,7,8-四氢叶酸（FH_4）

FH_4 的 N^5 和（或）N^{10} 位可与一碳单位以共价键相连形成四氢叶酸衍生物，来携带一碳单位，如 N^5- 甲基四氢叶酸（N^5—CH_3—FH_4），N^5- 亚氨甲基四氢叶酸（N^5—CH＝NH—FH_4），N^5, N^{10}- 亚甲四氢叶酸（N^5, N^{10}—CH_2—FH_4），N^5, N^{10}- 次甲四氢叶酸（N^5, N^{10}＝CH—FH_4），N^{10}- 甲酰四氢叶酸（N^{10}—CHO—FH_4）等。

（三）一碳单位的来源

一碳单位主要来源于丝氨酸、甘氨酸、组氨酸和色氨酸的分解代谢。一碳单位在生成的同时结合在四氢叶酸的 N^5，N^{10} 位上。

（四）一碳单位的生理功能

1.参与嘌呤和嘧啶核苷酸的合成 一碳单位代谢障碍或游离FH_4不足时，嘌呤核苷酸和嘧啶核苷酸合成障碍，核酸合成障碍，导致细胞增殖、分化和成熟受阻，最显著的影响为红细胞的发育，可导致巨幼红细胞贫血。某些抗肿瘤药物如甲氨蝶呤能够抑制肿瘤细胞FH_4的合成，影响一碳单位代谢和核酸合成而发挥其抗肿瘤作用。磺胺类药物可抑制细菌合成叶酸，进而抑制细菌生长。

2.提供活性甲基 S-腺苷甲硫氨酸、N^5—CH_3—FH_4为体内的甲基化作用提供甲基。

三、含硫氨基酸的代谢

体内含硫氨基酸包括甲硫氨酸、半胱氨酸和胱氨酸三种，它们在体内的代谢是相互联系的。甲硫氨酸可以代谢转化为半胱氨酸，两个半胱氨酸可缩合成胱氨酸，但半胱氨酸和胱氨酸不能转变成甲硫氨酸，因此甲硫氨酸属于必需氨基酸。当半胱氨酸和胱氨酸供给充足时，可减少甲硫氨酸的消耗。

（一）甲硫氨酸的代谢

1.转甲基作用与甲硫氨酸循环

（1）S-腺苷甲硫氨酸的转甲基作用 经甲硫氨酸腺苷转移酶的催化，甲硫氨酸接受ATP提供的腺苷基生成S-腺苷甲硫氨酸（SAM）。SAM分子中的甲基活性很高，称为活性甲基，SAM也因此被称为活性甲硫氨酸。

SAM是体内甲基的主要供体，在甲基转移酶的催化下，为许多重要生物活性物质（如胆碱、肌酸、肉碱和肾上腺素等）的合成提供甲基。体内大约有50多种物质接受SAM提供的甲基，生成甲基化合物。

（2）甲硫氨酸循环 S-腺苷甲硫氨酸转甲基后转变为S-腺苷同型半胱氨酸，再经裂解酶作用，水解脱去腺苷生成同型半胱氨酸。同型半胱氨酸从N^5—CH_3—FH_4得到甲基重新生成甲硫氨酸，形成一个循环，称为甲硫氨酸循环（图9-7）。

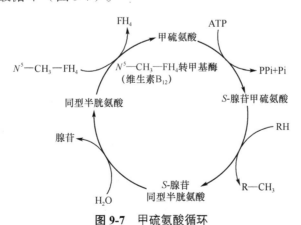

图 9-7 甲硫氨酸循环

甲硫氨酸循环可为体内进行广泛存在的甲基化反应提供甲基。因此，SAM是体内甲基的直接供体，N^5—CH_3—FH_4则可看作是体内甲基的间接供体。

在甲硫氨酸循环过程中，同型半胱氨酸接受甲基后生成甲硫氨酸，但体内并不能合成同型半胱氨酸，它只能由甲硫氨酸通过循环转变而来。所以甲硫氨酸不能在体内合成，必须由食物供给。

（二）半胱氨酸和胱氨酸的代谢

1.半胱氨酸与胱氨酸的互变　半胱氨酸分子中含有巯基，胱氨酸分子中含有二硫键，二者可相互转变。

$$
2 \begin{array}{c} CH_2SH \\ | \\ CHNH_2 \\ | \\ COOH \end{array} \quad \underset{+2H}{\overset{-2H}{\rightleftharpoons}} \quad \begin{array}{c} CH_2—S—S—CH_2 \\ | \qquad\qquad | \\ CHNH_2 \qquad CHNH_2 \\ | \qquad\qquad | \\ COOH \qquad COOH \end{array}
$$

L-半胱氨酸　　　　　　　胱氨酸

在蛋白质分子中，由两个半胱氨酸残基间氧化脱氢形成的二硫键对维持蛋白质空间构象的稳定性起着重要作用。例如，胰岛素的 A 链和 B 链之间是通过 2 个二硫键连接起来的，若二硫键断裂，胰岛素的空间结构就被破坏，即失去其生物学活性。此外，半胱氨酸侧链上的巯基还是许多重要酶蛋白的活性基团，如琥珀酸脱氢酶、乳酸脱氢酶等，故这些酶也被称为巯基酶。某些有毒物可以与这些酶分子中的巯基结合，从而抑制酶的活性，如芥子气、重金属盐等。体内的还原型谷胱甘肽能使酶分子的巯基维持在还原状态，从而保护巯基酶的活性，这具有重要的生理作用。

2.半胱氨酸可生成活性硫酸根　体内含硫氨基酸经过氧化分解均能产生硫酸根，硫酸根的主要来源是半胱氨酸。半胱氨酸可直接脱去巯基和氨基，生成丙酮酸、氨和 H_2S。H_2S 经过氧化生成 H_2SO_4。体内大部分的硫酸根以硫酸盐的形式随尿排出，其余则由 ATP 活化生成"活性硫酸根"，即 3'- 磷酸腺苷 -5'- 磷酸硫酸（PAPS）。

$$SO_4^{2-} + ATP \xrightarrow[PPi]{} 腺苷-5'-磷酸硫酸 \xrightarrow[\quad]{} $$

3'-磷酸腺苷-5'-磷酸硫酸
(PAPS)

PAPS 化学性质活泼，参与肝脏的生物转化作用，将硫酸根直接供给某些物质生成硫酸酯。例如，类固醇激素、外源性的酚类化合物等均在肝脏与 PAPS 结合成相应的硫酸酯而灭活，或增加其水溶性，利于随尿排出。此外，PAPS 还可参与硫酸角质素及硫酸软骨素等分子中硫酸化氨基糖的合成。

四、芳香族氨基酸的代谢

芳香族氨基酸包括苯丙氨酸、酪氨酸和色氨酸三种。

（一）苯丙氨酸的代谢

苯丙氨酸的主要代谢途径是在苯丙氨酸羟化酶的催化下，生成酪氨酸，然后沿着酪氨酸的代谢途径进一步代谢。苯丙氨酸羟化酶主要存在于肝组织中，是一种单加氧酶，催化的反应不可逆，故酪氨酸不能转变为苯丙氨酸。此外，少量苯丙氨酸可经转氨基作用生成苯丙酮酸。

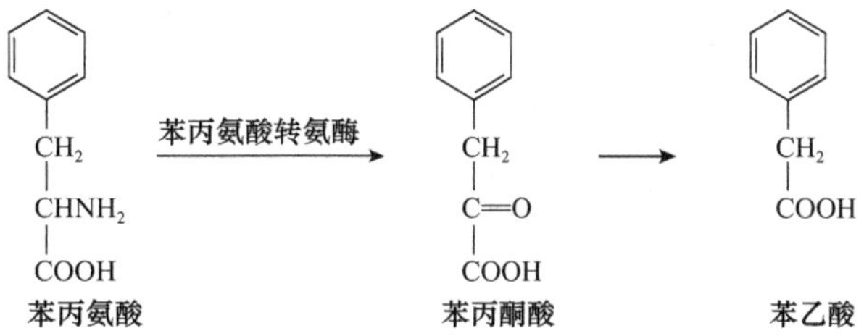

苯丙氨酸羟化酶先天性缺陷时，苯丙氨酸不能正常通过羟化作用生成酪氨酸，而是经转氨基作用生成大量苯丙酮酸，再生成苯乙酸等衍生物。此时，尿中排出大量苯丙酮酸及其部分代谢产物，称为苯丙酮尿症。苯丙酮酸等物质在血液中堆积会对中枢神经系统产生毒性，影响大脑的发育，造成患者智力低下。

（二）酪氨酸的代谢

1. 转变为儿茶酚胺　酪氨酸在肾上腺髓质和神经组织中经酪氨酸羟化酶催化作用，生成 3, 4- 二羟苯丙氨酸（DOPA，多巴）。多巴经多巴脱羧酶催化进一步脱羧基生成多巴胺。多巴胺是一种神经递质，帕金森病患者多巴胺的生成是减少的。在肾上腺髓质中，多巴胺侧链上的 β- 碳原子可再被羟化，即可生成去甲肾上腺素；后者接受 SAM 提供的甲基就转变为肾上腺素。多巴胺、去甲肾上腺素和肾上腺素统称为儿茶酚胺。

2. 合成黑色素　酪氨酸代谢的另一条途径是合成黑色素，在黑色素细胞中，酪氨酸经酪氨酸酶的催化作用，羟化生成多巴。后者经过氧化生成多巴醌，再经环化、脱羧等一系列反应转变为吲哚醌，吲哚醌再聚合成为黑色素。酪氨酸酶先天性缺乏可导致黑色素合成障碍，患者的皮肤毛发等呈现白色，称为白化病。

3. 酪氨酸的分解代谢　酪氨酸还可以在酪氨酸转氨酶的催化下，脱去氨基生成对 - 羟苯丙酮酸，再经氧化转变成尿黑酸。尿黑酸进一步在尿黑酸氧化酶及异构酶等的作用下，逐步转变为延胡索酸和乙酰乙酸，二者可分别沿糖代谢和脂肪酸代谢途径进行分解代谢，所以苯丙氨酸和酪氨酸都是生糖兼生酮氨基酸。体内尿黑酸氧化酶先天缺陷时，尿黑酸氧化分解受阻，尿中出现大量尿黑酸，称为尿黑酸尿症。

酪氨酸在体内的代谢过程总结如图 9-8 所示。

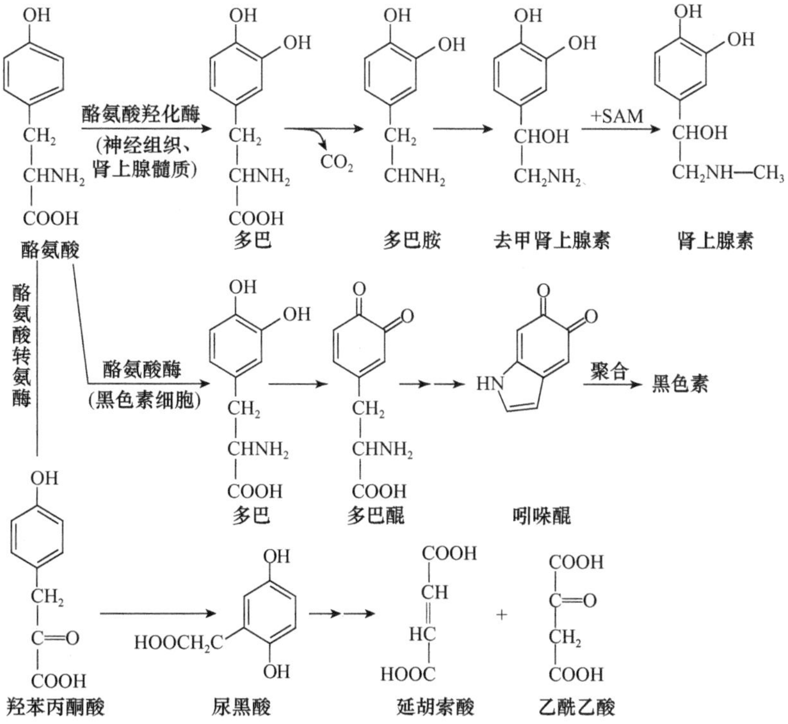

图 9-8　酪氨酸的代谢

（三）色氨酸的代谢

色氨酸除脱去羧基生成 5- 羟色胺外，还可在肝中经色氨酸加氧酶的催化，生成一碳单位。色氨酸分解可生成丙酮酸和乙酰乙酰 CoA，故色氨酸是生糖兼生酮氨基酸。此外，少部分色氨酸分解还可产生烟酸，但其合成量极少，不能满足机体的生理需要。

目标检测

一、名词解释

1. 鸟氨酸循环　2. 必需氨基酸　3. 一碳单位
4. 蛋白质的互补作用

二、单选题

1. 生物体内氨基酸脱氨基的主要方式是
　A. 氧化脱氨基　　　　　B. 还原脱氨基
　C. 联合脱氨基　　　　　D. 转氨基
　E. 以上都不是

2. 转氨酶的辅酶是
　A. 维生素 B_1 的磷酸酯　B. 维生素 B_2 的磷酸酯
　C. 维生素 B_{12} 的磷酸酯　D. 维生素 B_6 的磷酸酯
　E. 维生素 PP 的磷酸酯

3. 下列氨基酸经过转氨基作用可生成草酰乙酸的是
　A. 谷氨酸　　　　　　　B. 丙氨酸
　C. 苏氨酸　　　　　　　D. 天冬氨酸
　E. 丝氨酸

4. 下列属于必需氨基酸的是
　A. 缬氨酸　　　　　　　B. 谷氨酰胺
　C. 甘氨酸　　　　　　　D. 瓜氨酸
　E. 以上都不是

5. 苯丙酮酸尿症患者缺乏
　A. 酪氨酸转氨酶　　　　B. 苯丙氨酸羟化酶
　C. 酪氨酸酶　　　　　　D. 酪氨酸羟化酶
　E. 苯丙氨酸转氨酶

6. 体内氨的主要来源是
　A. 氨基酸脱氨基　　　　B. 肠道氨基酸代谢产生
　C. 胺类分解　　　　　　D. 肠道中尿素水解产生
　E. 肾小管上皮细胞分泌的氨

7. 体内氨的最主要代谢去路为

　A. 合成非必需氨基酸　　B. 合成必需氨基酸
　C. 合成 NH_4^+ 随尿排出　D. 合成尿素
　E. 合成嘌呤、嘧啶、核苷酸等

8. GPT（ALT）活性最高的组织是
　A. 心肌　　　　　　　　B. 脑
　C. 骨骼肌　　　　　　　D. 肾
　E. 肝

9. 体内转运一碳单位的载体是
　A. 叶酸　　　　　　　　B. 维生素 B_{12}
　C. 硫胺素　　　　　　　D. 生物素
　E. 四氢叶酸

10. S- 腺苷甲硫氨酸的重要生理作用是
　A. 提供甲基　　　　　　B. 补充甲硫氨酸
　C. 生成腺苷酸　　　　　D. 合成四氢叶酸
　E. 分解甲硫氨酸

11. 对高血氨患者禁用碱性肥皂液灌肠，是因为它可促进肠道吸收
　A. 胺　　　　　　　　　B. 氨
　C. 铵　　　　　　　　　D. 多胺
　E. 氨基酸

12. 下列哪一种氨基酸不是提供一碳单位的主要来源
　A. 丝氨酸　　　　　　　B. 甘氨酸
　C. 甲硫氨酸　　　　　　D. 组氨酸
　E. 色氨酸

三、简答题

1. 哪些维生素与氨基酸的代谢有关？
2. 检测血清中丙氨酸转氨酶和天冬氨酸转氨酶各有何临床意义？
3. 简述血氨的来源与主要代谢去路。

（王　齐）

第10章

核苷酸代谢

食物中的核酸多与蛋白质结合，以核蛋白的形式存在。核蛋白在胃中受胃酸的作用，分解成核酸与蛋白质。核酸进入小肠后，在核酸酶的作用下水解为核苷酸，再进一步水解产生磷酸和核苷，核苷再被水解为戊糖和碱基。核苷酸及水解产物均可被细胞吸收，但绝大多数在肠系膜细胞中又被进一步分解。分解产生的戊糖被吸收可参与体内的糖代谢，嘌呤和嘧啶则被分解排出体外。所以，从食物中获得的嘌呤和嘧啶很少被利用，人体内的核苷酸主要由机体自身合成，故核苷酸不属于营养必需物质。

核苷酸在体内分布广泛。核苷酸除作为体内核酸合成的主要原料外，还具有其他重要的生物学功能，如 ATP 是细胞能量存在的主要形式；此外，GTP、CTP、UTP 也可提供能量；腺苷酸可参与多种辅酶或辅基的构成，如 NAD^+、$NADP^+$、FAD 及辅酶 A 等；某些核苷酸或其衍生物还可作为重要的调节因子参与代谢和生理调节，如 ATP 可作为磷酸基供体通过化学修饰参与酶活性的快速调节，cAMP、cGMP 是细胞内信号传导的第二信使等。

临床上，很多遗传、代谢疾病如痛风、莱施 - 奈恩（Lesch-Nyhan）综合征、乳清酸尿症等的发病机制都与核苷酸代谢障碍有关。此外，某些核苷酸组分的类似物作为抗代谢物、抗肿瘤药物已被临床广泛应用。

第1节　嘌呤核苷酸代谢

一、嘌呤核苷酸的合成代谢

嘌呤核苷酸的合成代谢有两种方式：从头合成途径和补救合成途径。从头合成途径是指利用一些简单的物质如 5- 磷酸核糖、氨基酸、一碳单位、CO_2 等为原料，经过一系列酶促反应合成嘌呤核苷酸的过程；补救合成途径是指利用体内游离的嘌呤或者嘌呤核苷，经过比较简单的反应合成嘌呤核苷酸的过程。

两条合成途径在不同组织中的重要性不同，一般情况下，从头合成途径是体内多数组织核苷酸合成的主要途径，如肝组织以从头合成途径为主，而脑和骨髓等组织因缺乏从头合成途径的酶，只能进行补救合成。

（一）嘌呤核苷酸的从头合成途径

1. 原料与部位　嘌呤核苷酸从头合成的基本原料包括 5- 磷酸核糖、谷氨酰胺、甘氨酸、天冬氨酸、一碳单位和 CO_2（嘌呤环上的各元素来源见图 10-1）。其中参与嘌呤核苷酸合成的 5- 磷酸核糖由磷酸戊糖途径提供。肝脏是嘌呤核苷酸从头合成的主要器官，其次是小肠黏膜和胸腺。

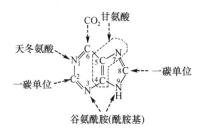

图 10-1　嘌呤碱的各元素来源

2. 合成过程　嘌呤核苷酸从头合成的反应过程分为两个阶段，首先生成次黄嘌呤核苷酸（IMP），然后在 IMP 的基础上再转变生成腺嘌呤核苷酸（AMP）和鸟嘌呤核苷酸（GMP）。

（1）IMP 的生成　IMP 的合成需要 11 步酶促反应完成（图 10-2），可分为两个阶段。

1）第一阶段：5- 磷酸核糖（5-P-R）→磷酸核糖焦磷酸（PRPP）。

从 5- 磷酸核糖（5-P-R）开始，由 ATP 供能，在磷酸核糖焦磷酸合成酶（PRPP 合成酶）的催化下，活化生成 PRPP。PRPP 是 5-P-R 参与体内各种核苷酸合成的活化形式。

2）第二阶段：PRPP → IMP。

在磷酸核糖酰胺转移酶（PRPP 酰胺转移酶）的催化下，PRPP 上的焦磷酸被谷氨酰胺的酰胺基取代生成 5- 磷酸核糖胺（PRA）。在 PRA 的基础上，再经过 9 步连续的酶促反应，依次有甘氨酸、N^{10}- 甲酰四氢叶酸、谷氨酰胺、CO_2、天冬氨酸等物质参与，最终生成 IMP。

其中 PRPP 及 PRA 的合成是 IMP 合成中的关键步骤。参与催化的酶，即 PRPP 合成酶及 PRPP 酰胺转移酶是 IMP 合成过程中的关键酶。

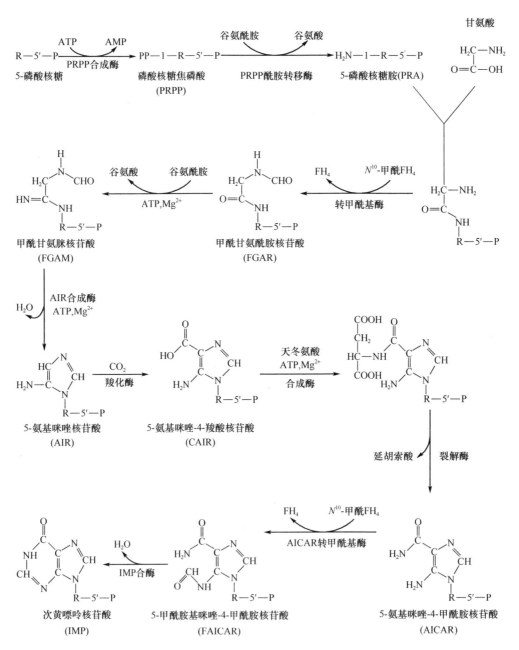

图 10-2 IMP 的合成

（2）IMP 转化成 AMP 和 GMP

1）AMP：IMP 在腺苷酸代琥珀酸合成酶及裂解酶的作用下，由 GTP 供能，天冬氨酸提供氨基，使 IMP 生成腺苷酸代琥珀酸，后裂解为延胡索酸和 AMP（图 10-3）。

2）GMP：IMP 脱氢生成黄嘌呤核苷酸（XMP），由 ATP 供能，谷氨酰胺提供氨基，XMP 被氨基化生成 GMP（图 10-3）。

AMP 生成需要 GTP 参与，GMP 生成需要 ATP 的参与，故 GTP 可以促进 AMP 的生成，ATP 可促进 GMP 生成，形成交叉调节作用，这对于维持 AMP 和 GMP 浓度的平衡具有重要意义。

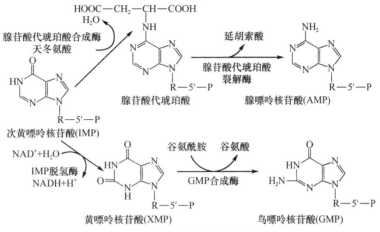

图 10-3 IMP 转化成 AMP 和 GMP

AMP 和 GMP 在激酶的连续作用下，分别生成 ATP 和 GTP。

$$AMP \xrightarrow[ATP \quad ADP]{腺苷酸激酶} ADP \xrightarrow[ATP \quad ADP]{腺苷酸激酶} ATP$$

$$GMP \xrightarrow[ATP \quad ADP]{鸟苷酸激酶} GDP \xrightarrow[ATP \quad ADP]{鸟苷酸激酶} GTP$$

嘌呤核苷酸从头合成的特点：嘌呤核苷酸是在 5-P-R 的基础上逐步合成，从头合成需要消耗大量 ATP。

（二）嘌呤核苷酸的补救合成

嘌呤核苷酸的补救合成有两种形式：①利用体内游离的嘌呤碱进行的补救合成；②利用体内游离的嘌呤核苷进行的补救合成。

1. 游离的嘌呤碱核糖化

$$腺嘌呤 + PRPP \xrightarrow{APRT} AMP + PPi$$

$$次黄嘌呤 + PRPP \xrightarrow{HGPRT} IMP + PPi$$

$$鸟嘌呤 + PRPP \xrightarrow{HGPRT} GMP + PPi$$

此过程需要两种酶，即腺嘌呤磷酸核糖转移酶（APRT）和次黄嘌呤 - 鸟嘌呤磷酸核糖转移酶（HGPRT），在 PRPP 提供磷酸核糖的基础上，两种酶分别催化 AMP、GMP 和 IMP 的补救合成。

2. 嘌呤核苷的磷酸化

$$腺嘌呤核苷 + ATP \xrightarrow{腺苷激酶} AMP + ADP + PPi$$

嘌呤核苷酸补救合成的生理意义：①补救合成过程简单，耗能少，节省了从头合成时的能量和氨基酸等原料的消耗；②体内的某些组织器官，如脑、骨髓等，因缺乏有关的酶，不能进行从头合成，只能利用由红细胞从肝脏运来的嘌呤碱及腺嘌呤核苷补救合成嘌呤核苷酸。因此，补救合成途径对这些组织器官具有重要意义。临床上的莱施 - 奈恩（Lesch-Nyhan）综合征，实质上是因为先天基因缺陷导致 HGPRT 缺失所引起的一种遗传代谢性疾病。

> **莱施 - 奈恩（Lesch-Nyhan）综合征**
>
> 　　Lesch-Nyhan 综合征也称自毁容貌症，是由先天基因缺陷导致脑内核苷酸和核酸的合成障碍，进而影响脑细胞的生长发育而引起的一种遗传代谢性疾病。该病以男婴居多，2 岁前发病，患儿表现为智力发育障碍、共济失调，表现出自咬口唇、手指及足趾等强制性行为，甚至自毁容貌，患儿很少能存活。由于患儿缺少 HGPRT，次黄嘌呤和鸟嘌呤无法转变为 GMP 和 IMP，而是降解为尿酸，导致体内尿酸过量，还会伴有高尿酸血症。

 案例 10-1

　　患儿，男，18 个月，家人发现其有自咬手指和足趾的行为，且攻击和破坏性行为较明显，智力发育缓慢。到医院检查有高尿酸血症和高尿酸尿症。

问题：1. 该患儿可能患有什么疾病？涉及哪条代谢途径？

　　　　2. 为什么会出现以上症状？

（三）嘌呤核苷酸的抗代谢物

　　嘌呤核苷酸的抗代谢物是一些嘌呤、氨基酸及叶酸等的类似物。它们的抗代谢作用机制主要是以竞争性抑制或"以假乱真"的方式干扰或阻断核苷酸的合成代谢，从而进一步阻止核酸和蛋白质的生物合成。

　　嘌呤的类似物主要有 6- 巯基嘌呤（6-MP）、8- 氮杂鸟嘌呤等，其中 6-MP 在临床上应用最多。6-MP 的结构与次黄嘌呤相似，所不同的是嘌呤环中的 C6 上羟基被巯基所取代（图 10-4）。6-MP 在体内经磷酸化生成 6- 巯基嘌呤核苷酸，从而抑制 IMP 转变为 AMP 及 GMP；另外，6-MP 还可通过竞争性抑制 HGPRT 的活性，使 PRPP 分子中的磷酸核糖不能向鸟嘌呤及次黄嘌呤转移，抑制嘌呤核苷酸的补救合成过程；此外，6-MP 核苷酸的结构与 IMP 相似，还可以反馈抑制 PRPP 酰胺转移酶，干扰磷酸核糖胺的形成，从而阻断嘌呤核苷酸的从头合成过程。

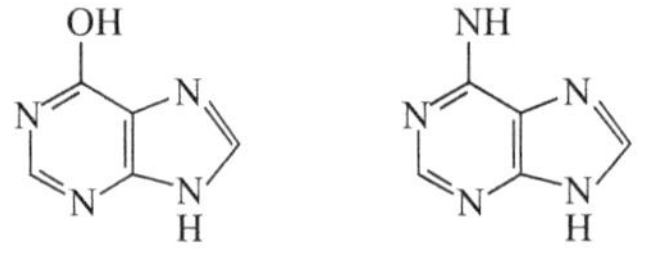

次黄嘌呤　　　　6-巯基嘌呤

图 10-4　嘌呤的类似物

　　氨基酸类似物有氮杂丝氨酸及 6- 重氮 -5- 氧正亮氨酸等。它们的化学结构与谷氨酰胺相似，可干扰谷氨酰胺在嘌呤核苷酸合成中的作用，抑制嘌呤核苷酸的合成。

　　叶酸类似物有氨蝶呤和甲氨蝶呤（MTX）等，能竞争性抑制二氢叶酸还原酶的活性，使叶酸不能还原成二氢叶酸及四氢叶酸，导致嘌呤环上来自一碳单位的 C8 及 C2 得不到供应，从而抑制嘌呤核苷酸的合成。

二、嘌呤核苷酸的分解代谢

（一）嘌呤核苷酸分解代谢的部位及产物

　　嘌呤核苷酸的分解代谢主要在肝、小肠及肾中进行，其过程与食物中核苷酸的消化过程类似，人体内嘌呤核苷酸分解代谢的最终产物是尿酸。

（二）嘌呤核苷酸分解代谢的过程

细胞中的嘌呤核苷酸在核苷酸酶的作用下水解为嘌呤核苷，嘌呤核苷经核苷磷酸化酶的作用，分解为游离的嘌呤碱和 1- 磷酸核糖（R-1-P），1- 磷酸核糖在磷酸核糖变位酶的催化下转变为 5- 磷酸核糖（R-5-P），5- 磷酸核糖可参加磷酸戊糖途径，也可作为合成原料继续参与新的核苷酸的合成；嘌呤碱则最终被分解为尿酸，并随尿排出体外，尿酸是人体嘌呤分解代谢的最终产物（图 10-5）。

AMP 分解产生次黄嘌呤，后在黄嘌呤氧化酶的作用下氧化成黄嘌呤，最终生成尿酸。

GMP 分解产生鸟嘌呤后，鸟嘌呤在鸟嘌呤脱氨酶的催化下转变成黄嘌呤，后者在黄嘌呤氧化酶的催化下生成尿酸。

黄嘌呤氧化酶是尿酸生成的关键酶，遗传性缺陷或严重的肝脏损伤可导致该酶的缺乏。临床上，黄嘌呤氧化酶缺陷可导致出现黄嘌呤尿、黄嘌呤肾结石及低尿酸血症等。

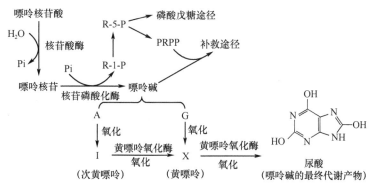

图 10-5 嘌呤核苷酸的分解代谢

尿酸呈现酸性，在体液中以尿酸和尿酸盐的形式存在。正常人血浆中尿酸含量为 0.12～0.36mmol/L（2～6mg/dl）。尿酸的水溶性较差，当尿酸来源增多或排泄障碍时，血中尿酸含量增加，如超过 0.48mmol/L（8mg/dl），尿酸盐结晶会沉积于关节、软组织、软骨等处，导致痛风，如沉积在肾脏则导致肾结石。此外，当进食高嘌呤饮食、体内核酸大量分解（如白血病、恶性肿瘤等）或肾脏疾病而尿酸排泄障碍时，均可导致血中尿酸升高。

临床上常用别嘌醇治疗痛风。别嘌醇与次黄嘌呤结构类似，只是分子中的 N^7 与 C^8 互换了位置（图 10-6），它可竞争性抑制黄嘌呤氧化酶，从而抑制尿酸的生成；黄嘌呤和次黄嘌呤的水溶性比尿酸大很多，不会形成结晶而沉积。另外，别嘌醇还能与 PRPP 反应，生成别嘌醇核苷酸，这样既能消耗核苷酸合成所必需的 PRPP，别嘌醇核苷酸还可以作为 IMP 的类似物，反馈抑制嘌呤核苷酸的从头合成。

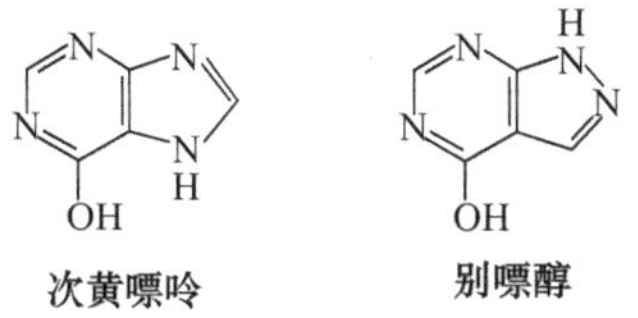

次黄嘌呤　　　　　　别嘌醇

图 10-6 次黄嘌呤和别嘌醇

第 2 节　嘧啶核苷酸代谢

一、嘧啶核苷酸的合成代谢

嘧啶核苷酸的合成代谢也有两条途径，即从头合成与补救合成。

（一）嘧啶核苷酸的从头合成

1. 原料与部位　同位素实验证明，嘧啶环是利用天冬氨酸、谷氨酰胺、5- 磷酸核糖和二氧化碳等为原料合成的（嘧啶环的各元素来源见图 10-7）。肝脏是嘧啶核苷酸合成的主要器官，反应是在细胞质和线粒体中进行的。

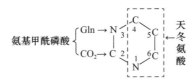

图 10-7　嘧啶碱的各元素来源

2. 合成过程　嘧啶核苷酸的从头合成途径与嘌呤核苷酸不同，嘧啶核苷酸的合成是先合成嘧啶环，然后再与 PRPP 相连接；首先合成的核苷酸是尿嘧啶核苷酸（UMP），之后 UMP 在核苷三磷酸水平上被甲基化成 CTP。具体合成过程如下（图 10-8）。

（1）尿嘧啶核苷酸（UMP）的合成

1）第 1 阶段，在细胞质中生成氨基甲酰磷酸。谷氨酰胺为氮的供体，催化的酶为氨基甲酰磷酸合成酶 Ⅱ。

2）第 2 阶段，氨基甲酰磷酸与天冬氨酸在天冬氨酸氨基甲酰基转移酶催化下，生成氨基甲酰天冬氨酸，经二氢乳清酸酶催化脱水闭环，形成具有嘧啶环的二氢乳清酸。后经二氢乳清酸脱氢酶的作用，脱氢成为乳清酸。

3）第 3 阶段，乳清酸从 PRPP 获得磷酸核糖，在乳清酸磷酸核糖转移酶催化下，生成乳清酸核苷酸。后者再由乳清酸核苷酸脱羧酶脱去羧基，生成尿嘧啶核苷酸（UMP），如图 10-8 所示。

在细菌中，天冬氨酸氨基甲酰转移酶是嘧啶核苷酸从头合成的主要调节酶，受反馈机制调节。但在哺乳类动物细胞中，氨基甲酰磷酸合成酶 Ⅱ 是嘧啶核苷酸从头合成的主要调节酶，受 UMP 的反馈抑制。此外，在真核细胞中氨基甲酰磷酸合成酶 Ⅱ、天冬氨酸氨基甲酰转移酶和二氢乳清酸酶位于同一多肽链上，是一种多功能酶，这样更有利于它们以均匀的速度参与嘧啶核苷酸的合成。

嘧啶核苷酸合成代谢障碍可引起遗传代谢性疾病。例如，乳清酸尿症就是由患者体内的乳清酸磷酸核糖转移酶和乳清酸核苷酸脱羧酶的活性降低所致的一种隐性遗传代谢性疾病，其特征是尿中排出的乳清酸增多。UMP 和 CTP 可以反馈抑制乳清酸的生成，故临床上给该患者服用酵母提取液中 UMP 和 CTP 的混合物，可明显降低患者尿中乳清酸的含量。

（2）胞嘧啶核苷酸（CTP）的合成　CTP 是在 UTP 的水平上进行氨基化而生成的。UMP 在尿苷酸激酶和二磷酸核苷激酶的连续作用下生成尿苷三磷酸（UTP），后者在 CTP 合成酶的催化下，消耗 1 分子 ATP，从谷氨酰胺接受氨基而成为胞苷三磷酸（CTP）。

（3）脱氧胸腺嘧啶核苷酸（dTMP）的生成　dTMP 是由 dUMP 经甲基化而成的（图 10-9）。该反应由胸苷酸合酶催化，N^5, N^{10}- 亚甲四氢叶酸提供甲基。dUMP 可由 dUDP 水解生成，也可由 dCMP 的脱氨基生成，且以后者为主。N^5, N^{10}- 亚甲四氢叶酸提供甲基后生成二氢叶酸，二氢叶酸可在二氢叶酸还原酶的作用下，重新生成四氢叶酸。胸苷酸合酶和二氢叶酸还原酶常被用作肿瘤化疗的靶点。

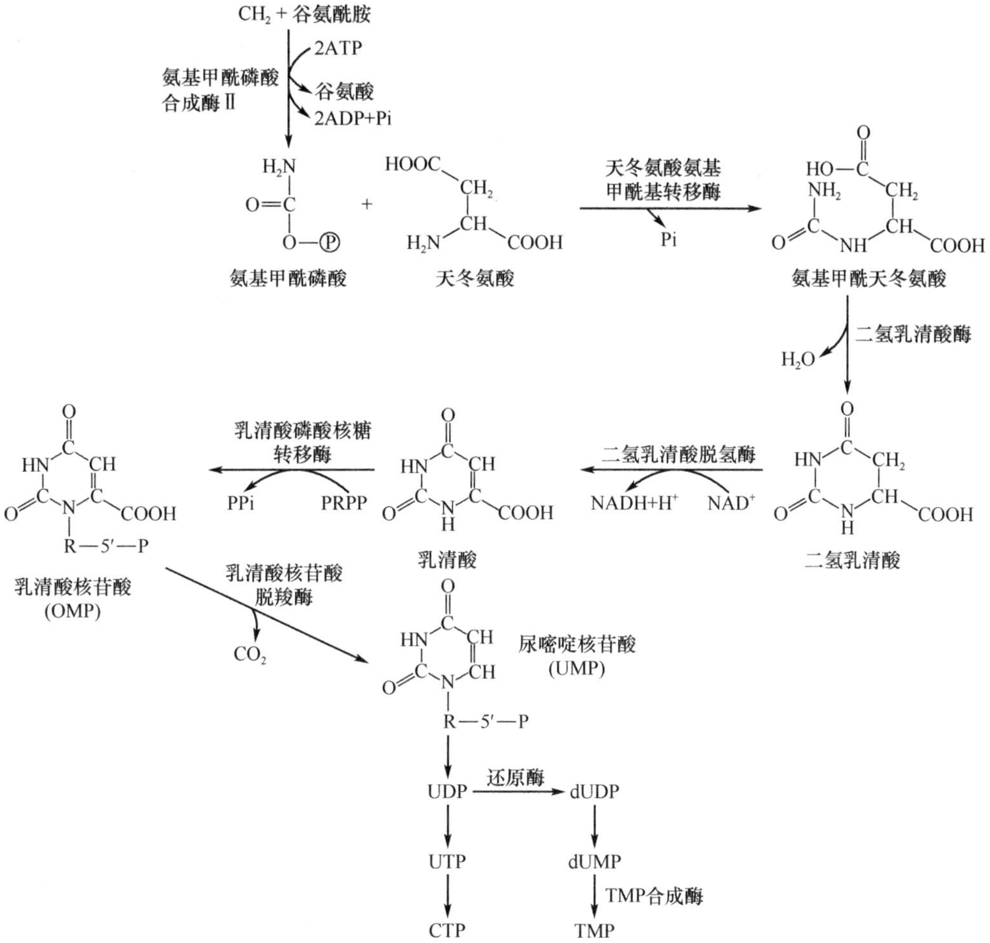

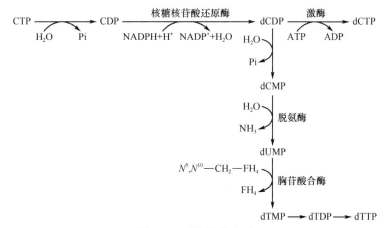

图 10-8　嘧啶核苷酸的从头合成过程

图 10-9　dTMP 的生成

（二）嘧啶核苷酸的补救合成

嘧啶磷酸核糖转移酶是嘧啶核苷酸补救合成的主要酶，它能利用尿嘧啶、胸腺嘧啶及乳清酸作为底物，催化生成相应的嘧啶核苷酸，但对胞嘧啶不起作用。尿苷激酶和胸苷激酶也是参与嘧啶核苷酸补救合成的酶，它们分别催化尿苷和脱氧胸苷生成相应的核苷酸。

$$\text{嘧啶（除胞嘧啶）} + \text{PRPP} \xrightarrow{\text{嘧啶磷酸核糖转移}} \text{嘧啶核苷酸} + \text{PPi}$$

$$\text{尿嘧啶核苷} + \text{ATP} \xrightarrow{\text{尿苷激酶}} \text{UMP} + \text{ADP}$$

$$\text{脱氧胸苷} + \text{ATP} \xrightarrow{\text{胸苷激酶}} \text{dTMP} + \text{ADP}$$

胸苷激酶在正常肝中活性很低，在再生肝中活性升高，在恶性肿瘤中明显升高，并与肿瘤的恶性程度有关。

（三）嘧啶核苷酸抗代谢物

嘧啶核苷酸的抗代谢物是一些嘧啶、氨基酸或叶酸等的类似物，它们对代谢的影响及抗肿瘤作用与嘌呤抗代谢物相似。

嘧啶类似物主要有 5- 氟尿嘧啶（5-FU），它的结构与胸腺嘧啶相似（图 10-10）。5-FU 本身无生物活性，必须在体内转变成磷酸脱氧核糖氟尿嘧啶（FdUMP）及三磷酸氟尿嘧啶核苷（FUTP）后，才能发挥作用。FdUMP 和 FUTP 是胸苷酸合成酶的抑制剂，阻断 dTMP 的合成，从而影响 DNA 的复制。FUTP 也能以 FUMP 的形式参入 RNA 分子中，从而破坏 RNA 的结构与功能。

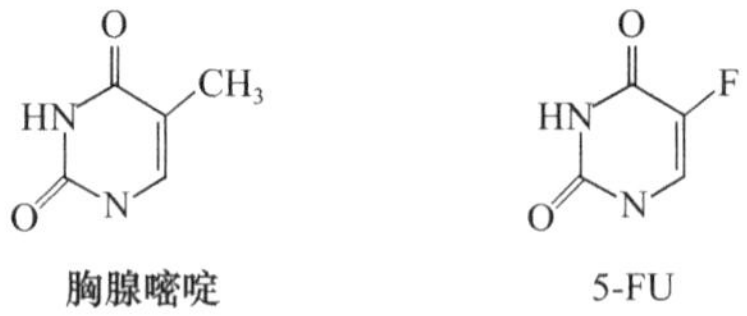

图 10-10　胸腺嘧啶与 5-FU

氨基酸类似物及叶酸类似物主要是使 dUMP 不能利用一碳单位的甲基导致 dTMP 的生成受阻，进而影响 DNA 合成。另外，某些核苷类似物通过改变核糖结构，也可影响 DNA 的复制。例如，阿糖胞苷和环胞苷也是重要的抗癌药物。

抗代谢物的研究对阐明药物的作用机制和研发新药十分有益。近年来以抗代谢物的基础理论为依据，有目的地寻找新药，在抗肿瘤、抗病毒的核苷酸类似物方面已取得了丰硕的成果。

二、嘧啶核苷酸的分解代谢

嘧啶核苷酸的分解代谢主要在肝中进行，首先通过核苷酸酶及磷酸化酶的作用，脱去磷酸和核糖，产生嘧啶碱，再进一步分解。不同种类的生物对嘧啶的分解过程也不完全相同，一般含有氨基的嘧啶碱需要先水解脱氨基。胞嘧啶脱氨转化为尿嘧啶，尿嘧啶再还原成二氢尿嘧啶，并水解开环，最终生成 NH_3、CO_2 和 β- 丙氨酸；β- 丙氨酸可转变成乙酰 CoA，然后进入三羧酸循环被彻底氧化分解。胸腺嘧啶降解可生成 β- 氨基异丁酸，再转变成琥珀酰 CoA，进入三羧酸循环被彻底氧化分解。NH_3 和 CO_2 可合成尿素，排出体外（图 10-11）。

此外，部分 β- 氨基异丁酸还可直接随尿排出，其排泄量可反映细胞及其 DNA 的破坏程度。食用含 DNA 丰富的食物及经放射线治疗或化学治疗的患者，由于 DNA 破坏过多，往往导致尿中 β- 氨基异丁酸的排出量增多。

与嘌呤碱的分解产生尿酸不同，嘧啶碱的降解产物均易溶于水。

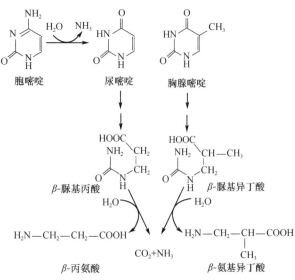

图 10-11　嘧啶核苷酸的分解代谢

目标检测

一、名词解释

1. 嘌呤核苷酸的从头合成　2. 嘧啶核苷酸的补救合成

3. 核苷酸抗代谢物

二、单选题

1. 嘌呤核苷酸与嘧啶核苷酸合成所需的共同原料为

 A. 天冬氨酸　　　　　　B. 甲酸

 C. 谷氨酸　　　　　　　D. 一碳单位

 E. 缬氨酸

2. 参与嘧啶环合成的氨基酸是

 A. 天冬酰胺　　　　　　B. 谷氨酸

 C. 甘氨酸　　　　　　　D. 缬氨酸

 E. 谷氨酰胺

3. 体内进行嘌呤核苷酸从头合成的最主要组织是

 A. 骨髓　　　　　　　　B. 胸腺

 C. 小肠黏膜　　　　　　D. 肝

 E. 脾

4. 5-FU 是下列哪种物质的类似物

 A. 尿嘧啶　　　　　　　B. 胸腺嘧啶

 C. 胞嘧啶　　　　　　　D. 腺嘌呤

 E. 次黄嘌呤

5. dTMP 合成的直接前体是

 A. dUMP　　　　　　　B. UDP

 C. dUTP　　　　　　　D. TMP

 E. TDP

6. 人体内嘌呤核苷酸分解代谢的终产物是

 A. 尿素　　　　　　　　B. 尿酸

 C. 肌酸　　　　　　　　D. 丙氨酸

 E. 肌酸酐

7. 别嘌醇治疗痛风的机制是能够抑制

 A. 腺苷脱氢酶　　　　　B. 尿酸氧化酶

 C. 黄嘌呤氧化酶　　　　D. 鸟嘌呤脱氢酶

 E. 核苷磷酸化酶

8. 患者，男，5 岁，近 3 年来出现关节炎症和尿路结石，进食肉类食物后，病情加重，该患者的症状涉及的代谢途径是

 A. 脂类代谢　　　　　　B. 糖代谢

 C. 核苷酸代谢　　　　　D. 嘌呤核苷酸代谢

 E. 氨基酸代谢

三、简答题

1. 简述 PRPP（磷酸核糖焦磷酸）在核苷酸代谢中的重要性。

2. 试讨论各类核苷酸抗代谢物的作用原理。

（王海燕）

第11章
基因信息的传递与表达

　　基因是负载特定遗传信息的 DNA 片段，以亲代 DNA 为模板合成子代 DNA 的过程称为 DNA 复制。生物体通过其自身基因组准确、完整的复制将其蕴藏的遗传信息传给子代，保证物种的延续。同时，在基因组复制的过程中偶尔也会发生突变或序列重排，推进了生物进化。以 DNA 为模板合成 RNA 的过程称为转录，通过转录将 DNA 的遗传信息传递给 RNA。以 mRNA 为模板合成蛋白质的过程称为翻译。遗传信息传递的这种规律称为中心法则。中心法则在 20 世纪 50 年代被提出并为生物界广泛接受。随着研究的深入，在 20 世纪 70 年代，Temin 等在致癌 RNA 病毒中发现反转录酶，后者可以以 RNA 为模板指导 DNA 的合成，遗传信息的传递方向和上述转录过程相反，故称为反转录或逆转录（reverse transcription），并发现某些病毒中的 RNA 也可以进行复制，这样就对中心法则提出了补充和修正，补充后的中心法则如图 11-1 所示。

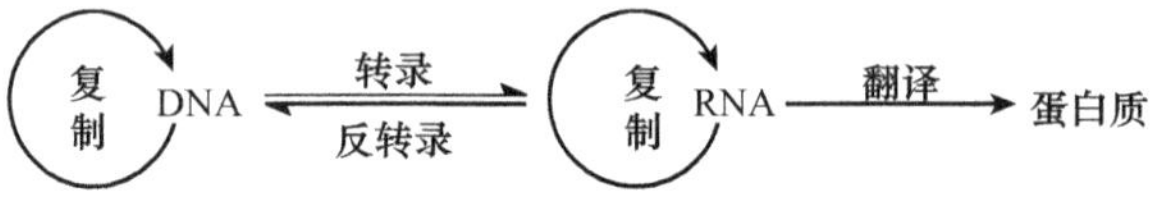

$$ \text{复制} \circlearrowright \text{DNA} \underset{\text{反转录}}{\overset{\text{转录}}{\rightleftarrows}} \text{复制} \circlearrowright \text{RNA} \xrightarrow{\text{翻译}} \text{蛋白质} $$

图 11-1　中心法则

第 1 节　DNA 的生物合成

　　DNA 是遗传信息的载体，通过半保留复制的方式，将遗传信息传递给子代，并表达相应的生物学特征。遗传中心法则阐述了 DNA 的复制、基因表达过程中的转录和翻译过程，反转录过程则是对遗传中心法则的补充。因此，DNA 生物合成的方式主要包括 DNA 复制和 mRNA 反转录。DNA 分子损伤后，体内可通过特殊的修复机制对 DNA 进行修补合成，以保证 DNA 的稳定。

一、DNA 的复制

（一）DNA 复制的基本规律

　　DNA 复制的基本规律主要有半保留复制、双向复制和半不连续复制。

　　DNA 在复制过程中，亲代 DNA 双螺旋氢键解开成为两条单链，各自作为模板，按照碱基互补配对规律合成一条与模板互补的新链，形成两个子代 DNA 分子，每一个子代 DNA 分子的一条链来自亲代 DNA，而另一条链则是新合成的，这一过程被称为半保留复制（图 11-2）。复制将 DNA 中储存的遗传信息准确无误地传递给子代，是物种稳定的分子基础。

　　DNA 复制过程中，两条链都可以作为模板，同时合成出两条新的互补链。由于 DNA 分子的两条链是反向平行的，一条链的走向为 $5' \rightarrow 3'$，另一条链的走向为 $3' \rightarrow 5'$，而新链的合成方向都是 $5' \rightarrow 3'$，因此，新合成的 DNA 子代链中一条链的延长方向与复制叉前进的方向相同，可以顺利地按 $5' \rightarrow 3'$ 方向连续合成，这条链称为前导链；而另一条模板链，其合成 DNA 子代链延长的方向与复制叉前进的方向相反，故不能连续进行，形成许多不连续片段，这条链称为后随链。后随链上

图 11-2　半保留复制

不连续合成的 DNA 片段称为冈崎片段。DNA 复制时，前导链连续合成，后随链不连续合成，这种复制方式称为半不连续复制。

（二）DNA 复制的体系

生物体内 DNA 复制过程有多种成分参与，构成复杂的 DNA 复制体系。DNA 复制需要模板、原料、复制酶体系和蛋白质因子、RNA 引物等相关物质参与，并由 ATP、GTP 提供能量共同完成 DNA 复制。

1. 模板　DNA 合成有严格的模板依赖性，需以亲代双链 DNA 解开的 DNA 单链为模板。

2. 原料　DNA 合成的原料（底物）包括四种脱氧核苷三磷酸，即 dATP、dTTP、dCTP、dGTP，统称 dNTP。

3. 能量　主要依靠 ATP，其次原料本身也可提供能量。

4. 引物　DNA 聚合酶的 $5' \rightarrow 3'$ 聚合酶活性不能催化两个游离的 dNTP 直接进行聚合，因此第一个 dNTP 需添加到已有的小分子 RNA（原核）或小分子 RNA 和 DNA（真核）分子的 $3'$-OH 端上，然后再继续延长。为 DNA 聚合酶提供 $3'$-OH 端的小分子寡核苷酸称为引物（primer）。

5. 酶和蛋白因子　参与 DNA 复制的酶和蛋白因子主要有 DNA 聚合酶、引物酶、解螺旋酶、DNA 拓扑异构酶、单链 DNA 结合蛋白及连接酶等。

（1）DNA 聚合酶　又称依赖 DNA 的 DNA 聚合酶，它催化 4 种底物（dNTP）通过碱基互补配对原则，聚合成新的 DNA 互补链。DNA 聚合酶以 DNA 单链为模板，由引物提供 $3'$-OH 端，催化 dNTP 聚合成 DNA 链。DNA 聚合酶只能催化 $5' \rightarrow 3'$ 反应，因而 DNA 子链的合成方向均是 $5' \rightarrow 3'$。

（2）引物酶　是复制起始时催化生成小分子 RNA 引物的酶，是一种特殊的 RNA 聚合酶，以 4 种 NTP 为原料，以解开的 DNA 链为模板，按 $5' \rightarrow 3'$ 方向合成短片段的 RNA 作为引物。

（3）解螺旋酶　DNA 复制时，必须解开双链结构，单链作为模板指导复制。参与此过程的酶与蛋白质主要有三种：DNA 解旋酶、拓扑异构酶和单链 DNA 结合蛋白。DNA 解旋酶利用 ATP 分解供能，解开 DNA 双链间的氢键，形成单股 DNA 链，解旋酶能沿着模板随着复制叉延伸而移动。拓扑异构酶具有松解 DNA 超螺旋结构的作用，使 DNA 链末端沿松解的方向转动，DNA 分子变为松弛态。单链 DNA 结合蛋白与解开的单链 DNA 结合，防止单链重新形成双链，保持模板的单链状态以便复制，也可防止单链模板被核酸酶水解。

（4）DNA 连接酶　是连接双链 DNA 中单链缺口的酶。DNA 连接酶催化一个 DNA 片段的 $3'$-OH 端和另一 DNA 片段的 $5'$-P 端脱水形成磷酸二酯键，从而使不连续的冈崎片段连接形成一条完整的 DNA 长链。

（三）DNA 复制的过程

原核生物与真核生物的 DNA 复制过程都分为起始、延长和终止 3 个阶段，但是各个阶段都有一定的差别。以下主要以原核生物为例来介绍 DNA 复制的过程，如图 11-3 所示。

1. 复制的起始　首先在解旋酶和拓扑异构酶 Ⅱ 的作用下，局部打开 DNA 双螺旋，解开一段双链，并由单链 DNA 结合蛋白结合于已解开的单链上，形成一个叉状结构，称为复制叉。在此基础上，引物酶和几种蛋白因子组装成引发体，以复制起始点的一段单链 DNA 为模板，以 NTP 为底物，沿 $5' \rightarrow 3'$

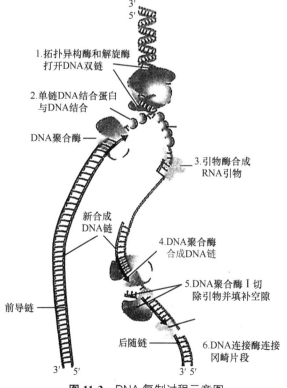

1. 拓扑异构酶和解旋酶打开 DNA 双链
2. 单链 DNA 结合蛋白与 DNA 结合
DNA 聚合酶
3. 引物酶合成 RNA 引物
新合成 DNA 链
4. DNA 聚合酶合成 DNA 链
5. DNA 聚合酶 I 切除引物并填补空隙
前导链
后随链
6. DNA 连接酶连接冈崎片段

图 11-3　DNA 复制过程示意图

方向催化合成引物，此引物的 3′-OH 就是合成新的 DNA 的起点。引物的生成标志着复制的正式开始。

2. 复制的延长 是指在复制叉处，按照碱基配对原则 DNA 聚合酶催化 dNTP 以 dNMP 方式逐个加入引物或延长中子链的 3′-OH，其化学本质是 3′, 5′- 磷酸二酯键的不断生成，延长方向是 5′ → 3′。前导链延长方向与解链方向相同，可以连续延长。后随链延长方向与解链方向相反，不可以连续延长，要不断生成引物并合成冈崎片段，不连续的冈崎片段之间，由 DNA 连接酶催化形成磷酸二酯键连接生成完整的 DNA 子链。

3. 复制的终止 是指由 DNA 聚合酶 I 切除引物并填补空隙，DNA 连接酶连接缺口生成子代 DNA。当复制延长到具有特定碱基序列的复制终止区时，在 DNA 聚合酶 I 的作用下，切除前导链和后随链的最后一个 RNA 引物，并沿 5′ → 3′ 方向延长 DNA 以填补引物水解留下的空隙。前后两个相邻冈崎片段之间的缺口由 DNA 连接酶连接形成完整的 DNA 子链。

真核生物染色体 DNA 复制完成后，会在 3′-OH 端形成端粒结构，来保证染色体 DNA 的稳定性和完整性。该结构是由端粒酶（telomerase）催化合成的一段特殊的 DNA 序列。

二、反 转 录

（一）反转录的概念

反转录是指以 RNA 为模板，以 4 种 dNTP 为原料，在反转录酶的催化下，合成与 RNA 互补的 DNA 的过程，也称为逆转录。

反转录酶是催化反转录反应进行的酶，又称依赖 RNA 的 DNA 聚合酶。其主要功能如下：①催化 RNA 指导的 DNA 合成反应，能和其他 DNA 聚合酶一样，沿 5′ → 3′ 方向合成 DNA，催化合成 RNA-DNA（cDNA）杂化双链；②能特异性水解 RNA-DNA 杂化双链上的 RNA；③具有 DNA 指导的 DNA 聚合酶活性，能以反转录合成的单链 DNA 为模板合成互补 DNA 链。

（二）反转录的过程

反转录病毒的遗传信息储存在单链 RNA 上，在宿主细胞中需转变为 DNA，才能进行基因表达和基因组复制。反转录病毒颗粒与宿主细胞膜上特异性受体结合后进入宿主细胞，在细胞中脱去外壳，接着反转录酶以病毒 RNA 为模板，以 dNTP 为原料，催化 DNA 链的合成，合成的 DNA 链称互补 DNA 链（cDNA），cDNA 链与 RNA 模板链通过碱基配对形成 RNA-DNA 杂化双链。在反转录酶的作用下，杂化双链中 RNA 被水解，然后再以 cDNA 为模板催化合成另一与其互补的 DNA 链，形成双链 DNA 分子。新合成的 cDNA 携带 RNA 病毒的全部遗传信息，它可在细胞内独立复制，也可以整合到宿主细胞染色体的 DNA 中（图 11-4）。

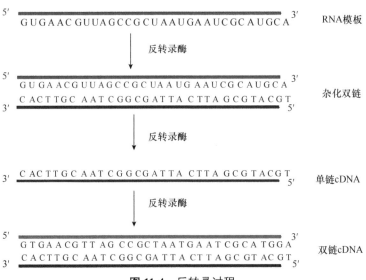

图 11-4 反转录过程

反转录和反转录酶是分子生物学研究中的重大发现。反转录酶缺乏 3′ → 5′ 外切酶活性，没有校对功能，反转录的错误率相对较高。但它补充和发展了中心法则，使人们对遗传信息的流向有了新的认识。在分子生物学研究中，反转录酶得到了广泛应用。例如，在基因工程中，可利用反转录酶将 mRNA 反转录形成 cDNA，以获得目的基因。

三、DNA 的损伤与修复

DNA 分子中碱基或 DNA 片段的结构或功能发生异常改变，称为 DNA 损伤或 DNA 突变，其实质是 DNA 分子中碱基序列的改变。

（一）DNA 损伤的因素

在生物进化过程中，生物体的内、外环境中的许多因素都可能造成 DNA 损伤，主要因素有以下几方面。

1. 自发因素　在复制的过程中自然错配率为 $10^{-10} \sim 10^{-9}$，如碱基自发水解脱落、脱氨基等。

2. 物理因素　常见的是紫外线、电离辐射等。例如，紫外线照射能引起 DNA 分子中相邻嘧啶碱发生共价交联形成嘧啶二聚体。电离辐射能使 DNA 吸收射线能量，产生自由基而损伤 DNA。

3. 化学因素　大多数为化学诱变剂或致癌剂，主要有以下几类。①脱氨剂，如亚硝酸盐、亚硝胺类，可通过脱氨基作用使 C → U，A → I，G → X。②烷化剂，如氮芥类，可使碱基、核糖或磷酸基被烷基化。③吖啶类，如溴乙锭，可嵌入 DNA 的双链中，产生移码突变。④碱基类似物，如 5-FU，可取代正常碱基，干扰 DNA 的复制。⑤ DNA 加合剂，如苯并芘，可使 DNA 中的嘌呤碱共价交联。⑥抗生素及其类似物，如放线菌素 D、阿霉素等，能嵌入 DNA 双螺旋的碱基对之间，干扰 DNA 的复制及转录。

4. 生物因素　某些病毒或噬菌体的感染可导致基因的突变，这与某些肿瘤或癌症的发生密切相关，如反转录病毒、乙肝病毒等。

（二）DNA 损伤的类型

依据 DNA 分子的改变，将突变分为点突变、缺失、插入和重排等几种类型。

1. 点突变　指 DNA 分子上的碱基发生错配，包括碱基的转换和颠换。同类碱基间的替换称为转换，如腺嘌呤变鸟嘌呤或胞嘧啶变胸腺嘧啶，异类碱基间的替换称为颠换，如嘌呤变嘧啶。

2. 缺失　一个碱基或一段核苷酸链从 DNA 分子中丢失。

3. 插入　指 DNA 分子中原来没有的一个碱基或一段核苷酸链插入 DNA 分子中。若缺失或插入的核苷酸数目不是 3 的倍数，则可能引起下游 DNA 的编码发生改变，可导致遗传信息的框移突变。

4. 重排　指 DNA 分子中的某个片段从一位置转到另一个位置，或不同 DNA 分子间 DNA 片段的转移及重新组合。

（三）DNA 损伤的后果

DNA 损伤在生物界普遍存在，大部分对生物是有积极意义的，只有少数对生物有害，其后果分为四种类型。

1. 致病　功能性蛋白质的基因发生突变，就会使生物体某些功能改变或者丧失，这是基因病发生的分子基础。

2. 基因型改变　只有基因型改变而表型没有改变的突变，称为基因多态性。基因多态性是个体识别、亲子鉴定、器官移植配型的分子基础。

3. 生物进化　没有突变，就没有细胞的分化与生物的进化。基因突变在环境有利于机体新特性表达的情况下，被选择地保留下来，成为分化与进化的分子基础。

4. 死亡　对生命至关重要的基因发生突变，可导致细胞或个体的死亡。

（四）DNA 损伤的修复

DNA 损伤和修复是细胞内同时并存的两个过程，是保证遗传物质稳定性的重要机制。DNA 的修复是指针对已发生缺陷的 DNA 而实施的补救措施，使 DNA 恢复正常结构，从而保持 DNA 的正常功能。根据损伤后 DNA 修复机制的不同，将 DNA 损伤后的修复分为光修复、切除修复、重组修复和 SOS 修复等。

1. 光修复　光修复过程是通过光修复酶催化完成的，光修复酶普遍存在于各种生物体内，300 ~ 600nm 的光波可激活细胞内的光修复酶。

2. 切除修复　是人体细胞内 DNA 损伤的主要修复方式，包括识别、切除、填补和连接几个步骤。需要特异的核酸内切酶、DNA 聚合酶 I 和 DNA 连接酶等共同参与完成。其作用机制是通过一种特殊的核酸内切酶将 DNA 分子中损伤的部分切除，同时以另一条完整的 DNA 链为模板，由 DNA 聚合酶 I 催化填补切除部分的空隙，再由 DNA 连接酶封口，使 DNA 恢复正常结构。

3. 重组修复　又称复制后修复，是 DNA 分子损伤面积太大来不及修复完善时采用的修复方式。其过程是损伤的 DNA 先进行复制，而后进行同源重组。当 DNA 损伤范围较大时，复制时无损伤的 DNA 单链复制成正常的子代双链 DNA；有损伤的 DNA 单链，损伤部位不能作为模板指导子链的合成，即在子链上形成缺口。缺口可以通过重组蛋白将健康母链上的同源序列重组到子链 DNA 的缺口处进行修复。而正常母链上又出现了缺口，DNA 重组后未受损伤母链上出现的缺口在大肠杆菌中可被 DNA 聚合酶 I 修补和 DNA 连接酶连接。通过重组过程后，DNA 损伤可能仍保留下来，但随着多次复制及重组修复，损伤链所占比例越来越少，不影响细胞的正常功能。

4. SOS 修复　是在 DNA 分子损伤严重，细胞处于危险状态，切除修复或重组修复机制均已被抑制时进行的急救措施，故也称紧急呼救修复。SOS 系统包括切除、重组修复系统。由于是紧急修复，不能将大范围内受损伤的 DNA 完全精确地修复，留下的错误较多，虽可以在一定程度上保证细胞的存活，但有较高的突变率。

修复过程在生物体内是普遍存在的，也是正常的生理过程。DNA 修复机制障碍可能与衰老和肿瘤、着色性干皮病等疾病的发生有关。目前，DNA 的损伤与修复是研究肿瘤与癌变的重要课题。

第 2 节　RNA 的生物合成

生物体以 DNA 为模板合成 RNA 的过程称为转录。即转录是以 DNA 为模板，4 种 NTP 为原料，按碱基配对的原则，在 RNA 聚合酶的作用下合成 RNA，从而将 DNA 携带的遗传信息传递给 RNA 的过程。转录是基因表达的重要环节，也是体内 RNA 生物合成的主要方式。转录体系包括 DNA 模板、原料、RNA 聚合酶、某些蛋白质因子及必要的无机离子等。

一、RNA 转录的模板与过程

（一）RNA 转录的模板

转录以 DNA 分子双链中的一条链为模板，根据碱基互补配对原则，合成互补的 RNA 分子。在 DNA 双链中，能转录出 RNA 的 DNA 区段，称为结构基因。在 DNA 双链分子中只有一条链能作为 RNA 合成的模板，此链称为模板链，不作为模板的另一条 DNA 链称为编码链。因此，将这种转录方式称为不对称转录。在 DNA 双链分子中，各结构基因的模板链可以是同一 DNA 分子的不同单链，而 RNA 链的合成方向始终是 5'→3' 方向，因此，位于同一 DNA 分子不同的结构基因其 RNA 转录方向不同，如图 11-5 所示。所以模板 DNA 的序列决定着转录 RNA 的序列，从而将 DNA 的遗传信息传给 RNA。

1. 转录所需的原料　四种核苷三磷酸（NTP），即 ATP、GTP、CTP、UTP。

2. RNA 聚合酶　是依赖 DNA 的 RNA 聚合酶，催化以 DNA 为模板，以四种核苷三磷酸为原料，催化过程需要二价金属离子，如 Mg^{2+}、Zn^{2+} 的参与。

3. 蛋白质因子　RNA 转录时还需要一些蛋白质因子参与。例如，ρ 因子是原核生物中能辅助转录终止的蛋白质，使转录过程终止。

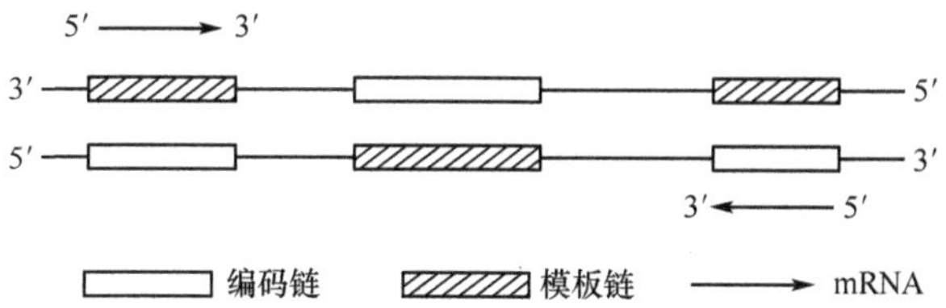

5′ ——→ 3′
3′ ⬜⬜⬜⬜ ⬜⬜⬜ ⬜⬜⬜ 5′
5′ ⬜⬜⬜ ⬜⬜⬜ ⬜⬜⬜ 3′
3′ ←—— 5′

⬜ 编码链　⬛ 模板链　——→ mRNA

图 11-5　不对称转录示意图

（二）转录的过程

转录的过程均包括转录起始、延长和终止三个阶段，但真核生物的转录过程与原核生物有较多的不同，下面以原核生物转录为例介绍转录的过程（图 11-6）。

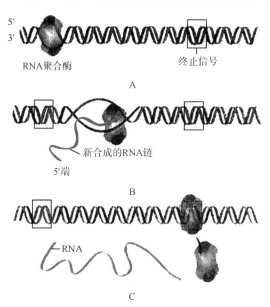

图 11-6　转录过程示意图
A. 起始阶段；B. 延长阶段；C. 终止阶段

1. 转录的起始　转录是在 DNA 模板的特殊部位开始的，此部位称为启动子。启动子是位于结构基因上游的，转录起始点之前的一些特殊的核苷酸序列。转录起始时 RNA 聚合酶全酶的 σ 因子辨认 DNA 启动子部位，再与启动子结合，形成酶 -RNA-DNA 转录复合物，随后 RNA 聚合酶解开双链 DNA 模板，使 DNA 局部解链，暴露出 DNA 模板链。RNA 聚合酶识别起始部位后，催化 NTP，按照碱基配对原则，结合到 DNA 模板链上，通过形成磷酸二酯键，在游离的 3′-OH 连接 NTP，延长 RNA 链。合成一小段 RNA 后，σ 因子从复合物上脱落，核心酶移动，完成转录的起始。脱落后的 σ 因子与新的核心酶结合成 RNA 聚合酶的全酶，开始第二次转录过程。

2. 转录的延长　RNA 聚合酶的核心酶催化 RNA 链的延长。σ 因子释放后，核心酶沿着 DNA 模板链的 3′ → 5′ 方向滑动，按碱基互补配对原则，以 4 种 NTP 为原料，按 5′ → 3′ 方向进行 RNA 链的合成，使 RNA 链不断延伸，直至转录终止处。在此过程中，由于 RNA 聚合酶分子大，覆盖解开的 DNA 双链和 DNA-RNA 杂化双链的一部分，因此将酶 -DNA-RNA 形成的复合物称为转录复合物，转录复合物又称转录空泡。合成的 RNA 暂时与 DNA 模板链形成 DNA-RNA 杂交双链，但此杂交双链不如 DNA 双链相互结合那样牢固稳定，因此，分开的 DNA 双链趋于重新组合成原来的双螺旋形式，并使新生的 RNA 链从 5′ 端开始逐步从 DNA 模板上游离出来。

3. 转录的终止　当核心酶沿模板 3′ → 5′ 方向滑行到 DNA 模板的特定部位——终止信号处，不再催化形成新的磷酸二酯键，RNA 聚合酶、RNA 链与模板分离，DNA 恢复成双链，转录终止。转录终止后，核心酶从 DNA 模板上脱落下来，与 σ 因子结合重新形成全酶，开始一条新的 RNA 链的合成。

二、转录后的加工修饰

转录生成的新生 RNA 分子是 RNA 的前体，没有生物学活性，需要经过加工修饰才能成为具有功能的成熟 RNA 分子。加工过程包括化学修饰、添加、剪切、剪接、编辑等。

（一）mRNA 转录后的加工修饰

原核生物的 mRNA 不需要加工和修饰，在它 3′ 端尚未完成转录前，其 5′ 端已与核糖体结合，开始蛋白质的合成。真核生物 mRNA 的前体是核不均一 RNA（hnRNA），在细胞核中合成后，必须进行 5′ 端和 3′ 端的首尾修饰及剪接等，才能到达细胞质指导蛋白质的合成。

1. **5′ 端加帽** 真核生物 mRNA 5′ 端的加"帽"是在核内进行的，且先于剪接过程。转录产物第一个核苷酸往往是 5′- 三磷酸鸟苷（pppG）。mRNA 成熟过程中先被磷酸酶催化水解，释放出 5′ 端的 Pi 或 PPi，然后在鸟苷酸转移酶作用下与另一分子 GTP 反应，生成三磷酸双鸟苷（GpppGp-），再在甲基转移酶催化下进行甲基修饰，生成 5′-m7GpppGp- 的帽子结构。5′ 端帽子结构有稳定 mRNA、协助 mRNA 从细胞核转移至细胞质并准确定位于核糖体、增强翻译活性等功能。

2. **3′ 端加"多聚 A 尾"** mRNA 前体先经特异核酸外切酶切去 3′ 端一些多余的核苷酸，再经多聚腺苷酸聚合酶催化，以 ATP 为供体，在 hnRNA 的 3′ 端进行聚合反应，形成多聚 A 尾（polyA）。polyA 与维持 mRNA 稳定性、保持翻译模板活性有关。

3. **hnRNA 的剪接** 真核细胞的基因是不连续的，编码区与非编码区序列相间隔并连续排列，称为断裂基因。在结构基因中，具有表达活性的编码序列称为外显子；无表达活性、不能编码相应氨基酸的序列称为内含子。在转录过程中，外显子和内含子一同被转录到 hnRNA 中。剪接就是在细胞核中，由特定的酶催化，除去内含子序列，并将外显子序列连接成为成熟的有功能的 mRNA 分子的过程。

4. **化学修饰** 真核生物 mRNA，除在 5′ 端帽子结构中有 1～3 个甲基化核苷酸外，分子内部尚有 1～2 个 m^6A，它们都是在 mRNA 前体的剪接之前，由特异甲基化酶催化修饰后产生的。

5. **RNA 的编辑** 是指通过对 mRNA 的加工使遗传信息在 mRNA 水平上发生改变。有一些基因的编码序列与 mRNA 的相应序列有差异，转录产物上需插入、删除或取代一些核苷酸才能生成有翻译功能的 mRNA 分子。

（二）tRNA 转录后的加工修饰

真核生物转录生成的 tRNA 前体，需通过剪接、剪切、添加或碱基化学修饰等作用才能变为成熟的 tRNA。在真核细胞中，tRNA 前体分子由核糖核酸酶切去 5′ 端、3′ 端及反密码子环上的部分核苷酸而形成 tRNA。由核苷转移酶催化以 CTP 和 ATP 为供体，在 3′ 端添加 -CCA-OH 结构，氨基酸臂具有携带和转运氨基酸的作用。由修饰酶将部分碱基加工修饰为稀有碱基。例如，碱基的甲基化反应产生甲基鸟嘌呤（mG）、甲基腺嘌呤（mA），还原反应使尿嘧啶转变成二氢尿嘧啶（DHU），脱氨基反应使腺嘌呤转变为次黄嘌呤等。成熟的 tRNA 分子一级结构有多种稀有碱基。

（三）rRNA 转录后的加工修饰

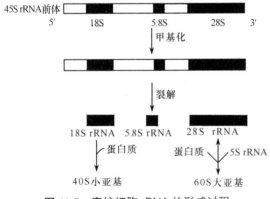

图 11-7 真核细胞 rRNA 的形成过程

真核细胞中 rRNA 的前体为 45S rRNA，在细胞核酸酶的催化下经过一系列剪切，加工成为成熟的 28S、18S 与 5.8S rRNA。加工过程中，在修饰酶催化下，28S、18S 与 5.8S rRNA 分子在核糖上进行甲基化修饰。由 RNA 聚合酶 Ⅲ 催化合成的 5S rRNA，经过修饰与 28S rRNA 和 5.8S rRNA 及有关蛋白质一起，装配成核糖体的大亚基；而 18S rRNA 与有关蛋白质一起，装配成核糖体的小亚基，大小亚基装配成核糖体，通过核孔转移到细胞质中，作为蛋白质合成的场所，参与蛋白质的合成（图 11-7）。

第 3 节 蛋白质的生物合成

蛋白质的生物合成是基因表达的最终阶段，是以 mRNA 分子为模板合成具有特定序列多肽链的过程，又称为翻译（translation）。其实质就是把 mRNA 分子中 4 种核苷酸序列编码的遗传信息，破译为蛋白质一级结构中氨基酸的排列顺序。蛋白质合成是一个复杂的耗能过程，此过程消耗的能量几乎占细胞合成反应总耗能的 90%，合成体系十分复杂。

一、翻　译

（一）参与蛋白质生物合成的物质

翻译过程复杂，需要 20 种氨基酸为原料，mRNA 为模板，tRNA 为运载工具，核糖体为装配场所，多种酶和蛋白因子及供能物质 ATP、GTP 共同协调完成。

1.参与蛋白质合成的酶类

（1）氨酰 tRNA 合成酶　在 ATP 的作用下，催化活化的氨基酸与对应 tRNA 结合生成氨酰 tRNA。此酶位于细胞质，具有绝对特异性，在细胞质中至少有 20 种氨酰 tRNA 合成酶，又称为氨基酸活化酶。

（2）转肽酶　存在于核糖体大亚基上，催化 P 位的肽酰基转移至 A 位的氨酰 tRNA 的氨基酸上缩合形成肽键，延长肽链。

（3）转位酶　催化核糖体向 mRNA 3′ 端移动一个密码子的位置，使下一个密码子定位于 A 位。

2.蛋白质因子　蛋白质的生物合成还需要众多的蛋白因子的参与，包括起始因子、延长因子和释放因子。起始因子促进核蛋白体小亚基、起始 tRNA 与模板 mRNA 的结合，以及大、小亚基的分离；延长因子促使氨酰 tRNA 进入核糖体的 A 位，促进转位，延长多肽链；终止因子可以识别 mRNA 上的所有终止密码子，诱导转肽酶改变为酯酶活性，使肽链从核糖体上释放。

3.RNA 在蛋白质生物合成中的作用

（1）mRNA　mRNA 含有 DNA 的遗传信息，是蛋白质生物合成的直接模板。编码一条多肽的遗传单位称为顺反子（cistron）。原核生物中，mRNA 常携带多种相关的蛋白质编码信息，这些编码信息构成一个转录单位，指导多条多肽链合成，称为多顺反子 mRNA，转录后一般不需特别加工。而在真核生物中每种 mRNA 只有一种蛋白质的编码信息，指导一条多肽链的合成，称为单顺反子 mRNA，转录后需要进一步加工，才能成为成熟的模板。

mRNA 分子中从 5′→3′ 方向每三个相邻的核苷酸组成一个三联体密码，或称为密码子（codon），它代表一种氨基酸或起始、终止信息。生物体内由 A、U、G、C 四种核苷酸组成 64 个密码子，其中 61 个密码子编码 20 种不同的编码氨基酸。密码子 AUG 在原核生物中编码为多肽链中的甲酰甲硫氨酸，在真核生物中编码甲硫氨酸，还可作为多肽链合成的起始信号，称为起始密码子。密码子 UAA、UAG、UGA 不编码氨基酸，作为多肽链合成的终止信号，称为终止密码子，如表 11-1 所示。

表 11-1　遗传密码表

第一个核苷酸（5′端）	第二个核苷酸				第三个核苷酸（3′端）
	U	C	A	G	
U	UUU 苯丙	UCU 丝	UAU 酪	UGU 半胱	U
	UUC 苯丙	UCC 丝	UAC 酪	UGC 半胱	C
	UUA 亮	UCA 丝	UAA 终止	UGA 终止	A
	UUG 亮	UCG 丝	UAG 终止	UGG 色	C
C	CUU 亮	CCU 脯	CAU 组	CGU 精	U
	CUC 亮	CCC 脯	CAC 组	CGC 精	C
	CUA 亮	CCA 脯	CAA 谷胺	CGA 精	A
	CUG 亮	CCG 脯	CAG 谷胺	CGG 精	G
A	AUU 异亮	ACU 苏	AAU 天胺	AGU 丝	U
	AUC 异亮	ACC 苏	AAC 天胺	AGC 丝	C
	AUA 异亮	ACA 苏	AAA 赖	AGA 精	A
	AUG 甲硫	ACG 苏	AAG 赖	AGG 精	G

第一个核苷酸 (5′端)	第二个核苷酸				第三个核苷酸 (3′端)
	U	C	A	G	
G	GUU 缬	GCU 丙	GAU 天	GGU 甘	U
	GUC 缬	GCC 丙	GAC 天	GGC 甘	C
	GUA 缬	GCA 丙	GAA 谷	GGA 甘	A
	GUG 缬	GCG 丙	GAG 谷	GGG 甘	G

mRNA 中三联体密码的排列顺序决定了蛋白质分子一级结构中氨基酸的排列顺序,具有以下特点。

1)通用性:从低等生物到高等生物,遗传密码基本上适用从病毒、细菌到人类几乎所有物种,称为遗传密码的通用性。

2)方向性:mRNA 中密码子的排列有一定的方向性。翻译时从起始密码子 AUG 开始,沿 5′→3′方向进行,直到终止密码子为止,与此相应多肽链的合成从 N 端向 C 端延伸。

3)连续性:指两个相邻的密码子之间没有任何特殊的符号加以间隔,翻译时必须从某一特定的起始点开始,连续地一个密码子挨着一个密码子"阅读"下去,直到终止密码子。从 mRNA 5′端的起始密码子 AUG 到 3′端的终止密码子之间的核苷酸序列称为开放阅读框(ORF)。mRNA 上碱基的缺失或插入都会造成密码子的阅读框架改变,使翻译出的氨基酸序列发生变异,产生"框移突变"。

4)简并性:20 种编码氨基酸中,除色氨酸和甲硫氨酸各有一个密码子外,其余氨基酸都有两个或两个以上密码子,氨基酸具有两个或两个以上密码子的现象,称为遗传密码的简并性。这主要表现为密码子的第 1 位和第 2 位碱基相同,而第 3 位碱基不同,也就是说第 3 位碱基的突变也能翻译出正确的氨基酸,而不会影响蛋白质的结构。遗传密码的简并性对于减少有害突变,保证遗传的稳定性具有重要意义。

5)摆动性:密码子与反密码子的配对有时会出现不遵守碱基互补配对原则的现象,称为遗传密码的摆动性。该现象常见于密码子的第 3 位碱基与反密码子的第 1 位碱基不严格互补时,但也能相互辨认。

(2)tRNA　tRNA 的二级结构是三叶草形,在蛋白质的生物合成中具有双重作用,一方面是搬运氨基酸的工具,即在酶的催化下,将氨基酸结合在 3′端的 CCA-OH 上以氨酰 tRNA 的形式携带活化的氨基酸;另一方面,通过反密码子识别 mRNA 的密码子,将携带的氨基酸准确地运送到核糖体上,合成蛋白质。一种氨基酸通常可与 2～6 种对应的 tRNA 特异地结合,但一种 tRNA 只能特异地转运某一种氨基酸。

(3)rRNA　rRNA 与多种蛋白质共同构成核糖体,是蛋白质生物合成的场所,在蛋白质生物合成中起到"装配机"的作用。核糖体由大小两个亚基组成,在蛋白质的生物合成中核糖体中的 rRNA 能够与 mRNA 在核糖体中碱基互补配对结合,核糖体沿着 mRNA 5′→3′方向阅读遗传密码,核糖体有三个 tRNA 的结合位点,结合氨酰 tRNA 称受位或 A 位,结合肽酰 tRNA 称为给位或 P 位,排出空载 tRNA 的出口位称为 E 位。

(二)蛋白质生物合成的过程

蛋白质的合成都是从 mRNA 的起始密码子 AUG 开始,按 5′→3′方向逐一阅读,直至终止密码子。合成中的肽链从起始甲硫氨酸开始,从 N 端向 C 端延长,直至终止密码子前一位密码子所编码的氨基酸。整个翻译过程可分为氨基酸活化、多肽链合成的起始、延长、终止与释放。

1. 氨基酸的活化　氨基酸必须通过活化才能参与多肽链的合成,在氨酰 tRNA 合成酶的作用下,ATP 供能,氨基酸被激活后与 tRNA 结合形成氨酰 tRNA 的过程称为氨基酸的活化。活化反应是在氨基酸的羧基上进行的,每活化一分子氨基酸需要消耗 2 个高能磷酸键。

$$氨基酸 + tRNA + ATP \xrightarrow[\text{Mg}^{2+}]{\text{氨酰 tRNA 合成酶}} 氨酰 tRNA + AMP + PPi$$

2. 多肽链合成的起始　翻译过程的起始阶段是指模板 mRNA 和起始氨酰 tRNA 结合到核糖体起始复合物的过程。该过程还需要 GTP、起始因子 IF 和 Mg^{2+} 的参与。

（1）核糖体大、小亚基的分离　起始因子 IF 作用于核糖体，大、小亚基分离，小亚基与 mRNA 及起始氨酰 tRNA 结合。mRNA 上有多个 AUG 起始密码子，mRNA 与核糖体小亚基结合，小亚基通过识别 AUG 形成特异的开放阅读框，从而指导翻译蛋白质。甲酰甲硫氨酰 tRNA（fMet-tRNA^{fMet}）的反密码子通过与 mRNA 分子中的起始密码子配对结合，并结合到核糖体小亚基 P 位，结合 IF 形成 30S 起始复合物，这一过程还需要 GTP 提供能量，而起始时的 A 位被 IF 占据，不结合任何氨酰 tRNA（图 11-8）。

（2）核糖体大、小亚基的结合　50S 大亚基与 30S 起始复合物重新结合，GTP 水解释放能量促使 IF 释放，

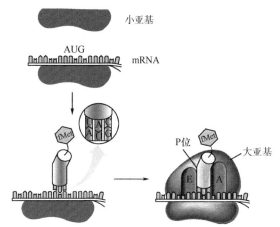

图 11-8　原核生物翻译起始复合物的形成

形成包括核糖体大、小亚基及 mRNA、fMet-RNA^{fMet} 组成的翻译起始复合物。此时 fMet-RNA^{fMet} 识别密码子 AUG 并结合于 P 位而 A 位空缺，从而进入多肽链合成的延长阶段。

3. 多肽链合成的延长　肽链合成开始后，各种氨酰 tRNA 按照 mRNA 上密码子的排列顺序携带氨基酸依次以肽键相连接，此过程在核糖体上连续循环进行的，又称核糖体循环，每个循环包括进位、成肽和转位三步，此延长过程需要延长因子参与。

（1）进位　又称注册，是 mRNA 模板中密码子决定的氨酰 tRNA 进入并结合到核糖体 A 位的过程，这一过程需要延长因子 EF、GTP 和 Mg^{2+} 的参与。

（2）成肽　位于大亚基 P 位上的肽酰 tRNA 所携带的肽酰基（第一次延伸反应为蛋氨酰基）在转肽酶的作用下转移到 A 位，并与 A 位氨酰 tRNA 上的氨基结合形成肽键的过程，转肽酶需要 Mg^{2+}、K^+ 的参与。

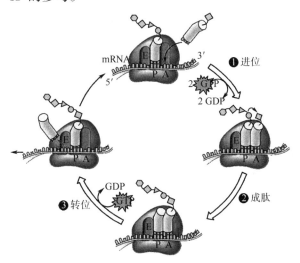

图 11-9　肽链合成的延长阶段

（3）转位　又称转座，在转位酶的催化下，核糖体沿 mRNA 向 3′ 端移动一个密码子的距离。原位于 A 位上的密码子连同结合于其上的肽酰 tRNA 一起进入 P 位，而与之相邻的下一个密码子进入 A 位，为另一个能与之对号入座的氨酰 tRNA 的进位准备了条件。转位消耗的能量由 GTP 供给，并需要 Mg^{2+} 的参与。

核糖体沿 mRNA 链从 5′ → 3′ 方向滑动，新生肽链上每增加一个氨基酸都要经过进位、成肽、转位的循环过程，每次循环向肽链 C 端添加一个氨基酸，使相应肽链的合成从 N 端向 C 端延伸，直到终止密码子出现（图 11-9）。

4. 多肽链合成的终止与释放　当终止信号出现在 A 位时，释放因子识别终止密码，进入 A 位，肽链的合成终止，核糖体再次解离成大、小亚基，合成的肽链也从肽酰 -tRNA 上释放出来，该过程需要释放因子 RF 的参与。解离后的大小亚基又可重新聚合形成起始复合物，开始另一条肽链的合成（图 11-10）。

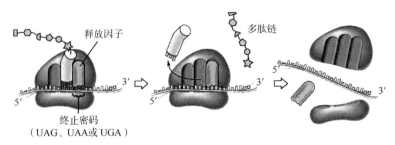

图 11-10　肽链合成的终止

　　上述反应是单核糖体循环，但蛋白质合成时，在一条 mRNA 链上常常有多个核糖体呈串珠状排列，每个核糖体之间相隔约 80 个核苷酸，我们称此结构为多聚核糖体。多个核糖体在一条 mRNA 上同时进行翻译，可以大大加快蛋白质合成的速度，使 mRNA 得到充分的利用。

二、翻译后的加工修饰

　　新合成的多肽链并不具有生理活性，在细胞内经过复杂的加工和修饰后才能转变成具有生物学功能的成熟蛋白质，这一过程称为蛋白质翻译后加工。蛋白质翻译后加工包括一级结构修饰、高级结构形成及靶向输送。

（一）一级结构加工修饰

　　1. 氨基端修饰　多肽链合成的起始氨基酸为甲酰甲硫氨酸或甲硫氨酸，但是绝大多数肽链的第一个氨基酸是其他氨基酸，因此甲酰甲硫氨酸或甲硫氨酸在肽链合成后或合成中，可通过甲酰化或去甲硫氨酰基化在多肽链折叠成一定的空间结构之前被切除。

　　2. 化学修饰　由专一性的酶催化氨基酸进行修饰，如赖氨酸、脯氨酸残基的羟基化；丝氨酸、苏氨酸或酪氨酸的磷酸化；组氨酸的甲基化；谷氨酸的羟基化等。

　　3. 形成二硫键　在空间位置相近的两个半胱氨酸残基之间由专一性的二硫键异构酶催化，将—SH 氧化为—S—S—，对维持蛋白质的空间结构起重要作用。例如，胰岛素由 A、B 两条肽链组成，两条肽链之间就是靠二硫键联系到一起。

　　4. 水解修饰　一些多肽链合成后，在特异蛋白水解酶的作用下，去除某些肽段或氨基酸残基，生成有活性的多肽。例如，酶原的激活就是通过切除修饰后转化成具有生物学活性的酶。此种合成后的加工是分泌蛋白生成过程的一种普遍规律。

（二）高级结构的形成

　　蛋白质翻译后加工除了需要形成正确折叠的空间构象，还需要经过亚基聚合、辅基连接等修饰方式，才能成为有完整天然构象和生物学功能的蛋白质。蛋白质高级结构的修饰方式主要有以下几种。

　　1. 亚基聚合　亚基合成多肽链后通过非共价键将亚基聚合成具备完整四级结构的多聚体才能表现出生物学活性，如血红蛋白，在各条肽链合成后，还需通过非共价键将亚基聚合成多聚体，形成蛋白质的四级结构。

　　2. 辅基连接　各种结合蛋白质如脂蛋白、糖蛋白、色蛋白及各种带辅基的酶，合成后还需进一步与辅基连接，才能成为具有功能活性的天然蛋白质。

（三）靶向输送

　　蛋白质合成后，定向输送到其执行功能的特定细胞部位，称为蛋白质的靶向输送。所有靶向输送的蛋白质的一级结构中都存在可引导蛋白质运输到特定组织细胞的信号序列。蛋白质靶向输送有三种去向：①保留在胞质；②进入线粒体、细胞核或其他细胞器；③分泌入体液，再输送至该蛋白质应该发挥作用的区域。所有靶向输送的蛋白质一级结构中都存在信号序列，这些序列有的在肽链前端，有的在 C 端，有的在肽链内部；有的在分送完成后切除，有的继续保留。

三、蛋白质的生物合成与医学

蛋白质的生物合成与遗传、代谢、分化、免疫等生理过程，肿瘤、遗传病等病理过程，以及药物的相互作用等均有密切的关系。影响蛋白质生物合成的物质很多，它们可以作用于 DNA 复制和 RNA 转录，或者直接作用于翻译过程中肽链合成起始、延长、终止的某一阶段，从而对蛋白质的生物合成产生重要影响。临床用抗生素类药物通过干扰细菌蛋白质合成，阻止细菌生长、繁殖，达到抑制微生物生长的治疗目的。某些毒素也作用于真核生物蛋白质的合成而呈现毒性作用，研究其致病机制，可为临床治疗提供依据。

1. 抗生素与蛋白质　抗生素由某些真菌、细菌等微生物产生，可直接阻断细菌细胞内蛋白质合成而抑制细菌生长和繁殖。抗生素可用于预防和治疗人、动物的感染性疾病。抗生素通过影响翻译的不同过程，达到抑菌的目的。例如，链霉素、卡那霉素、庆大霉素等，可作用于革兰氏阴性细菌蛋白质合成的起始、延长、终止的三个阶段，从而抑制细菌的生长。四环素类抗生素如金霉素、四环素、土霉素等通过对原核生物小亚基发挥作用，抑制起始复合物的形成，阻断蛋白质的合成。氯霉素类抗生素具广谱抗菌作用，通过影响肽链延伸抑制蛋白质合成。

2. 干扰素　是细胞感染病毒后合成和分泌的一类具有抗病毒作用的小分子蛋白质。干扰素可通过抑制翻译起始，促进病毒 mRNA 发生降解阻断病毒蛋白质的合成。从白细胞中得到 α 干扰素，从成纤维细胞中得到 β 干扰素，在免疫细胞中得到 γ 干扰素。干扰素不仅具有很强的抗病毒作用，而且还具有调节细胞生长分化、激活免疫系统等功效，因此在医学上有重大的实用价值。通过基因工程合成的干扰素已普遍应用于临床治疗与研究。

3. 毒素　是指生物体在生长代谢过程中产生的对宿主细胞具有毒性的化学物质。某些毒素可经不同机制干扰蛋白质合成而呈现毒性作用。多种毒素在肽链延长阶段可阻断蛋白质合成，如白喉毒素是由白喉棒状杆菌产生的真核细胞蛋白质合成抑制剂，作用于真核生物蛋白质合成的延长因子，使之失活。白喉毒素的催化效率极高，只需微量就能有效地抑制细胞整个蛋白质合成过程，从而导致细胞死亡。

🎯 目标检测

一、名词解释

1. 半保留复制　2. 反转录　3. 冈崎片段　4. 翻译

二、单选题

1. RNA 复制时所需要的原料是

  A. NMP

  B. NDP

  C. dNTP

  D. NTP

  E. dNDP

2. 遗传密码的简并性是指

  A. 一个密码适用于一个以上的氨基酸

  B. 一个氨基酸可被多个密码编码

  C. 密码与反密码可以发生不稳定配对

  D. 密码的阅读不能重复和停顿

  E. 密码具有通用特点

3. 在一个标准的双链 DNA 分子中，含有 35% 的腺嘌呤，它含胞嘧啶的量是

  A. 15%

  B. 30%

  C. 35%

  D. 70%

  E. 75%

4. 关于 DNA 复制叙述，正确的是

  A. 以 4 种 dNMP 为原料

  B. 新合成的两个子代的 DNA 完全不相同

  C. 复制不需要 DNA 聚合酶

  D. 复制中子链的合成是沿着 $5' \rightarrow 3'$ 方向进行的

  E. 以亲代 DNA 分子的两条链为模板都可从头合成新生链

5. 下列哪个成分含有 $3'$ 端 polyA 尾巴

  A. tRNA

  B. rRNA

  C. mRNA

  D. DNA

E. 蛋白质

6. 一个 tRNA 的反密码子为 5′UGC 3′，它可识别的密码是

A. 5′GCA 3′　　　　　　　B. 5′GCG 3′

C. 5′CCG 3′　　　　　　　D. 5′ACG 3′

E. 5′UCG 3′

7. 真核生物转录生成的 mRNA 前体的加工过程不包括

A. 5′端加帽

B. 3′端加多聚 A 尾

C. 甲基化修饰

D. 磷酸化修饰

E. 剪接去除内含子并连接外显子

三、简答题

1. 说出 DNA 自我复制的过程。

2. 简述遗传密码的特点。

3. 参与蛋白质合成的物质有哪些?

4. 解释蛋白质一级结构的加工修饰方式。

（武红霞）

第12章
重组 DNA 技术和常用分子生物学技术

第1节 重组 DNA 技术

重组 DNA 技术又称基因工程，是指通过体外操作将来源不同的 DNA 分子重新组合成新的 DNA 分子并在合适的细胞中扩增的方法。

自 1972 年第一个重组 DNA 分子构建成功以来，重组 DNA 技术迅速发展。如今人们可以熟练地应用重组 DNA 技术对基因进行分离、分析、切割和连接等操作。此外，重组 DNA 技术已经广泛用于生命科学研究、医学研究、疾病诊断与防治、法医学鉴定和物种的改造等诸多领域。

一、重组 DNA 技术中常用的工具酶

重组 DNA 技术中所使用的酶统称为工具酶，常用的有限制性内切酶、DNA 连接酶、DNA 聚合酶、反转录酶和末端转移酶等。本节主要介绍限制性内切酶和 DNA 连接酶。

（一）限制性内切酶

限制性内切酶是一类核酸内切酶，即通过识别双链 DNA 分子内部特定碱基序列并水解 3′, 5′- 磷酸二酯键来切割 DNA。不同的限制性内切酶通常识别的碱基序列和切割位点不同。因此通过对酶的选择使用可以定点切割 DNA。

1. 识别序列和切割方式　大多数限制性内切酶识别 DNA 切割位点的序列为回文序列，即识别序列 DNA 两股链上从 5′ → 3′ 的碱基序列完全一致。

2. 黏性末端和平末端　限制性内切酶切割 DNA 后形成的没有单链突出的断端称为平末端；有单链突出的断端称为黏性末端。其中，黏性末端又有 5′ 突出和 3′ 突出两种，如 EcoR I 切割产生的是 5′ 突出黏端，而 Pst I 切割产生的是 3′ 突出黏端。

3. 同尾酶和同切点酶　识别序列不同，但切割 DNA 后产生的末端相同的一组限制性内切酶称为同尾酶。例如，BamH I 的识别序列和切割位点为 -G′GATCC-，Bgl II 的识别序列和切割位点为 -A′GATCT-，均产生 5′ 突出的黏性末端 -GATC-。识别序列相同，切割 DNA 的位点可能相同或不同的一组限制性内切酶，称为同切点酶。例如，BamH I 和 Bst I 识别和切割相同位点 -G′GATCC-；Xma I 和 Sma I 识别相同序列 -GGGCCC-，但前者切割点为 -G′GGCCC-，后者切割点为 -GGG′CCC-。

如果用同一限制性内切酶分别切割目的基因和载体 DNA，产生相同的黏性末端，因而彼此能配对结合，使目的基因更容易与载体连接。

（二）DNA 连接酶

DNA 连接酶催化 DNA 分子中相邻的 5′- 磷酸与 3′- 羟基，使两者之间形成磷酸二酯键，使 DNA 切口连接或使两个 DNA 片段连接。基因工程最常用的是 T_4 DNA 连接酶，既可用于黏性末端的连接，也可用于平末端的连接，且连接效率高。

二、重组DNA技术中常用的载体

载体是指可以接纳外源（目的）DNA片段并在受体细胞中能自我复制扩增或表达外源基因的DNA分子。根据其功能不同，载体可分为克隆载体和表达载体两大类。

（一）克隆载体

克隆载体指接纳外源DNA并能在受体细胞中自我扩增的一类DNA分子，克隆载体应具备以下基本特点：①能在宿主细胞中自主复制；②有选择性标记便于筛选含有重组DNA的宿主细胞，如抗生素抗性基因、β-半乳糖苷酶基因（lacZ）或营养缺陷耐受基因等；③有多种限制性内切酶的单一切点（多克隆位点），以便用合适的限制性内切酶切开载体使外源DNA片段插入。

常用克隆载体主要有质粒、噬菌体DNA等。

1.质粒　是细菌染色体外的、能自主复制和稳定遗传的双链环状DNA分子，是重组DNA技术中最常用的载体，可以是天然质粒，但更多是人工改造的质粒。

2.噬菌体DNA载体　λ噬菌体和M13噬菌体DNA常用作克隆载体。常见的λ噬菌体DNA载体有λgt系列（插入型载体，适用于cDNA克隆）和EMBL系列（置换型载体，适用于基因组DNA克隆）。常见的M13载体有M13mp系列和pUC系列。

3.其他克隆载体　为增加克隆载体携带较长外源基因的能力，还设计有柯斯质粒载体、细菌人工染色体载体和酵母人工染色体载体等。

（二）表达载体

表达载体是指在宿主细胞中高效表达外源基因，获得大量表达产物而应用的载体，依据其宿主细胞的不同可分为原核表达载体和真核表达载体。

1.原核表达载体　用于在原核细胞中表达外源基因，是在克隆载体的基础上导入表达系统，因此除具有克隆载体的基本特征外，还应具有原核表达系统调控元件，如启动子、核糖体结合位点即SD序列、转录终止序列等。目前应用最广泛的原核表达载体是E.coli表达载体。

2.真核表达载体　应该至少具备两项功能：一是能够在原核细胞中进行目的基因重组和载体扩增；二是具有真核宿主细胞中表达重组基因所需的各种转录和翻译调控元件。即真核表达载体既要含有原核生物克隆载体中的复制起点、抗性筛选基因和多克隆酶切位点（MCS）等序列，又要含有真核细胞的表达调控元件，如启动子、增强子、转录终止序列、poly A加尾信号及适合真核宿主细胞的药物抗性基因等。根据真核宿主细胞的不同，真核表达载体可分为酵母表达载体、昆虫表达载体和哺乳类细胞表达体等。

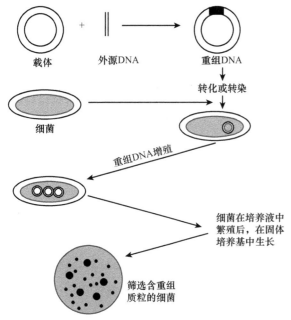

图12-1　以质粒为载体的DNA克隆过程示意图

三、重组DNA技术的基本原理及操作步骤

基因工程技术通常可以归纳为五大步骤（图12-1）。①分：分离获得感兴趣的目的DNA（外源DNA）片段；②选：选择合适的载体及制备；③连：将目的DNA与载体连接获得重组DNA分子；④转：将重组DNA转入合适的受体细胞；⑤筛：筛选和鉴定含有重组DNA的细胞。

下面仅对基本原理、原则和大致流程做简单叙述。

（一）目的 DNA 片段的分离和获取

根据不同的实验需求和目的 DNA 片段的特征，目的 DNA 片段的分离获取主要有以下几种途径。

1. 已知目的 DNA 片段碱基序列或者两侧碱基序列时

（1）酶切回收法　从含有该目的 DNA 的细胞里提取全长 DNA，再用合适的限制性内切酶将目的片段从全长 DNA 中切割出来，酶切产物用琼脂糖凝胶电泳分离各 DNA 片段后回收目的 DNA 片段。

（2）PCR 法　模拟 DNA 复制过程，设计与目的片段两侧互补的单链 DNA 小片段（引物），特异性地扩增获得大量目的 DNA 片段。

（3）化学法　体外直接合成目的 DNA 片段碱基序列。

2. 未知目的 DNA 片段碱基序列时　当不能明确知道目的 DNA 片段碱基序列而无法采用上述途径定向获取目的 DNA 片段时，可以采用合适的方法从构建好的 DNA 文库中将目的 DNA 片段"钓"出来。

（二）载体的选择和制备

1. 载体的选择　由于克隆目的和克隆的基因性质不同，载体的选择和构建方法也不尽相同。

1）根据克隆 DNA 的目的来选择：如果只是为了获得和保存目的 DNA 片段，应选用克隆载体；如果需要在宿主细胞内表达目的基因产物（通常为蛋白质），则应选用表达载体。

2）根据克隆 DNA 的片段长度来选择：不同载体对外源 DNA 片段的容纳能力不同，需选择能容纳外源 DNA 片段的合适载体。此外，还要结合使用的宿主细胞来选择。常用载体的容量和其宿主细胞见表 12-1。

表 12-1　不同载体的克隆容量及其宿主细胞

载体名称	外源 DNA 片段的容纳能力	宿主细胞
质粒	< 10kb	细菌，酵母
λ 噬菌体 DNA 载体	~ 20kb	细菌
柯斯质粒	~ 50kb	细菌
细菌人工染色体载体	~ 400kb	细菌
酵母人工染色体载体	~ 3Mb	酵母

2. 载体的制备　根据目的 DNA 片段切割时所用的酶、产生的末端（黏性末端或平末端）及末端易连接和稳固性等，用合适的限制性内切酶将载体切开，以便外源 DNA 片段的插入。

（三）目的 DNA 与载体的连接

目的 DNA 与载体的连接由 DNA 连接酶催化两片段间相邻核苷酸间生成 3′, 5′- 磷酸二酯键，使目的 DNA 与载体的断口缝合。T_4 DNA 连接酶是较常用的连接酶。

（四）重组 DNA 转入受体细胞

重组 DNA 必须转入宿主（受体）细胞后才能扩增。使用的宿主细胞应具有较强的接纳外源 DNA 的能力，并能保证外源 DNA 在其中长期、稳定地传代或者表达。

根据受体细胞的种类及介导转入过程的载体性质的不同，将重组 DNA 转入受体细胞的常用方法有转化、转染和感染。

1. 转化　指将以质粒、柯斯质粒为载体的重组 DNA 分子导入原核细胞或酵母的过程。具体可以用化学法（如氯化钙法）、电穿孔法等。

2. 转染　指将重组 DNA 分子导入真核细胞（酵母除外）或以噬菌体 DNA 为载体的重组分子导入受体细菌的过程。常用的有化学方法（如磷酸钙共沉淀法、脂质体融合法等）、物理方法（如显微注射法、电穿孔法等）。

3. 感染　指以外源 DNA 与病毒 DNA 结合成重组 DNA 后包装形成病毒颗粒再被导入宿主细胞的过程。

（五）含重组 DNA 的宿主细胞的筛选与鉴定

成功导入重组 DNA 的宿主细胞称为重组体。重组体的筛选是通过载体上的选择标记或目的 DNA 的序列特征设计合适的筛选方法。筛选和鉴定方法主要有遗传标志筛选法、序列特异性筛选法、亲和筛选法等。

四、重组 DNA 技术在医学中的应用

基因工程技术广泛应用于人们生活中的各个领域，同时在人类对疾病研究、预防及治疗方面也有着巨大的影响。

（一）重组 DNA 技术在医学方面的应用

1. 建立特定实验动物模型　通过重组 DNA 技术，研究者可以对医学实验动物进行遗传修饰改造，以获得满足医学研究的各种动物模型，用于研究人类重大疾病，如癌症、糖尿病、肥胖、心脏病等；又如将猪的免疫基因敲除以期扩大人类器官移植的来源及提高成功率；降低传播疟疾的蚊子的生育力以控制疟疾传播等。

2. 基因诊断　人类遗传病的基因诊断是指应用分子生物学技术对携带遗传信息的分子进行序列分析，从而在分子水平上确定疾病发生的原因。以遗传物质作为诊断目标，可以在临床症状和表型发生改变前做出早期诊断，不仅能确定病因，还能提示疾病发生的分子机制。

基因诊断具有特异性强、灵敏度高、可进行快速和早期诊断、适用性强和诊断范围广等特点。

3. 基因治疗　指通过基因工程技术，将正常基因或者有治疗作用的 DNA 片段导入患者靶细胞以矫正或置换致病基因，从而对疾病起到治疗的作用。

（二）重组 DNA 技术在生物制药方面的应用

利用基因工程技术生产药物是当今药物研发和生产的一个重要方向。一方面可用于改造菌种获得高产菌株，另一方面可以用来生产药用蛋白、多肽和疫苗等。例如，将致病病毒的毒力基因去除，保留抗原基因，生产无毒或减毒疫苗。目前正在开发的基因工程治疗药物有几百种，且逐年迅速增加。但经卫生部门批准正式投入市场的仅 20 余种，如干扰素、生长因子、白细胞介素、生长素、胰岛素、乙肝疫苗等已进入临床应用。

第 2 节　常用分子生物学技术

一、分子杂交技术

（一）分子杂交技术的概念

分子杂交在分子生物学上一般即指核酸分子杂交，是指核酸分子在复性的过程中，来源不同但互补配对的 DNA 或 RNA 单链（包括 DNA 和 DNA，DNA 和 RNA 及 RNA 和 RNA）相互结合形成杂合双链的特性或现象。依据此特性建立的一种对目的核酸分子进行定性和定量分析的技术称为分子杂交技术，通常是将一种已知序列核酸单链（探针）用同位素或非同位素标记，再与另一种核酸单链进行分子杂交，通过对探针的检测而实现对未知核酸分子的检测和分析。

（二）分子杂交技术的分类及应用

分子杂交技术可按作用环境大致分为液相杂交和固相杂交两种类型。

液相杂交所参加反应的核酸和探针都游离在溶液中，是最早建立的分子杂交类型，其主要缺点是杂交后过量的未杂交探针在溶液中很难去除，同时误差较高且操作烦琐复杂，因此其应用较少。

固相杂交是将参加反应的核酸等分子首先固定在硝酸纤维素滤膜、尼龙膜、乳胶颗粒磁珠和微孔板等固体支持物上，然后再进行杂交反应。其中以硝酸纤维素滤膜和尼龙膜最为常用。固相杂交中，未杂交的游离探针片段可以通过漂洗除去，该法操作简便、重复性好，是最常用的方法。

按照操作方法不同，固相杂交技术可分为原位杂交、印迹杂交、斑点杂交和反向杂交等。其中印迹杂交主要有 Southern 印迹杂交、Northern 印迹杂交等。

二、PCR 技术

（一）PCR 技术的基本原理

20 世纪 70 年代末，随着 DNA 重组技术的产生和发展，如何快速获得目的基因片段已经成为瓶颈问题。1983 年，K. Mullis 发明了聚合酶链反应（polymerase chain reaction，PCR）技术。该技术可将微量 DNA 片段大量扩增，使微量 DNA 或 RNA 的操作变得简单易行。PCR 技术的高敏感、高特异、高产率、可重复、快速简便等优点使其迅速成为分子生物学研究中应用最为广泛的方法。

PCR 的基本工作原理是在体外模拟体内 DNA 复制的过程。以待扩增的 DNA 分子为模板，用两条寡核苷酸片段作为引物，分别与模板 DNA 链互补结合，提供 3′-OH 端；在 DNA 聚合酶的作用下，按照半保留复制的机制沿着模板链延伸直至完成两条新链的合成。不断重复这一过程，即可使目的 DNA 片段得到扩增。PCR 反应的特异性依赖于与模板 DNA 两端互补的寡核苷酸引物。PCR 反应体系的基本成分包括模板 DNA、特异引物、耐热性 DNA 聚合酶、dNTP 及含有 Mg^{2+} 的缓冲液。

PCR 的基本反应包括三个步骤。①变性：将反应体系加热至 95℃，使模板 DNA 完全变性成为单链；②退火：将温度下降至适宜温度（一般较 T_m 低 5℃），使引物与模板 DNA 结合；③延伸：将温度升至 72℃，DNA 聚合酶以 dNTP 为底物催化 DNA 的合成反应。上述 3 个步骤称为 1 个循环，新合成的 DNA 分子继续作为下一轮合成的模板，经多次循环（25～30 次）后即可达到扩增 DNA 片段的目的。

（二）PCR 技术的主要用途

1. 获得目的基因片段　PCR 技术是获取目的基因最简便、快速的方法。在人类基因组计划完成之前，PCR 技术主要是从 cDNA 文库或基因组文库中获得序列相似的新基因片段。目前，该技术主要是从各种生物标本或基因工程载体中快速获得已知序列目的基因片段。

2. DNA 和 RNA 的微量分析　PCR 技术敏感度高，是 DNA 和 RNA 定性和定量分析的最好方法。理论上讲，只要存在 1 分子的模板，就可以获得目的片段。实际工作中，1 滴血液、1 根毛发或 1 个细胞已足以满足 PCR 的检测需要，因此在基因诊断方面具有极广阔的应用前景。

3. DNA 序列分析　PCR 技术可以使测序工作简单、快速，是实现高通量 DNA 序列分析的基础。待测 DNA 片段既可克隆到特定的载体后进行序列测定，也可直接测定。

4. 基因突变分析　PCR 与其他技术的结合可以大大提高基因突变检测的敏感度，如单链构象多态性分析、等位基因特异的寡核苷酸探针分析、基因芯片技术、DNA 序列分析等。

（三）常见的 PCR 衍生技术

1. 反转录 PCR 技术　反转录 PCR 是将 RNA 的反转录反应和 PCR 反应联合应用的一种技术。首先以 RNA 为模板，在反转录酶的作用下合成 cDNA，再以 cDNA 为模板通过 PCR 反应来扩增目的基因。RT-PCR 可检测到单个细胞中少于 10 个拷贝的特异的 RNA，是目前从组织或细胞中获得目的基因，以及对已知序列的 RNA 进行定性和定量分析的最有效方法，也是最广泛使用的 PCR 方法。

2. 原位 PCR 技术   原位 PCR 是利用完整的细胞作为一个微小的反应体系来扩增细胞内的目的基因片段。PCR 反应在甲醛溶液固定、石蜡包埋的组织切片或细胞涂片上的单个细胞内进行。PCR 反应后，再用特异性探针进行原位杂交，即可检出待测 DNA 或 RNA 是否在该组织或细胞中存在。

3. 实时 PCR 技术   常规 PCR 反应是在反应终点检测产物含量，因此只能作为半定量分析。实时 PCR 技术反应原理与常规 PCR 技术基本一致，不同之处是在 PCR 反应体系中加入荧光基团，利用荧光信号积累实时监测整个 PCR 进程，故也被称为实时荧光定量 PCR。该技术快速、准确，目前已用于基因诊断。

三、生物芯片技术

生物芯片技术是在 20 世纪末发展起来的一项新的分子生物学技术，目前已被应用于生命科学的众多领域。将极其大量的探针同时固定在支持物上，能够一次性对大量的生物分子进行检测分析。通过设计不同的探针阵列、使用特定的分析方法可使该技术具有多种不同的应用价值，如基因表达谱测定、突变检测、多态性分析、基因组文库作图及杂交测序。生物芯片技术具有样品处理能力强、用途广泛、自动化程度高等特点，从而有效解决了传统核酸分子杂交存在技术复杂、自动化程度低、检测目的分子数量少、通量低等不足，具有广阔的应用前景。

四、分子生物学技术在医学中的应用

（一）在感染性疾病诊断中的应用

由于分子生物学技术在病原微生物的检测方面具有灵敏、快速的特点，所以在很大程度上缩短了感染性疾病检测的"窗口期"，甚至可以解决检测延迟的问题，在感染性疾病的早期诊断方面具有重要意义。此外，该技术还可以根据治疗过程中病原微生物在体内含量（载量）的变化进行病情监控；同时通过病原微生物耐药突变的检测，在基因层面确定药物耐药的发生，进而指导临床更换治疗药物，优化治疗方案。目前分子生物学检验技术已经成功地应用于艾滋病、病毒性肝炎、结核病、淋病等一些重要的感染性疾病的诊断。

（二）在遗传性疾病诊断中的应用

分子生物学技术除了在感染性疾病的诊断中占有重要地位外，在单基因病、多基因病等人类遗传性疾病的诊断中也具有非常重要的作用。

（三）在恶性肿瘤个体化治疗方面的应用

恶性肿瘤的个体化治疗是近年来发展起来的一种高效的靶向治疗方法，在临床上得到了广泛的应用。其原理是以每个恶性肿瘤患者的个人遗传信息为基础，从基因水平分析个体的表达差异，判断不同靶向药物的治疗效果，以此来选择合适的个体化药物治疗方案。目前常见的用于肿瘤个体化治疗方面的基因诊断技术包括 PCR-SSCP、RFLP 分析、DNA 测序、斑点杂交、基因芯片技术等。

（四）在移植配型和个体识别方面的应用

分子生物学技术不仅在疾病的诊断和靶向治疗的预后判断中发挥着重要作用，而且在移植配型和个体识别中也同样作用巨大。基因分型技术正在逐步取代 HLA 血清学分型技术，成为决定移植配型成功与否的关键技术。

目标检测

一、名词解释

1. 重组 DNA 技术　2. 限制性内切酶　3. 载体　4. PCR 技术

二、单选题

1. 如果已知目的基因的序列信息，获取目的基因最方便的
   方法是
   - A. 化学合成
   - B. 从 cDNA 文库筛选
   - C. 从基因组文库筛选
   - D. PCR 扩增
   - E. 差异显示

2. 基因工程的操作程序可简单地概括为
   - A. 载体和目的基因的分离
   - B. 载体和目的基因的连接
   - C. 重组 DNA 的筛选
   - D. 分、选、接、转、筛、表达
   - E. 限制性内切酶的应用

3. DNA 重组中催化外源 DNA 与载体 DNA 连接的酶是
   - A. 限制性内切酶
   - B. 限制性外切酶
   - C. DNA 连接酶
   - D. DNA 聚合酶
   - E. Taq DNA 聚合酶

4. 目前基因治疗主要采用的方式是
   - A. 对患者缺陷基因进行重组
   - B. 提高患者的 DNA 合成能力
   - C. 调整患者 DNA 修复的酶类
   - D. 将表达目的基因的细胞输入患者体内
   - E. 对患者缺陷基因进行替换

三、简答题

1. 请简述重组 DNA 技术的操作过程。
2. 请简述 PCR 技术的基本原理。
3. 请简述常用分子生物学技术的应用。

（梁大敏）

第13章

肝的生物化学

肝是人体最大的实质性器官，也是体内最大的腺体。肝不仅在糖类、脂质、蛋白质、核苷酸等多种物质代谢中发挥重要作用，还参与物质的消化、吸收、排泄、生物转化等过程，这些功能是由肝特有的组织结构、细胞结构及化学组成特点所决定的。

1. 在组织结构上　①肝具有肝动脉、门静脉双重血液供应：肝动脉给肝细胞运来充足的 O_2 及代谢物，门静脉给肝细胞带来消化道吸收的各种营养物质和腐败产物。②肝具有肝静脉、胆道系统两条输出通道：肝静脉与体循环相通，既可将肝内的生成物转运到其他组织利用，也可将肝细胞生成的代谢废物转运到肾脏经尿排出；胆道系统与肠道相通，有利于肝内代谢物从肠道排出。以上两点为肝内进行各种物质代谢奠定了物质基础。③肝具有丰富的血窦：有利于肝细胞与血液间的物质交换。

2. 在细胞结构上　肝细胞含有丰富的细胞器，如线粒体、内质网、高尔基复合体、溶酶体和过氧化物酶体等，为各种物质代谢的顺利进行提供了场所。肝细胞中线粒体含量是所有细胞中最多的，使得肝脏成为人体内重要的产能器官。

3. 在化学组成上　肝细胞含有丰富的酶，肝细胞内的酶具有种类多、活性高的特点，并且有些酶是肝所特有的。以上特点决定了有些代谢主要在肝内进行，还有些代谢只能在肝内进行。

第1节　肝在物质代谢中的作用

一、肝在糖代谢中的作用

肝是调节血糖水平最重要的器官，可通过肝糖原的合成与分解、糖异生等作用调节血糖浓度的相对恒定（详见糖代谢）。因此，肝功能严重损伤时，容易造成糖代谢紊乱。

二、肝在脂质代谢中的作用

肝在脂质的消化、吸收、转运、合成和分解代谢中都有重要作用。

在肝细胞内，以胆固醇为原料合成的胆汁酸可促进脂类和脂溶性维生素的消化和吸收；患肝脏疾病时，脂质消化吸收障碍，可出现厌油腻食物和脂肪泻等症状。VLDL 和 HDL 等均在肝细胞内合成，它们分别在三酰甘油和胆固醇的转运中起主要作用。肝还是合成胆固醇、脂肪酸、三酰甘油和磷脂的主要器官。肝也是脂质降解的主要场所：LDL 主要在肝内降解；脂肪酸的分解也主要在肝细胞内进行，脂肪酸经 β 氧化后的产物可继续在肝内生成酮体；在肝内以胆固醇为原料合成胆汁酸是机体清除胆固醇的主要方式。

三、肝在蛋白质代谢中的作用

肝在体内蛋白质的合成、分解代谢中均发挥极其重要的作用。

1. 肝是蛋白质生物合成的主要器官　除合成自身蛋白质外，肝还能合成多种分泌蛋白质。血浆蛋白中，除 γ- 球蛋白由浆细胞合成外，其他所有的蛋白质几乎均由肝脏合成，如清蛋白、纤维蛋白原和凝血酶原等多种凝血因子、多种载脂蛋白（ApoA、ApoB、ApoC 和 ApoE 等）均在肝内合成。

正常人血清中清蛋白（A）与球蛋白（G）的比值（A/G）为（1.5～2.5）/1。当肝功能严重受损时，清蛋白合成减少，使 A/G 值降低。如果 A/G ＜ 1，称为 A/G 值倒置。A/G 值倒置可作为临床上慢性肝细胞损伤的重要辅助诊断指标。由于多种凝血因子均在肝内合成，所以严重肝病的患者会出现凝血时间延长或凝血功能障碍。甲胎蛋白（AFP）在胚胎期肝细胞内合成，人出生后，AFP 合成受到抑制，正常人血清中很难检出。原发性肝癌细胞中的 AFP 基因可意外表达，故血清中能检测到 AFP。目前在临床上，AFP 作为重要的肿瘤标志物用于原发性肝癌的筛查。

2. 肝是氨基酸分解代谢的主要场所　蛋白质分解产生的氨基酸，除支链氨基酸（亮氨酸、异亮氨酸、缬氨酸）外，主要在肝内进行代谢转变。肝内有多种高活性的转氨酶（如 ALT、AST 等），能促进氨基酸的脱氨基作用；氨基酸脱氨基的产物——氨，主要通过在肝内合成尿素而解毒。肝细胞受损时，细胞膜通透性增大，细胞内酶释放入血，导致血清中 ALT、AST 的活性升高，故临床上将血清中 ALT、AST 测定作为肝细胞损害的生化指标。肝功能严重障碍时，氨和某些胺类不能及时清除，均是导致肝性脑病的可能性原因。

四、肝在维生素代谢中的作用

无论是维生素的吸收、储存还是转化，肝均发挥着举足轻重的作用。肝合成的胆汁酸盐在促进脂质消化吸收的同时，也促进了脂溶性维生素的吸收。多种维生素如维生素 A、维生素 D、维生素 K 及维生素 B_{12} 等主要在肝脏内储存。有些维生素经在肝内转化成其活性形式，如 β- 胡萝卜素转化为维生素 A、维生素 D_3 转化为 25-(OH)-D_3、维生素 B_1 转化为 TPP、维生素 B_2 转化为 FAD 与 FMN、维生素 PP 转化为辅酶 Ⅰ（NAD^+）和辅酶 Ⅱ（$NADP^+$）等反应均在肝细胞内进行。

五、肝在激素代谢中的作用

肝在激素代谢中的作用是进行激素的灭活。激素的灭活是指激素在发挥完作用后，在肝内通过一定的化学反应使其活性降低或丧失的过程。醛固酮、抗利尿激素、胰岛素、胰高血糖素、肾上腺素、甲状腺素、雌激素等主要在肝内进行灭活。当肝功能严重受损时，肝对雌激素、醛固酮、抗利尿激素等的灭活功能降低，从而出现男性乳房女性化、蜘蛛痣或肝掌及水钠潴留等现象。

第 2 节　肝的生物转化作用

人体内既有营养物质，也有非营养物质。营养物质如糖、脂肪、蛋白质等或参与细胞的构成，或为机体氧化供能，或者以上二者兼具。非营养物质则指那些既不参与细胞构成，也不能为机体氧化供能的物质。它们可来自外界，也可由体内产生。外源性的非营养物质包括各种食品添加剂（色素、香料、防腐剂等）、药物、毒物等；内源性非营养物质包括体内的激素、神经递质、代谢产生的胆红素、氨和胺类等。

这些非营养物质，有些有一定的毒性，会对人体产生毒害作用，如胆红素、氨等，需要及时排出体外；有些具有生理活性或药理作用，如激素、神经递质、胺类、药物等，发挥完作用后需要及时降解或清除。但它们多为脂溶性，难溶于水，不易排出体外，因此，机体要对这些物质进行一定的转化，以确保生命活动的正常进行。

一、生物转化的概念及特点

（一）生物转化的概念

生物转化（biotransformation）是指机体通过一系列的化学反应，使非营养物质的极性增强，易于随胆汁或尿液排出体外，或改变某些物质的毒性、生理活性或药理作用的过程。

肝、胃肠道、肾、肺、皮肤等细胞内都存在生物转化的酶系，但肝细胞内酶系的种类多、活性强，多数生物转化反应均在肝内进行。生物转化作用的生理意义在于使非营养性物质的极性增强，易于随胆汁或尿液排出体外，或者使某些物质的毒性、生理活性或药理作用发生改变。有些药物进入体内后必须经过肝的生物转化才能发挥药理作用，而有些药物则是发挥完药理作用后到肝内使其丧失药理作用。

（二）生物转化的特点

1. 连续性　许多非营养物质的生物转化不是一步完成的，常需要经过多步连续的酶促反应才能完成。例如，乙醇进入体内后先脱氢生成乙醛，再继续加水脱氢生成乙酸。

2. 多样性　有些物质的生物转化可通过几条不同的途径进行，生成不同的转化产物。例如，解热镇痛类药物非那西丁，在人体内的生物转化途径目前发现至少有 3 条。

3. 解毒与致毒的双重性　多数毒物经过生物转化反应后毒性降低，这是其解毒作用。但也有例外。例如，发霉的谷物、花生中常含黄曲霉素 B_1，本身致癌作用并不强，但在肝内进行生物转化后生成的环氧化物具有强致癌性，这是生物转化作用"致毒"的一面。

二、生物转化的反应类型

生物转化反应包括氧化反应、还原反应、水解反应和结合反应四种类型，人为将其划分为两相：第一相反应包括氧化、还原、水解反应；第二相反应为结合反应。许多物质经过第一相反应后，增强了极性，易于排出体外。但也有些化合物经第一相反应后，极性不够强，还需要进行第二相反应方可排出体外。

（一）第一相反应

大多数非营养物质进入肝细胞后，常常要先进行氧化反应，有些物质可被水解，少数物质被还原。

1. 氧化反应　此反应最为常见，反应过程由多种氧化酶系所催化。

（1）单加氧酶系　主要存在于肝细胞滑面内质网中，又称羟化酶或混合功能氧化酶，依赖细胞色素 P_{450} 和 NADPH，可催化底物分子加氧而羟化，从而增强了底物分子的极性。单加氧酶催化的总反应如下。

$$RH + NADPH + H^+ + O_2 \xrightarrow{\text{单加氧酶系}} ROH + NADP^+ + H_2O$$

（2）单胺氧化酶（MAO）系　是存在于肝细胞线粒体中的一类黄素蛋白，可催化胺类物质进行氧化脱氨，生成相应的醛类，后者进一步在细胞质中氧化成酸类。从肠道吸收的腐败产物（如酪胺、尸胺、腐胺等）及一些肾上腺素能药物（如 5-羟色胺、儿茶酚胺类等）就是通过该方式代谢，从而丧失生物活性。其反应通式如下。

$$RCH_2NH_2 + O_2 \xrightarrow{\text{单胺氧化酶系}} RCHO + NH_3 + H_2O$$

$$RCHO + NAD^+ + H_2O + \xrightarrow{\text{脱氢酶}} RCOOH + NADH + H^+$$

（3）脱氢酶系　在肝细胞的细胞质中，存在着高活性的以 NAD^+ 为辅酶的醇脱氢酶，其可催化醇类脱氢生成相应的醛类；肝细胞的线粒体和细胞质基质中还存在着不同活性的醛脱氢酶，催化醛类加水脱氢氧化生成酸类。例如，乙醇在肝内的代谢过程如下：首先由乙醇脱氢酶（ADH）催化乙醇脱氢生成乙醛，接着由乙醛脱氢酶（ALDH）催化乙醛加水脱氢生成乙酸而解毒。

$$CH_3CH_2OH \xrightarrow[NAD^+ \quad NADH+H^+]{ADH} CH_3CHO \xrightarrow[NAD^++H_2O \quad NADH+H^+]{ALDH} CH_3COOH$$

乙醇　　　　　　　　　　　乙醛　　　　　　　　　　　乙酸

链接

ALDH 与酒精中毒

ALDH 主要有 ALDH$_1$ 和 ALDH$_2$ 两种同工酶，ALDH$_2$ 活性显著高于 ALDH$_1$，是氧化乙醛生成乙酸的主要的酶。人群中有部分人 ALDH$_2$ 基因有变异，部分 ALDH$_2$ 活性低下。该人群饮酒后，乙醛不能迅速转变为乙酸，从而造成血液中乙醛浓度增高，出现酒后的不良反应，如血管扩张、面部潮红、心动过速、脉搏加快等。过度饮酒，肝细胞内乙醇不断脱氢氧化为乙酸的过程中大量产生 NADH+ H$^+$，导致肝细胞内 NADH+ H$^+$/NAD$^+$ 比值升高，NADH 的增多一方面促使肝细胞胞质中的丙酮酸大量还原生成乳酸，引起因乳酸和乙酸堆积而导致的酸中毒；另一方面抑制了糖异生，容易导致酒后低血糖。

2. 还原反应　肝细胞微粒体中含有偶氮还原酶和硝基还原酶，分别催化偶氮化合物和硝基化合物还原生成相应的胺类。偶氮化合物常见于食品色素、化妆品、纺织与印刷业等。硝基化合物多见于食品防腐剂、工业试剂等。下列反应为硝基苯和偶氮苯酚分别经上述两种酶催化最终生成苯胺。

硝基苯　　　亚硝基苯　　　苯胲　　　苯胺

偶氮苯　　　苯胺

3. 水解反应　肝细胞的细胞质和内质网中含有多种水解酶类，如酯酶、酰胺酶、糖苷酶等，分别催化脂类、酰胺类及糖苷类化合物的水解，以减低或消除其活性。这些水解产物通常还需经第二相反应后才能排出体外。例如，阿司匹林的生物转化过程中，先经水解反应生成水杨酸，然后与葡糖醛酸进行第二相结合反应。

乙酰水杨酸　　　水杨酸　　　羟基水杨酸　　　葡糖醛酸苷等结合产物

（二）第二相反应

凡含有羟基、羧基或氨基的药物、毒物或激素等非营养物质可与葡糖醛酸、硫酸、谷胱甘肽、甘氨酸等进行结合反应或进行酰基化、甲基化反应，以利于排出或改变毒性及活性。其中葡糖醛酸结合反应是最重要、最普遍的结合反应。

1. 葡糖醛酸结合反应　肝细胞内质网中含有葡糖醛酸基转移酶，该酶能催化葡糖醛酸基转移到含羟基、羧基、氨基、疏基的化合物上，生成 β- 葡糖醛酸苷衍生物，使其增加水溶性，易于排泄。该反应中尿苷二磷酸葡糖醛酸（UDPGA）为葡糖醛酸的活性供体。吗啡、可卡因、胆红素和类固醇激素、苯巴比妥类药物等均可与葡糖醛酸发生结合反应。苯甲酸与葡糖醛酸的结合反应如下。

苯甲酸　+ UDPGA　葡糖醛酸转移酶　苯甲酸-β-葡糖醛酸苷　+ UDP

2. 硫酸结合反应　醇、酚、芳香胺类物质都可在肝细胞细胞质中进行硫酸结合反应，催化此反应的酶为硫酸转移酶，活性硫酸的供体是 3'- 磷酸腺苷 -5'- 磷酰硫酸（PAPS），产物是硫酸酯化合物。雌酮经硫酸结合反应生成雌酮硫酸酯而被灭活。

三、影响生物转化的因素

影响生物转化作用的因素有很多，主要包括年龄、性别、疾病及药物的诱导与抑制等各种因素。

1. 年龄　年龄对生物转化作用的影响比较明显。例如，新生儿生物转化酶系发育不完善，对内、外源性非营养物质的转化能力较弱，易发生中毒。体内 90% 的氯霉素是与葡糖醛酸结合后解毒的，而新生儿肝葡糖醛酸转移酶在出生后逐渐增加，8 周后才达到成人水平，故新生儿易发生氯霉素中毒。老年人肝的生物转化能力虽属正常，但老年人肝血流量及肾的廓清速率下降，导致老年人血浆药物的清除率降低，药物在体内的半衰期延长。例如，安替比林和保泰松的半衰期分别为 12 小时和 81 小时，在老年人则分别为 17 小时和 105 小时。因此，临床上对新生儿和老年人的用药剂量应较成人低，许多药物对新生儿和老年人属慎用或禁用，以免出现中毒现象。

2. 性别　某些生物转化反应存在明显的性别差异。例如，女性体内醇脱氢酶的活性一般高于男性，女性对乙醇的生物转化能力比男性强；另外，女性对氨基比林的转化能力也较男性强。

3. 疾病　某些疾病尤其是肝严重损伤时可影响肝的生物转化功能，使药物或毒物的灭活速度下降，药物的治疗剂量与毒性剂量之间的差距减小，容易造成肝损害，因此肝病患者用药也需慎重。

4. 药物的诱导与抑制　某些药物或毒物可诱导或抑制生物转化酶类的合成，使肝的生物转化能力增强或减弱。例如，长期服用苯巴比妥，可诱导肝中单加氧酶系的合成，从而使机体对苯巴比妥类药物产生耐药性。

案例 13-1

2013 年 8 月 14 日中午，某工厂的 5 名工人午餐每人吃了一盘猪肝炒青椒，半小时后他们便觉得头晕、心慌、手颤、全身无力，老板娘将他们送到医院救治，并将剩下的猪肝送检。结果如下：盐酸克伦特罗（猪肝瘦肉精）的含量竟超标 1000 倍。经过医院诊断，这些患者疑似"瘦肉精"中毒。

问题： 为什么工人吃了猪肝后出现"瘦肉精"中毒症状？

第 3 节　胆汁酸的代谢

胆汁（bile）由肝细胞分泌，在胆囊进行加工浓缩并储存，其主要有效成分为胆汁酸（bile acid，BA）。胆汁酸常以钠盐的形式存在，又称为胆汁酸盐或胆盐。

一、胆汁酸的生成

在肝细胞内由胆固醇为原料合成的胆汁酸，称为初级胆汁酸（primary bile acid），在肠内由初级胆汁酸转变而来的胆汁酸，称为次级胆汁酸（secondary bile acid）。

（一）初级胆汁酸的生成

胆固醇首先在 7α- 羟化酶的催化下生成 7α- 羟胆固醇，然后再经过氧化、还原、羟化、侧链氧化及断裂、加辅酶 A 等多步复杂的酶促反应，最后生成具有 24 碳的初级游离胆汁酸——胆酸和鹅脱氧胆酸（图 13-1），它们为脂溶性，难溶于水。

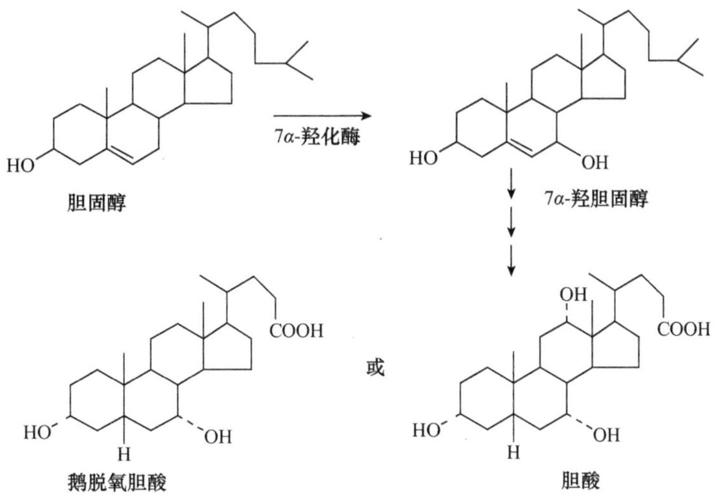

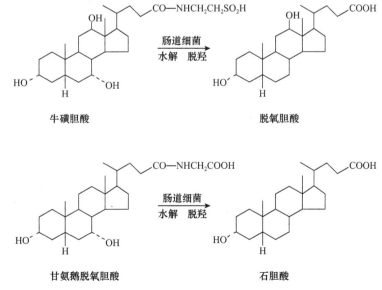

图 13-1 初级游离胆汁酸的生成

胆酸和鹅脱氧胆酸在肝内进行生物转化反应中的结合反应——即分别与甘氨酸或牛磺酸结合生成甘氨胆酸、甘氨鹅脱氧胆酸、牛磺胆酸和牛磺鹅脱氧胆酸，它们被称为初级结合胆汁酸。由于发生了结合反应，溶解度大大增强了，可以随着胆汁分泌到肠道中。

以胆固醇为原料合成胆汁酸是胆固醇在体内的主要去路，也是机体清除胆固醇的主要方式，每天有 0.4 ～ 0.6g 胆固醇在肝内转化为初级胆汁酸。7α- 羟化酶是胆汁酸合成的关键酶，糖皮质激素和生长激素可以提高该酶的活性。甲状腺素可诱导该酶的 mRNA 合成，因此甲状腺素可降低血浆胆固醇水平，甲状腺功能亢进患者血清胆固醇浓度偏低。

（二）次级胆汁酸的生成及胆汁酸的肠肝循环

1. 次级胆汁酸的生成 初级结合胆汁酸随胆汁的分泌进入肠道后，在肠道细菌内酶的作用下，一部分初级结合胆汁酸脱去甘氨酸及牛磺酸，重新变成初级游离胆汁酸——胆酸和鹅脱氧胆酸，二者继续在肠道细菌作用下发生水解、脱羟等反应，分别生成脱氧胆酸和石胆酸（图 13-2）。脱氧胆酸和石胆酸是在肠道内生成的，为次级游离胆汁酸。

图 13-2 次级胆汁酸的生成

2.胆汁酸的肠肝循环 肠道中的各种胆汁酸（包括初级、次级、结合型和游离型胆汁酸）约有95%以上被重吸收，结合型胆汁酸以被回肠主动重吸收为主，游离胆汁酸在小肠各部位及大肠被动重吸收。各种重吸收的胆汁酸均经门静脉重新入肝。在肝细胞内，游离胆汁酸（包括初级和次级游离胆汁酸）分别与甘氨酸或牛磺酸发生结合反应生成结合胆汁酸（包括初级结合胆汁酸和次级结合胆汁酸），并与肝内新合成的初级结合胆汁酸一起再随胆汁分泌到肠道，构成胆汁酸的肠肝循环（图 13-3）。每天只有少量胆汁酸（0.4～0.6g）随粪便排出。

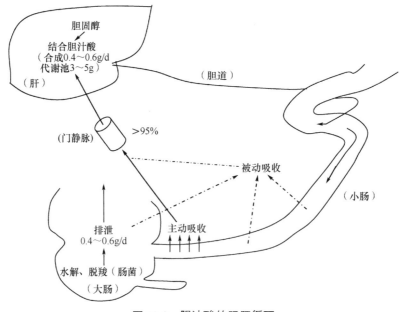

图 13-3 胆汁酸的肠肝循环

机体胆汁酸库里的胆汁酸共有 3～5g，即使全部排入小肠也难以满足饱餐后小肠内脂质乳化的需要。但通过每天进行 6～12 次胆汁酸的肠肝循环，使有限的胆汁酸能充分利用，满足了人体对胆汁酸的需求。

二、胆汁酸的功能

1.促进脂质的消化吸收 胆汁酸分子既含亲水性的羟基和羧基，又含疏水性的甲基和烃基，所以胆汁酸的立体构型中一侧为亲水面，另一侧为疏水面。这种结构能降低油/水两相的界面张力，成为较强的乳化剂，使疏水的脂质在水中乳化成 3～10μm 的细小微团，增加了脂质与脂肪酶的附着面积，有利于脂质物质的消化。脂质的消化产物又结合胆汁酸盐形成混合微团，易于通过小肠黏膜表面的水层，促进脂质的吸收。

2.维持胆汁中胆固醇的溶解状态，防止胆固醇析出形成胆结石 人体内约99%的胆固醇随胆汁从肠道排出体外，其中 1/3 以胆汁酸形式、2/3 以上直接以胆固醇形式排出体外。胆汁中胆固醇难溶于水，胆汁在胆囊浓缩后胆固醇较易沉淀析出，形成胆结石。胆汁酸盐与卵磷脂协同作用可使胆固醇分散形成可溶性微团，使之不易在胆囊发生沉淀。

第4节 胆色素的代谢

胆色素是一类有颜色的化合物，包括胆红素（橙黄色）、胆绿素（蓝绿色）、胆素原（无色）和胆素（黄色）等，来自以铁卟啉为辅基的化合物（如血红蛋白、肌红蛋白、细胞色素体系、过氧化物酶和过氧化氢酶等）在体内的分解代谢。

血红素在血红素单加氧酶催化下分解产生铁、一氧化碳和胆绿素。胆绿素在胆绿素还原酶的作用下生成胆红素。胆红素是人胆汁的主要色素，呈橙黄色，具有毒性，可引起脑组织不可逆的损害，胆红素代谢异常与临床诸多病理生理过程有关。然而，胆红素对人体也有一定的益处，是体内较强的抗氧化剂。

一、胆红素的生成

人体内的胆红素 80% 来源于衰老红细胞中血红蛋白的分解，其他 20% 来自肌红蛋白、过氧化物酶、过氧化氢酶及细胞色素类等含铁卟啉类化合物。

正常人红细胞的平均寿命约为 120 天。衰老的红细胞在肝、脾、骨髓等单核吞噬细胞系统中破坏后释放出其中的血红蛋白。血红蛋白随后分解为珠蛋白和血红素。珠蛋白和其他蛋白质一样可在人体内正常分解利用。血红素在血红素加氧酶的催化下，生成胆绿素。胆绿素在胆绿素还原酶的催化下，还原生成胆红素（图 13-4）。

胆红素分子具有亲脂疏水的特性，易透过细胞膜。若进入脑组织，则能抑制大脑 RNA 和蛋白质的生物合成及糖代谢，与神经核团结合产生核黄疸，干扰脑细胞的正常代谢及功能。

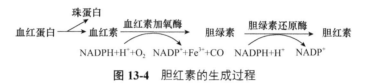

图 13-4　胆红素的生成过程

二、胆红素在血液中的转运

胆红素释放入血后，在血浆中主要以胆红素 - 清蛋白复合物的形式存在和运输。这样不仅增强了胆红素的水溶性，有利于运输，而且还限制了胆红素自由通过细胞膜对组织细胞产生毒性作用，也不能被肾小球滤过到尿中。正常情况下，每 100ml 血浆中的清蛋白可结合 20 ～ 25mg 胆红素。

三、胆红素在肝中的转化

当胆红素 - 清蛋白复合物随血液循环运输到肝脏时，胆红素与清蛋白分离并迅速被肝细胞摄取进入细胞内，并在细胞质中与两种配体蛋白（Y 蛋白和 Z 蛋白）结合，形成胆红素 -Y 蛋白或胆红素 -Z 蛋白复合物，以此形式转运至内质网。

在内质网，胆红素在葡糖醛酸转移酶的催化下，胆红素接受来自 UDPGA 的葡糖醛酸基，生成胆红素 - 葡糖醛酸，也就是结合胆红素。在单核巨噬细胞刚生成的，以及在血液中与清蛋白结合而运输的胆红素均为未结合胆红素。

$$胆红素 \xrightarrow[\text{UDPGA} \quad \text{UDP}]{\text{葡糖醛酸转移酶}} \begin{array}{c}\text{胆红素葡糖醛酸}\\(\text{结合胆红素})\end{array}$$

结合胆红素与之前相比水溶性增强，不易透过细胞膜，毒性降低。与结合胆红素相比，但凡未与葡糖醛酸发生过结合反应的胆红素均称为未结合胆红素或游离胆红素。

四、胆红素在肠道中的变化与胆素原的肠肝循环

肝内生成的结合胆红素随胆汁排入肠道，在肠道细菌作用下脱去葡糖醛酸基，逐步还原成中胆素原、粪胆素原和尿胆素原等，统称为胆素原。大部分胆素原随粪便排出体外，在肠道下段，接触空气被氧化为黄褐色的胆素，是粪便的主要色素。每天排出的胆素总量为 40 ～ 280mg。

肠道中形成的胆素原有 10% ～ 20% 可被肠黏膜细胞重吸收，经门静脉入肝，其中大部分再次由肝细胞分泌随胆汁排入肠道，形成胆素原的肠肝循环。只有少量进入体循环，经肾从尿中排出。

正常人每天随尿排出胆素原 0.5～4.0mg，胆素原接触空气后被氧化成尿胆素，后者是尿的主要色素（图 13-5）。

临床上将尿胆素原、尿胆素及尿胆红素合称为"尿三胆"，是鉴别黄疸类型的常用指标。正常人尿中检查不到胆红素。

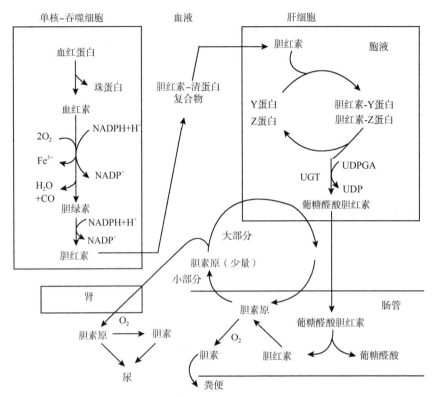

图 13-5　胆色素代谢与胆素原的肠肝循环过程

五、血清胆红素与黄疸

（一）血清胆红素

正常人血清胆红素含量很低，总量小于 17.1μmol/L，包括未结合胆红素和结合胆红素两种，前者占到 4/5 左右。

结合胆红素能直接与重氮试剂反应生成紫红色偶氮化合物，此反应可用于结合胆红素的鉴别与定量测定。未结合胆红素不能直接与重氮试剂反应，但加入咖啡因、甲醇或尿素等加速剂破坏氢键后，也可与重氮试剂反应生成紫红色络合物。故临床上把结合胆红素称为直接胆红素或肝胆红素，未结合胆红素称为间接胆红素（IBIL）或血胆红素，血中两种胆红素之和称为总胆红素。两种胆红素的理化性质比较见表 13-1。

表 13-1　两种胆红素的理化性质比较

项目	结合胆红素	未结合胆红素
别名	直接胆红素，肝胆红素	间接胆红素，血胆红素，游离胆红素
与葡糖醛酸结合	结合	未结合
与重氮试剂反应	迅速、直接反应	缓慢、间接反应
水溶性	大	小
细胞膜通透性及对脑的毒性作用	小	大
经肾随尿排出	能	不能

（二）黄疸

由于血中胆红素含量过高导致皮肤、巩膜、黏膜等组织黄染的现象称为黄疸。

正常情况下，胆红素经肝和肾的转化后变成胆素原，大部分随尿及粪便排出体外，血清中胆红素总量小于 17.1μmol/L。如果体内胆红素生成过多，或机体对胆红素的摄取、转化及排泄能力下降，都可使血中胆红素浓度增高而产生黄疸。

血清中胆红素高于 17.1μmol/L 而低于 34.2μmol/L（2mg/dl）时，肉眼不易觉察，称为隐性黄疸。当血清中胆红素浓度升高超过 34.2mol/L（2mg/dl）时，肉眼可以觉察，称为显性黄疸或临床黄疸。

根据黄疸的发病原因不同，可将黄疸分为三类：溶血性黄疸、阻塞性黄疸、肝细胞性黄疸。

1.溶血性黄疸　可由各种原因（如蚕豆病、恶性疟疾等、药物和输血不当等）导致的溶血产生。此时红细胞大量破坏，血红蛋白分解增多，未结合胆红素产生增加，若超过了肝细胞摄取、转化和排泄能力，会使血中总胆红素、未结合胆红素浓度增高，而导致黄疸。溶血性黄疸结合胆红素的浓度变化不大，尿胆红素阴性。肝对胆红素的摄取、转化和排泄增多，因此尿胆素和尿胆原含量增多，粪胆素和粪胆原也增多，粪便颜色加深。

2.阻塞性黄疸　可由各种原因（如胆结石、先天性胆管闭锁、胆道蛔虫或肿瘤压迫等）导致的胆道阻塞引起。由于胆道阻塞，胆汁排泄障碍，致使结合胆红素逆流入血，血中结合胆红素浓度增高，尿胆红素阳性。血中未结合胆红素无明显变化。胆管阻塞使肠道生成胆素原减少，尿胆素原降低，粪便颜色变浅，甚至呈灰白色或陶土色。

3.肝细胞性黄疸　由于肝实质细胞病变、肝细胞受损或肝功能减退等原因，导致肝脏对胆红素的摄取、转化和排泄功能发生障碍。一方面由于肝脏不能将未结合胆红素转化为结合胆红素，造成血中未结合胆红素浓度增高；另一方面病变区压迫毛细胆管（或肝内毛细胆管阻塞）使生成的结合胆红素反流到血液循环，导致血中结合胆红素浓度增高。故肝细胞黄疸时，血中结合胆红素和未结合胆红素都升高，尿胆红素阳性。由于排入肠腔的胆红素减少，胆素原生成减少，粪便颜色变浅。各种黄疸时体液生化指标的变化见表 13-2。

表 13-2　黄疸时体液生化指标变化

类型	血		尿			粪
	未结合胆红素	结合胆红素	胆红素	胆素原	尿胆素	颜色
正常	<12μmol/L	<6μmol/L	–	少量	少量	黄色
溶血性黄疸	↑↑	不变或微增	–	↑↑	↑	加深
肝细胞性黄疸	↑	↑	++	不定	不定	变浅或正常
阻塞性黄疸	不变或微增	↑↑	++	↓或无	↓	变浅或呈陶土色

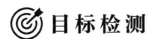 目标检测

一、名词解释

1.生物转化　2.激素的灭活　3.胆汁酸的肠肝循环
4.黄疸

二、单选题

1.肝脏不具备下列哪种功能
　A.储存糖原和维生素　　B.合成尿素
　C.合成消化酶　　　　　D.进行生物转化
　E.合成清蛋白
2.肝脏对糖代谢最主要的作用是

　A.肝糖原的分解作用
　B.肝糖原的合成作用
　C.糖异生作用
　D.将糖转变为脂肪
　E.维持血糖浓度的相对稳定
3.生物转化中最常见的第一相反应是
　A.氧化反应　　　　　　B.还原反应
　C.水解反应　　　　　　D.结合反应
　E.合成反应

4. 胆固醇转变为胆汁酸的关键酶是

A. 1α- 羟化酶　　　　　B. 25α- 羟化酶

C. 7α- 羟化酶　　　　　D. HMG CoA 还原酶

E. 裂解酶

5. 胆固醇析出沉淀主要与下列哪种因素有关

A. 胆盐浓度　　　　　　B. 卵磷脂浓度

C. 胆固醇浓度　　　　　D. 胆固醇难溶于水

E. 胆盐和卵磷脂与胆固醇的协同

6. 下列属于初级未结合胆汁酸的是

A. 脱氧胆酸　　　　　　B. 鹅脱氧胆酸

C. 甘氨脱氧胆酸　　　　D. 牛磺胆酸

E. 石胆酸

7. 体内胆色素生成的主要原料来自

A. 胆固醇　　　　　　　B. 类固醇激素

C. 胆酸　　　　　　　　D. 铁卟啉化合物

E. 肌酸

8. 关于结合胆红素的错误叙述是

A. 与葡糖醛酸结合

B. 与重氮试剂起反应为间接阳性

C. 水溶性大

D. 不能进入脑组织产生毒性

E. 能通过肾由尿排出

9. 造成溶血性黄疸的原因是

A. 大量红细胞被破坏

B. 肝功能下降

C. 肝内外胆道阻塞

D. 肝细胞膜通透性增大

E. 以上都不对

三、简答题

1. 肝脏在物质代谢中起哪些作用？异常时有何表现？

2. 简述生物转化的反应类型、生理意义和特点。

3. 胆汁酸有何生理功能？

4. 列表比较未结合胆红素与结合胆红素的异同点。

（晁相蓉）

第14章 水和无机盐代谢

第1节 水 代 谢

水是人体内含量最多、最重要的无机物，是维持人体正常代谢活动和生理功能的必需物质之一。大部分水与蛋白质、多糖等结合，以结合水的形式存在，另一部分是自由水。

一、水的生理功能

（一）调节体温

水的比热大，蒸发热也大，蒸发少量汗液就能散发大量热量。水的导热性强，能使代谢产生的热迅速散发，水的这些特性对维持机体体温的恒定起着重要作用。

（二）促进和参与物质代谢

水是体内良好的溶剂，使代谢物溶解，有利于化学反应的进行。水分子还直接参与水解、水化、加水、脱氢等化学反应，促进了物质代谢的进行。

（三）运输作用

水是良好的溶剂，利于物质的运输。某些难溶或不溶于水的物质（如脂类），也能与亲水性的蛋白质分子结合而分散于水中，通过血液运输至全身。

（四）润滑作用

水有润滑作用，如唾液利于吞咽；泪液可防止眼球干燥；关节液可减少运动时关节面之间的摩擦。胸腔浆液与腹腔浆液、呼吸道黏液与胃肠道黏液都有良好的润滑作用。

（五）维持组织的形态与功能

体内存在的结合水参与构成细胞的特殊形态，如维持心脏形态、硬度、弹性，保证心脏有力地推动血液循环。

二、水 的 平 衡

（一）水的摄入

正常成人每日所需水量约为2500ml，其来源主要有以下几方面（表14-1）。

1. 饮水　包括茶、汤及其他流质等，成人每日饮水量约为1200ml。饮水量随个人习惯、气候条件和劳动强度的不同可有较大差别。

2. 食物水　指食物中含的水分，成人每天随食物摄入的水量约为1000ml。

3. 代谢水　糖、脂肪和蛋白质等营养物质在氧化过程中生成的水称为代谢水，成人每日体内生成的代谢水约为 300ml。

表 14-1 正常成人每日水的摄入量

摄入途径	水的摄入量（ml）
饮水	1200
食物水	1000
代谢水	300
总量	2500

（二）水的排出

正常成人每日排出的水约为 2500ml，其排出有以下途径（表 14-2）。

1. 肺蒸发　肺呼吸时以水蒸气形式排出部分水，成人每日由肺呼吸排出的水约 350ml。

2. 皮肤蒸发　有两种方式：①非显性出汗，成人每天由此蒸发的水量约 500ml；②显性出汗，为汗腺分泌的汗液，含少量电解质，大量出汗后，在补水的基础上还应补充电解质。

3. 消化系统排水　正常成人每日随排泄物排水约 150ml。

4. 肾排水　肾脏是排水最主要的器官，正常成人每日尿量约为 1500ml。成人每日由尿排出 35g 左右的固体代谢废物，1g 代谢废物至少需要 15ml 水才能溶解，故排泄这些废物的最低尿量约为 500ml，称为最低尿量。少于 400ml 时称为少尿。成人不能进水时，每日仍由肺、皮肤、肾及排泄物排出水约 1500ml，除去 300ml 代谢水，每日最少应补充 1200ml 水才能维持水平衡。此量称为最低需水量，是临床补充水的依据。

正常成人每日水的摄入量和排出量基本相等，约为 2500ml，保持动态平衡。

表 14-2 正常成人每日水的排出量

排出途径	水的排出量（ml）
肺蒸发	350
皮肤蒸发	500
消化系统排水	150
肾排水	1500
总量	2500

案例 14-1

患者，女，20 岁。因进食不洁食物，导致呕吐三次，腹泻数次，水样便，伴有腹痛症状。两日来食欲差，嘴唇干燥，尿少。到医院就诊，体温为 38℃，脱水貌，脐周轻压痛，肠鸣音亢进。血常规显示，白细胞为 11×10^9/L。血电解质结果显示，血清钾浓度为 3.3mmol/L，医嘱：静脉输注水、氯化钠、氯化钾、葡萄糖和抗生素。

问题：什么是水平衡？正常成人每日水的出入量需要多少才能维持水平衡？

第 2 节　电解质代谢

水与无机盐是人体的重要组分，也是构成体液的主要成分。水及溶于水中的无机盐、有机物和蛋白质等构成的液体称为体液。体液中的无机盐、某些小分子有机物和蛋白质等常以离子状态存在，故又称为电解质。

一、电解质的生理功能

（一）构成组织细胞的成分

所有组织中均有电解质成分。例如，钙、磷和镁是骨骼、牙齿组织中的主要成分；含硫酸根的蛋白多糖参与构成软骨、皮肤和角膜等组织。

（二）维持体液渗透压和酸碱平衡

电解质是体液的重要组成成分。Na^+、Cl^- 是维持细胞外液渗透压的主要离子；HPO_4^{2-}、K^+ 是维持细胞内液渗透压的主要离子。这些电解质浓度发生改变时，体液的渗透压也随之发生变化，从而影响体内水的分布。体液电解质中的阴离子（如 HCO_3^-、HPO_4^{2-} 等）与其相应的酸类可形成缓冲对，在维持体液酸碱平衡中起着重要作用。

（三）维持神经、肌肉的兴奋性

神经、肌肉的兴奋性与电解质的关系如下：

$$神经、肌肉兴奋性 \propto \frac{[Na^+]+[K^+]}{[Ca^{2+}]+[Mg^{2+}]+[H^+]}$$

可见，Na^+、K^+ 可提高神经肌肉的兴奋性。Ca^{2+}、Mg^{2+} 和 H^+ 可降低神经肌肉的兴奋性，低血钙时，可出现手足抽搐。

无机离子与心肌细胞应激性的关系式如下：

$$心肌兴奋性 \propto \frac{[Na^+]+[Ca^{2+}]}{[K^+]+[Mg^{2+}]+[H^+]}$$

血钾过高对心肌有抑制作用，心脏舒张期延长，心率减慢，严重时甚至可使心搏停止于舒张期。而血钾过低则常出现心律失常，严重时可使心搏停止于收缩期。Na^+、Ca^{2+} 可拮抗 K^+ 对心肌的作用，维持心肌正常的应激状态。

（四）参与或影响体内物质代谢

1. 构成酶的辅助因子，或作为酶的激活剂、抑制剂，从而影响物质代谢。例如，Cl^- 和 K^+ 分别是唾液淀粉酶和磷酸果糖激酶的激活剂。

2. 参与组成体内有特殊功能的活性物质，如血红蛋白中含铁、甲状腺素中含碘。

3. 直接参与或调节物质代谢，如 K^+ 参与糖及蛋白质的代谢，细胞内合成糖原或蛋白质时，血浆内 K^+ 转移进入细胞内；糖原及蛋白质分解时，细胞内的 K^+ 释放进入血浆。

二、体液电解质的含量及分布

电解质在细胞内、外液中的含量及分布见表 14-3。

体液电解质的分布特点：①体液各部分呈电中性，各部分体液的阴离子与阳离子摩尔电荷总量相等，呈电中性。②细胞内、外液电解质的含量差别很大，细胞外液的阳离子以 Na^+ 为主，细胞内液的阳离子以 K^+ 为主；而阴离子的分布，细胞外液主要的阴离子 Cl^- 和 HCO_3^-，细胞内液主要是 HPO_4^{2-} 和蛋白质负离子。③血浆中蛋白质的含量远高于组织液。④细胞内、外液渗透压基本相等。这是因为细胞内液含大分子蛋白质和二价离子较多，而这些电解质产生的渗透压较小。

表 14-3 各体液中电解质的含量及分布（mmol/L）

电解质		血浆		组织间液		细胞内液	
		mmol/L（离子）	mmol/L（电荷）	mmol/L（离子）	mmol/L（电荷）	mmol/L（离子）	mmol/L（电荷）
阳离子	Na^+	145	（145）	139	（139）	10	（10）
	K^+	4.5	（4.5）	4	（4）	158	（158）
	Mg^{2+}	0.8	（1.6）	0.5	（1）	15.5	（31）
	Ca^{2+}	2.5	（5）	2	（4）	3	（6）
	合计	152.8	（156.1）	145.5	（148）	186.5	（205）
阴离子	Cl^-	103	（103）	112	（112）	1	（1）
	HCO_3^-	27	（27）	25	（25）	10	（10）
	HPO_4^{2-}	1	（2）	1	（2）	12	（24）
	SO_4^{2-}	0.5	（1）	0.5	（1）	9.5	（19）
	蛋白质	2.25	（18）	0.25	（2）	8.1	（65）
	有机酸	5	（5）	6	（6）	16	（16）
	有机磷酸		（−）		（−）	23.3	（70）
	合计	138.75	（156）	144.75	（148）	79.9	（205）

三、水与电解质平衡的调节

（一）神经系统的调节

中枢神经系统通过对体液渗透压变化的感受，直接影响水的摄入。在机体失水过多或进食高盐饮食等情况下，细胞外液渗透压升高，下丘脑视前区的渗透压感受器产生兴奋引起渴感；同时，细胞内水转移至细胞外，细胞脱水，也可引起口渴。饮水后，细胞内、外液渗透压重新恢复平衡。

（二）激素的调节

1. 抗利尿激素的调节　抗利尿激素（ADH）又称血管升压素，是下丘脑视上核神经细胞分泌的一种九肽激素。其主要功能是促进肾远曲小管和集合管对水的重吸收，减少尿液的排出。当 ADH 分泌释放障碍，可造成尿量显著增多。

2. 醛固酮的调节　醛固酮是肾上腺皮质球状带分泌的一种类固醇激素。主要功能是促进肾小管上皮细胞排出 K^+ 和 H^+、重吸收 Na^+，即"保钠排钾"作用。随着 Na^+ 的重吸收，Cl^- 和水也被重吸收，起到保水作用。另外，血钾和血钠浓度也可影响醛固酮的分泌。当人体血钠降低时，醛固酮分泌量增加，尿中排钠减少。相反，当血钠升高时，醛固酮分泌减少，尿中排钠增多。

第3节　钙、磷代谢

一、钙、磷的含量与分布

钙和磷是体内含量最多的无机盐。钙总量为 700～1400g。磷总量为 400～800g。其中 99% 的钙和 86% 的磷以羟磷灰石的形式存在于骨骼及牙齿中，极少量的钙磷存在于体液及软组织中。

二、钙、磷的吸收与排泄

（一）钙的吸收与排泄

1. 钙的吸收　钙主要在小肠上段被主动吸收。游离的 Ca^{2+} 容易被吸收，且受多种因素的影响。①维

生素 D_3 是影响钙吸收的主要因素，其活性形式 1, 25-(OH)₂-D₃ 可促进小肠对钙和磷的吸收；②食物成分及肠液 pH：凡能降低肠道 pH 的食物成分均可促进钙的吸收，而碱性磷酸盐、草酸、鞣酸和植酸等阴离子可与钙结合生成难溶性的钙盐，从而阻碍钙的吸收；③年龄：钙的吸收率与年龄成反比。婴儿对食物钙的吸收率达 50% 以上，成人约为 20%，40 岁以后钙的吸收平均每 10 年减少 5%～10%。所以老年人易患骨质疏松症。

2. 钙的排出　人体每日约 80% 的钙经肠道排出，20% 经肾脏排出。正常成人钙的摄入量与排出量保持动态平衡。

（二）磷的吸收与排泄

小肠上段是磷吸收的主要部位，吸收形式主要为酸性磷酸盐。影响钙吸收的因素也同样影响磷的吸收。60%～80% 的磷由肾脏排出，20%～40% 随粪便排出。故磷的主要排出途径是肾脏。主要以磷酸钙的形式排出。

三、钙、磷的功能

钙、磷除构成骨骼和牙齿外，各种体液中的钙和磷，含量虽少，却具有重要的生理功能。

（一）Ca^{2+} 的生理功能

Ca^{2+} 的主要生理功能：①构成骨盐；② Ca^{2+} 是凝血因子之一；③ Ca^{2+} 增强心肌的收缩，降低神经骨骼肌的兴奋性；④ Ca^{2+} 降低毛细血管壁及细胞膜的通透性；⑤ Ca^{2+} 是许多酶的激活剂或抑制剂；⑥ Ca^{2+} 是激素的第二信使。

（二）磷的生理功能

磷的主要生理功能：①与钙一起构成骨盐；②组成血液缓冲体系，维持血液酸碱平衡。③生物膜、神经鞘及脂蛋白的基本组分；④是 DNA、RNA 的基本成分之一；⑤参与物质代谢，磷酸基是许多辅酶如 NAD^+ 的组成成分；通过磷酸化和去磷酸化修饰调节酶的催化作用；参与能量的生成、储存及利用等。

四、血钙与血磷

（一）血钙

血钙是指血浆中的钙。血钙的存在形式有三种：①蛋白结合钙，指与血浆蛋白质（主要是清蛋白）结合的钙，约占血钙总量的 45%。由于不能通过毛细血管壁，称为非扩散性钙；②扩散结合钙，指与柠檬酸等结合的钙，可通过半透膜；③游离钙，即 Ca^{2+}，约占血钙总量的 50%，易透过半透膜。血浆中只有 Ca^{2+} 能直接发挥生理功能，各种钙的存在形式可以相互转化，处于动态平衡。这种转化受血浆 pH 影响。

血浆 pH 下降时，Ca^{2+} 浓度升高；血浆 pH 升高时，结合钙增多，Ca^{2+} 浓度降低。因此，在碱中毒时，神经肌肉的兴奋性增高，可出现手足搐搦。

（二）血磷

血磷是指血浆无机磷酸盐所含的磷。血浆无机磷酸盐主要以 HPO_4^{2-} 和 $H_2PO_4^-$ 的形式存在。正常成人血磷浓度约为 1.2mmol/L，婴儿稍高。

（三）血钙与血磷的关系

临床上常用血钙和血磷浓度的乘积来衡量体内钙磷代谢及骨的代谢。两者浓度若以 mg/dl 表示，其乘积相当恒定，即 [Ca]×[P]=35 ～ 40。当两者乘积为 35 ～ 40 时，骨组织合成与分解保持动态平衡，维持骨的更新；大于 40 时，促进钙磷以骨盐的形式沉积于骨中，有利于骨的钙化；小于 35 时，则提示骨的钙化将发生障碍，甚至可促进骨骼中的钙盐再溶解，影响正常的成骨作用，儿童可引起佝偻病，成人可患骨软化症。

五、钙、磷代谢的调节

（一）1, 25-(OH)$_2$-D$_3$ 的调节作用

维生素 D$_3$ 在肝和肾中经两次羟化转变为活性维生素 D[1, 25-(OH)$_2$-D$_3$]，是调节钙、磷代谢的最重要因素。在小肠，1, 25-(OH)$_2$-D$_3$ 促进小肠对钙、磷的吸收；在骨组织，1, 25-(OH)$_2$-D$_3$ 一方面能促进骨盐溶解；另一方面能促进骨骼钙化。整体而言，它促进了骨的代谢，利于骨的生长和钙化。在肾脏，1, 25-(OH)$_2$-D$_3$ 促进肾近曲小管对钙和磷的重吸收。

（二）甲状旁腺素

甲状旁腺素（PTH）是由甲状旁腺主细胞合成分泌的多肽激素。血钙浓度与 PTH 的分泌呈负相关。在骨组织，PTH 可抑制成骨作用，促进溶骨作用；在肾脏，PTH 促进肾远曲小管对钙的重吸收，抑制近曲小管对磷的重吸收；在小肠，PTH 间接促进小肠对钙、磷的吸收。

（三）降钙素

降钙素（CT）是甲状腺滤泡旁细胞（C 细胞）合成分泌的一种多肽激素，其分泌与血钙浓度呈显著的正相关。在骨组织，降钙素能促进骨盐沉积，抑制骨盐溶解；在肾脏，降钙素能抑制肾小管对钙和磷的重吸收；在小肠，CT 间接抑制肠道对钙、磷的吸收。

如上所述，正常情况下，1, 25-(OH)$_2$-D$_3$ 总的作用是升高血钙、血磷。PTH 总的作用结果是升高血钙、降低血磷。降钙素总的作用是降低血钙和降低血磷。三者的协同作用共同维持血浆钙、磷浓度的动态平衡。

第 4 节　微 量 元 素

凡含量占体重 0.01% 以下的元素，每天需要量在 100mg 以下者，均称为微量元素，目前公认的人体必需微量元素主要有铁、锌、铜、硒、钴、锰、铬、碘、氟、钒、钼、硅等。

一、铁

（一）铁的代谢概况

铁是体内含量最多的微量元素，约占体重的 0.006%，正常成年男子体内含铁量 3 ～ 5g，女性稍低。体内 3/4 的铁存在于血红蛋白、肌红蛋白和细胞色素等含铁的酶中。其余以铁蛋白或含铁血黄素形式，储存于肝、脾、骨髓、肌肉和肠黏膜中。人体内的铁主要来源于食物铁和血红蛋白降解释放的铁。通常成年男性需铁 0.5 ～ 1.0mg/d。妇女月经期、妊娠期、哺乳期及儿童生长发育期，每日需要 1.0 ～ 2.0mg。铁的吸收主要在十二指肠与空肠上段，只有溶解状态的铁才被吸收。一般 Fe^{2+} 比 Fe^{3+} 易于吸收，维生素 C、谷胱甘肽等能使 Fe^{3+} 还原为 Fe^{2+}，因而促进铁的吸收；氨基酸、柠檬酸等可与铁形成复合物，也有利于铁的吸收；血红素中的铁可直接被吸收。吸收后的铁以铁蛋白的形式运到肝、脾等器官储存，或进入血液被铜蓝蛋白氧化成 Fe^{3+} 运到骨髓参与合成血红蛋白。人体大部分的铁随粪便排出，少部分从尿或皮肤排出。

（二）铁的生理作用

铁在体内主要是参与血红素的生物合成，而血红素是血红蛋白、肌红蛋白、细胞色素、过氧化氢酶等的辅基。因此铁与红细胞的运氧功能、能量代谢及多种物质的代谢密切相关。铁缺乏时，可导致贫血。

二、锌

（一）锌的代谢概况

成人体内含锌量为 2～3g，广泛分布于各组织中，以皮肤、视网膜、胰岛及前列腺组织中含锌量较高。正常成人锌需要量为 15～20mg/d。食物中以肝、鱼、蛋、海产品、瘦肉富含锌，尤其是虾、牡蛎含锌量最为丰富。锌主要在小肠吸收，锌吸收入血后与清蛋白结合而被运输。锌主要随胰液和胆汁经肠道排出，部分锌可随尿和汗排出。

（二）锌的生理功能

锌的生理功能主要如下：①参与酶的组成，如 DNA 聚合酶。补锌可加速学龄前儿童的生长发育，缺锌则发育停滞、智力下降；②锌对激素的作用，锌具有延长胰岛素作用时间并增强其活性的作用；③锌对大脑功能的影响，锌是脑组织中含量最多的微量元素，妊娠妇女若缺乏锌，将引起后代的学习、记忆能力下降；④锌与味觉、嗅觉有关，缺锌时可引起味觉丧失、食欲减退。

三、碘

（一）碘的代谢概况

正常人体内含碘总量为 25～50mg，约有 15mg 集中在甲状腺内，其余分布在其他组织中。人体每日需碘量：成人 150μg，儿童 90～150μg，孕妇、乳母 200μg。碘的主要来源是膳食，碘在消化道吸收迅速而完全。体内碘主要随尿排出，少量随粪便排出。

（二）碘的生理功能

碘的主要生理功能是参与合成甲状腺激素（T_3 和 T_4），调节物质代谢，促进儿童的生长发育。人体中度缺碘会引起地方性甲状腺肿；严重缺碘会导致发育停滞，智力低下，生殖力丧失，甚至痴呆、聋哑，形成克汀病（或称呆小症）。

四、硒

（一）硒的代谢概况

成人体内硒含量为 14～21mg，广泛分布于除脂肪组织以外的所有组织。含硒最多的食物是动物内脏和鸡蛋。人体硒的需要量为 50～200μg/d。食入的硒主要在肠道吸收，维生素 E 可促进硒的吸收。硒主要经肠道排泄，小部分由肾脏、肺及汗腺排出。

（二）硒的生理功能

硒主要作为谷胱甘肽过氧化物酶的组成成分，能防止过氧化物对人体的损害，保护细胞膜结构和功能的完整性；硒可加强维生素 E 的抗氧化作用，参与辅酶 Q 和辅酶 A 的组成；硒还具有促进人体生长、保护心血管和心肌的健康、解除体内重金属毒性的作用等。近年来，人们认为硒具有抗癌作用。硒的缺乏与多种疾病有关，如克山病、心肌炎、大骨节病等。硒过多也会引起中毒症状。

五、锰

（一）锰的代谢概况

成人体内含锰量为 10 ～ 20mg，广泛分布于各组织。正常成人每日锰需要量为 3 ～ 5mg。食物中的锰主要在小肠吸收，体内的锰由胆汁和尿液排泄。

（二）锰的生理功能

人体内的锰主要为多种酶的组成成分或激活某些酶，如 RNA 聚合酶、超氧化物歧化酶等。锰还参与骨骼的生长发育和造血过程、维持正常的生殖功能。缺锰时生长发育会受到影响。但摄入过多，可导致中毒。

目标检测

一、名词解释

1. 血钙　2. 血磷　3. 微量元素

二、单选题

1. 有关水的生理功能，哪项是错误的
   A. 促进化学反应
   B. 运输物质
   C. 调节体温
   D. 润滑作用
   E. 维持组织的正常兴奋性

2. 每日水的需要量是
   A. 1500ml　　　　　B. 500ml
   C. 1000ml　　　　　D. 2500ml
   E. 800ml

3. 人体每昼夜最低尿量是
   A. 100ml　　　　　B. 150ml
   C. 500ml　　　　　D. 200ml
   E. 350ml

4. 不能进食的成人每日补液量最低应为
   A. 2500ml　　　　　B. 500ml
   C. 1500ml　　　　　D. 350ml
   E. 100ml

5. 细胞内液中的主要阳离子是
   A. Na^+　　　　　B. K^+
   C. Cl^-　　　　　D. H^+
   E. Ca^{2+}

6. 既能增强神经肌肉的兴奋性，又能降低心肌兴奋性的离子是

A. Na^+　　　　　B. H^+
C. Mg^{2+}　　　　　D. Ca^{2+}
E. K^+

7. 体内绝大部分的钙和磷参与或构成
   A. 骨盐　　　　　B. 辅酶
   C. 核酸　　　　　D. 血液凝固
   E. 蛋白质

8. 影响钙吸收的主要因素是
   A. 维生素 A　　　　　B. 维生素 D
   C. 甲状旁腺素　　　　　D. 降钙素
   E. 维生素 C

9. 体内直接发挥生理作用的钙是
   A. 柠檬酸钙　　　　　B. 离子钙
   C. 蛋白结合钙　　　　　D. 乳酸钙
   E. 葡萄糖酸钙

10. 体内含量最多的无机元素是
    A. 钙、钾　　　　　B. 钾、钠
    C. 钠、氯　　　　　D. 钙、磷
    E. 钾、磷

11. 使血钙升高血磷降低的激素是
    A. 降钙素　　　　　B. 醛固酮
    C. 甲状旁腺素　　　　　D. 甲状腺素
    E. 1, 25- 二羟胆钙化醇

三、简答题

1. K^+、Ca^{2+} 对骨骼和心肌的作用有什么不同？
2. 人体内的水有哪些来源和去路？

（于艳红）

第 **15** 章
酸碱平衡

体内的物质代谢是在适宜的 pH 条件下进行的。尽管人体不断生成和从外界摄取酸性或碱性物质，但正常人体液的 pH 并不发生显著变化。这是由于机体存在一系列的调节机制，使体液的 pH 维持在相对恒定的范围内，这种调节过程称为酸碱平衡。

人体液各部分的 pH 并不完全相同。正常人血浆的 pH 维持在 7.35～7.45，细胞内液、细胞间液的 pH 低于血浆。因为血液在细胞内、外液物质交换中起重要作用，所以血浆 pH 可直接反映体内酸碱平衡的状况。

第 1 节　体内酸碱性物质来源

体内酸性物质和碱性物质有两大来源：一是自身细胞内的物质代谢过程中产生的，为主要来源；二是进入体内的食物和药物，为次要来源。在日常饮食和代谢过程中，酸性物质远超过碱性物质的量。

一、酸性物质的来源

体内酸性物质的主要来源是糖、脂质和蛋白质分解代谢产生的酸，可分为挥发性酸和非挥发性酸；另外少量的酸性物质可以来自食物、饮料和某些药物等。

1. 挥发性酸即碳酸　体内三大营养物质彻底氧化均产生二氧化碳和水，在细胞内由碳酸酐酶催化生成碳酸，经血液运输可分解成二氧化碳和水，通过肺部的呼吸作用呼出，故称挥发性酸，碳酸也是体内产生量最多的酸性物质。正常成年人每日产生 300～400L 二氧化碳，即 10～20mol 的碳酸。

2. 非挥发性酸即固定酸　固定酸都不能由肺排出，主要随肾经尿排出，包括糖酵解产生的丙酮酸和乳酸、糖有氧氧化过程中生成的柠檬酸、脂肪代谢生成的乙酰乙酸与 β- 羟丁酸、蛋白质分解代谢产生的硫酸、核酸分解代谢的磷酸和尿酸等。正常人每天代谢产生 50～100mmol 的固定酸。

3. 食物中的酸　机体从食物中直接摄取的酸性物质，如饮料中的柠檬酸、调味品中的醋酸等。

4. 药物　某些药物可在体内产生酸，如解热镇痛药、预防血栓的阿司匹林，止咳药氯化铵。

二、碱性物质的来源

人体内的碱性物质来自饮食或从体内物质代谢产生。人从食物中可直接摄入少量碱性物质，如小苏打、苏打等；也有些食物进入人体能转变成碱性物质，称为成碱食物，如蔬菜和水果。蔬菜和水果中常含有机酸盐，如柠檬酸或苹果酸的钠盐或钾盐等，进入体内则可转变成碳酸氢盐。多数药物呈碱性。体内代谢也可产生碱性物质，如氨基酸脱氨基所产生的氨。

正常情况下，体内酸性物质的产生远多于碱性物质。所以，一般情况下，机体对酸碱平衡的调节以对酸性物质的调节为主。

第 2 节　机体对酸碱平衡的调节

机体酸碱平衡的调节主要包括血液的缓冲作用、肺的调节作用、肾的调节作用三个方面，而这三个方面的调节作用是相辅相成的。

一、血液的缓冲作用

无论是体内产生的还是从体外进入体内的酸性或碱性物质，进入血液后首先被血液的缓冲体系所缓冲，由较强的酸或碱转变为较弱的酸或碱，使血液 pH 不发生明显变化。

（一）血液的缓冲体系

血浆中的缓冲体系是由血液中缓冲酸（弱酸）及其盐组成缓冲对。血浆中的缓冲体系由以下几部分组成。

$$\frac{NaHCO_3}{H_2CO_3}, \quad \frac{Na_2HPO_4}{NaH_2PO_4}, \quad \frac{Na\text{-}Pr}{H\text{-}Pr}$$

红细胞中的缓冲体系主要包括以下成分：

$$\frac{KHCO_3}{H_2CO_3}, \quad \frac{K_2HPO_4}{KH_2PO_4}, \quad \frac{K\text{-}Hb}{H\text{-}Hb}, \quad \frac{K\text{-}HbO_2}{H\text{-}HbO_2}$$

血浆缓冲体系中以碳酸氢盐缓冲体系最为重要，红细胞中以血红蛋白及氧合血红蛋白缓冲体系最为重要。全血中各种缓冲体系占总浓度的百分比如表 15-1 所示。

表 15-1　全血中各种缓冲体系的含量和分布

缓冲体系	占全血缓冲体系总浓度的百分比（%）
HbO_2 和 Hb	5
有机磷酸盐	3
磷酸盐	2
血浆蛋白质	7
血浆碳酸氢盐	35
红细胞碳酸氢盐	18

碳酸氢盐缓冲体系之所以重要，不仅在于其含量最多、缓冲能力最强；还在于这一缓冲体系调节方便。碳酸可与血浆中的 CO_2 取得平衡而受呼吸的调节，碳酸氢根可以通过肾脏进行调节。正常人血浆 $NaHCO_3$ 的浓度约为 24mol/L，H_2CO_3 的浓度约为 1.2mmol/L，两者比值为 20/1。pK_a 是 H_2CO_3 电离常数的负对数，在 37℃时为 6.1。将以上数值代入缓冲溶液 pH 计算的 Henderson-Hasselbalch 方程式。

$$pH = pK_a + lg\frac{[NaHCO_3]}{[H_2CO_3]}$$

则血液 pH = 6.1+ lg 24/1.2 = 6.1+lg 20/1 = 6.1+1.3 = 7.4

由此可见，只要血浆中 $[NaHCO_3]/[H_2CO_3]$ 之比保持 20/1，血浆 pH 就能维持在 7.4，即血浆的 pH 取决于缓冲体系中两种成分的比值，而不是它们的绝对浓度。

（二）血液缓冲体系的缓冲作用

1. 对固定酸的缓冲　当固定酸（HA）进入血液时，血液缓冲体系中的缓冲碱与其反应，起主要作用的是 $NaHCO_3$，对固定酸的缓冲主要依靠血浆中的 $NaHCO_3$，使酸性较强的固定酸转变为 H_2CO_3。后者随血液流经肺时分解为 H_2O 和 CO_2，CO_2 由肺呼出体外。

$$HA + NaHCO_3 \longrightarrow NaA + H_2CO_3$$
（固定酸）　　　　　（固定酸钠）
$$\longrightarrow H_2O + CO_2\uparrow$$

血浆中的 $NaHCO_3$ 主要用来缓冲固定酸，在一定程度上可以代表血浆对固定酸的缓冲能力，被称为碱储。

2. 对挥发酸的缓冲　如图 15-1 所示，对挥发酸的缓冲是和血红蛋白质运氧过程相偶联的。

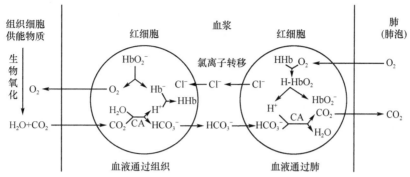

图 15-1　血红蛋白对挥发酸的缓冲作用

（1）当血液流经组织细胞时，物质分解代谢产生的 CO_2 可不断扩散至血浆和红细胞。红细胞内含有丰富的碳酸酐酶，大量 CO_2 进入与 H_2O 迅速反应生成 H_2CO_3，反应如下所示。

$$CO_2 + H_2O \longrightarrow H_2CO_3（快而多）$$

$$K\text{-}HbO_2 \longrightarrow K\text{-}Hb + O_2$$

$$H_2CO_3 + K\text{-}Hb \longrightarrow KHCO_3（多）+ H\text{-}Hb$$

$$KHCO_3 \longrightarrow K^+ + HCO_3^-（多）$$

以上反应使红细胞内生成较多 HCO_3^-，其浓度高于血浆，于是红细胞内的 HCO_3^- 向血浆扩散；作为交换，血浆中等量的 Cl^- 向红细胞内转移，以保持正、负电荷的平衡，此过程称为氯离子转移。

（2）当血液流经肺时，由于 O_2 分压高，在红细胞内，$H\text{-}Hb$ 与 O_2 结合生成 $H\text{-}HbO_2$，反应过程如下。

$$H\text{-}Hb + O_2 \longrightarrow H\text{-}HbO_2$$

$$H\text{-}HbO_2 + KHCO_3 \longrightarrow K\text{-}HbO_2 + H_2CO_3$$

$$H_2CO_3 \longrightarrow H_2O + CO_2$$

上述过程产生的 CO_2 不断地由肺呼出。此时红细胞内 HCO_3^- 浓度降低，血浆中 HCO_3^- 向红细胞扩散，而 Cl^- 又自红细胞换回血浆。

通过以上过程，物质代谢产生的挥发酸 H_2CO_3 最终大多转变为 CO_2 从肺呼出。

3. 对碱的缓冲　当碱性物质进入血液时，缓冲体系中的缓冲酸可与其反应，使强碱转变成弱碱。起主要缓冲作用的是 H_2CO_3。

$$OH^- + H_2CO_3 \longrightarrow HCO_3^- + H_2O$$

血液缓冲体系的作用快，有一定的局限性。对酸性物质缓冲后，血浆中 HCO_3^- 消耗浓度下降，同时伴有 H_2CO_3 的增多，可致血液 pH 降低；对碱性物质缓冲后则使血中 HCO_3^- 浓度升高，H_2CO_3 浓度下降，可致血液 pH 升高。

二、肺的调节作用

肺对酸碱平衡的调节主要是通过改变呼吸运动的频率和深度，从而调节 CO_2 排出量，来控制血液中 H_2CO_3 的浓度，以维持酸碱平衡。当血中 CO_2 分压升高、pH 降低时，呼吸中枢兴奋，呼吸加深加快，CO_2 排出增多，血中 H_2CO_3 浓度降低。反之，当血中 CO_2 分压降低、pH 升高时，呼吸变浅变慢，CO_2 排出减少，血中 H_2CO_3 浓度升高。通过肺的调节，血浆中 $[NaHCO_3]/[H_2CO_3]$ 保持在 20/1，使血液 pH 稳定在正常范围内。

三、肾的调节作用

肾是调节机体酸碱平衡最主要的器官，肾通过排出过多的酸或碱来调节血液中的 HCO_3^- 含量，使血液中 $[HCO_3^-]/[H_2CO_3]$ 恒定，以维持血液 pH 在正常范围内。当血液中 HCO_3^- 含量过高时，肾即通过减少 HCO_3^- 的重吸收，增加对它的排泄。当酸的生成与摄入过多时，肾即通过排酸重吸收 HCO_3^- 以维持酸碱平衡。肾对酸碱平衡的调节有以下三种方式。

（一）HCO_3^- 的重吸收

肾小球滤过的原尿 pH 为 7.4，$[HCO_3^-]/[H_2CO_3]=20/1$，但终尿的 pH 为 $5\sim6$，甚至更低，$NaHCO_3$ 几乎消失，说明肾小管有对 $NaHCO_3$ 重吸收的能力。肾小管主要是近曲小管及远曲小管细胞内含有碳酸酐酶，可催化 CO_2 和 H_2O 迅速反应生成 H_2CO_3，H_2CO_3 解离出 H^+ 和 HCO_3^-，H^+ 由肾小管细胞分泌到肾小管管腔中，与 $NaHCO_3$ 中的 Na^+ 进行 H^+-Na^+ 的离子交换，进入肾小管细胞的 Na^+ 与 HCO_3^- 反应形成 $NaHCO_3$ 被转运进血液，而分泌到管腔中的 H^+ 与肾小管液中的 HCO_3^- 反应生成 H_2CO_3，由于近曲小管刷状缘也存在碳酸酐酶，故能迅速地催化 H_2CO_3 分解为 CO_2 和 H_2O。CO_2 可弥散进入肾小管细胞内，被重新利用合成 H_2CO_3，H_2O 则随尿排出见图 15-2。

（二）尿液的酸化

正常人血浆中 $[Na_2HPO_4]/[NaH_2PO_4]$ 的比值为 4/1，原尿中这两种磷酸盐的浓度比值与血浆中的类似。当原尿流经肾远曲小管时，肾小管细胞分泌出的 H^+ 与原尿中 Na_2HPO_4 中的 Na^+ 进行交换，Na_2HPO_4 转变成 NaH_2PO_4，随尿排出。被重吸收的 Na^+ 则与肾小管细胞内的 HCO_3^- 一起转运入血液。由于管腔液中 Na_2HPO_4 转变成 NaH_2PO_4，故尿液酸化。当尿液的 pH 从 pH 7.4 降至 4.8 时，$[Na_2HPO_4]/[NaH_2PO_4]$ 的比值由原来的 4/1 下降至 1/99。

前已述及，血液在缓冲固定酸时要消耗 HCO_3^-。

$$H^+ + HCO_3^- \longrightarrow H_2CO_3$$

而在肾小管细胞中发生的正是上述的逆反应。

$$H_2CO_3 \longrightarrow H^+ + HCO_3^-$$

消耗于缓冲固定酸的 HCO_3^- 又重新在肾小管细胞中生成并回到血液中，而 H^+ 则被肾小管细胞分泌入肾小管液中，这就使得血液中的缓冲碱不至于被耗竭，总的结果是肾脏进行了有效的排酸保碱，见图 15-3。

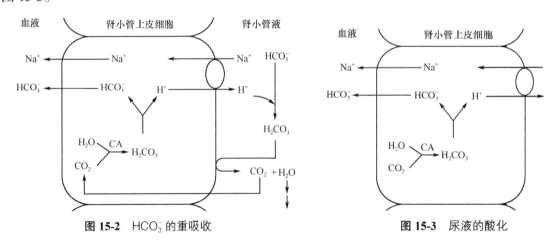

图 15-2　HCO_3^- 的重吸收　　　　　　　　图 15-3　尿液的酸化

（三）NH_3 的分泌

肾小管细胞具有分泌 NH_3 的功能，其 NH_3 小部分来自血液，量比较恒定；大部分来自肾远曲小管细胞中谷氨酰胺经谷氨酰胺酶水解和氨基酸的分解，量可有很大的变动，对固定酸的排出起调节作用。

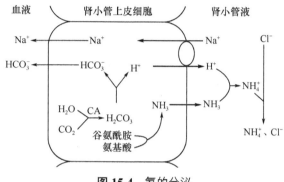

肾远曲小管细胞中谷氨酰胺酶的活性与体液的 pH 密切相关。当体液 pH 下降时，可诱导细胞中谷氨酰胺酶的合成，随着其活性升高，可促进谷氨酰胺水解释放出大量 NH_3，并且肾小管细胞泌 NH_3 作用加强。肾小管细胞每分泌一个 NH_3，同时分泌一个 H^+，回吸收一个 Na^+，分泌到肾小管液中的 NH_3 和 H^+ 作用形成 NH_4^+，NH_4^+ 与酸根离子结合生成铵盐从尿中排出的过程见图 15-4。

图 15-4 氨的分泌

总之，肾对酸碱平衡的调节是通过肾小管细胞的活动来实现的。肾小管细胞中的碳酸酐酶高效率地催化细胞内的 CO_2 和 H_2O 反应形成 H_2CO_3，由 H_2CO_3 解离出的 HCO_3^- 被重吸收回到血液中，而 H^+ 则通过 H^+-Na^+ 交换分泌到肾小管液中。在肾近曲小管，肾小管细胞分泌的 H^+ 与 HCO_3^- 结合，使肾小球滤过液中的 HCO_3^- 几乎全部重吸收入血液，没有 H^+ 的排出，此时肾小管液的 pH 改变不大；当肾小管液流经肾远曲小管和集合管时，肾小管细胞分泌的 H^+ 先被弱酸根离子（主要是 HPO_4^{2-}）结合，使尿液的 pH 下降，尿液酸化，随着尿液 pH 的降低，肾远曲小管和集合管分泌的 NH_3 和 H^+ 结合成 NH_4^+ 而排出，同时也促进了肾小管细胞的泌 H^+。尿液的酸化和 NH_4^+ 的排出在机体酸碱平衡调节中极为重要，它使机体排酸保碱的酸碱平衡调节达到了相当完美有效的程度。

综上所述，机体对酸碱平衡的调节，血液缓冲体系的缓冲作用是第一道防线，当酸性物质或碱性物质进入血液时，血液中的缓冲体系，特别是最重要的缓冲体系 $NaHCO_3$/H_2CO_3，便与之起反应，酸或碱中和，然而，与此同时改变了 $NaHCO_3$ 和 H_2CO_3 的含量和比值。可通过肺的呼吸来调整缓冲体系中 H_2CO_3 的含量，通过肾的 H^+-Na^+ 离子交换等方式调节 $NaHCO_3$ 的含量，协调 $NaHCO_3$/H_2CO_3 的浓度比值在正常范围内，维持血液 pH 恒定在 7.35～7.45 的正常范围内。因此，血液的作用最快，肺的作用也较迅速，而肾的作用较慢但持久。血液、肺和肾三大酸碱平衡调节系统是各有分工、密切配合的。

第 3 节　酸碱平衡失调

尽管机体对酸碱平衡有一系列完整的调节机制，但当体内酸性或碱性物质过多或不足时，会超过机体的调节能力；或肺、肾的疾病使其调节酸碱平衡的功能发生障碍；以及电解质代谢紊乱，如高钾血症或低钾血症，都可导致酸碱平衡紊乱。

酸碱平衡过程主要反映在血浆缓冲体系 $NaHCO_3$ 和 H_2CO_3 的含量或比值变化上。当其含量发生改变时，由于人体代偿能力的发挥，$NaHCO_3$ 和 H_2CO_3 的比值仍维持在 20/1 左右，此时血液 pH 保持不变，这种情况称为代偿性酸中毒或代谢性碱中毒。如果经肺、肾的调节仍不能使两者比值恢复到 20/1，血

pH 也相应地发生改变，血液 pH 高于 7.45 称为失代偿性碱中毒，血液 pH 降至 7.35 以下则称为失代偿性酸中毒。

酸碱平衡紊乱可分为呼吸性和代谢性两大类。呼吸性酸碱平衡紊乱时，碳酸氢盐缓冲对中首先发生改变的是 H_2CO_3；代谢性酸碱平衡紊乱时，首先发生改变的是 $NaHCO_3$。

一、酸碱平衡失调的基本类型

（一）呼吸性酸中毒

呼吸性酸中毒是由肺部疾病（如肺炎、肺气肿、呼吸肌麻痹或呼吸中枢受抑制等）引起呼吸功能障碍，CO_2 呼出减少，致使血浆中 H_2CO_3 原发性升高而引起的。此时主要依靠肾的排酸保碱作用进行代偿。肾小管上皮细胞加强泌 H^+ 和重吸收 $NaHCO_3$ 的作用，使血浆中 $NaHCO_3$ 继发性升高。通过肾的这种代偿作用可暂时地维持血浆 $NaHCO_3/H_2CO_3$ 的比值保持在 20/1，血液 pH 保持在正常范围，称为代偿性呼吸性酸中毒。当血浆 H_2CO_3 浓度持续升高，超过肾的代偿能力时，则 $NaHCO_3/H_2CO_3$ 的比值下降，血浆 pH 也随之下降，即出现失代偿性呼吸性酸中毒。

（二）呼吸性碱中毒

呼吸性碱中毒是由肺部换气过度，CO_2 排出过多，血浆 H_2CO_3 浓度原发性降低而引起的。临床上很少见，常发生于癔病或颅脑损伤过度的患者，也可见于高山缺氧、妊娠等。一般通过肾脏加强 $NaHCO_3$ 与 K^+ 的排泄进行代偿。根据血浆中 $NaHCO_3/H_2CO_3$ 的比值来判断是代偿性还是失代偿性呼吸性碱中毒。

（三）代谢性酸中毒

代谢性酸中毒是临床上最常见的一种酸碱平衡失调。其产生原因包括体内固定酸产生过多，如糖尿病患者产生过多的酮体；肾脏疾病使固定酸的排泄减少；或因腹泻丢失大量的碱性物质如 $NaHCO_3$。代谢性酸中毒的特点是血浆中 $NaHCO_3$ 浓度原发性下降。此时血中 H^+ 浓度升高，刺激呼吸中枢，呼吸加深加快，CO_2 排出增多，使血浆 H_2CO_3 浓度下降；同时肾的泌 H^+、泌氨作用加强，促进了 $NaHCO_3$ 的重吸收和固定酸的排出。根据血浆中 $NaHCO_3/H_2CO_3$ 的比值是否正常，可分为代偿性和失代偿性代谢性酸中毒。

（四）代谢性碱中毒

各种原因导致血浆 $NaHCO_3$ 浓度原发性升高的状态称为代谢性碱中毒。常见于幽门梗阻或大量呕吐等引起胃液大量丢失；或服用过多的碱性药物及低钾血症等情况。

由于血浆 $NaHCO_3$ 浓度升高，H^+ 浓度降低，抑制呼吸中枢，呼吸变浅变慢，CO_2 呼出减少，使血浆 H_2CO_3 浓度升高。同时肾的泌 H^+ 作用减弱，$NaHCO_3$ 随尿排出量增加。依据血浆 $NaHCO_3$ 和 H_2CO_3 之比来判断是代偿性还是失代偿性代谢性碱中毒。

二、判断酸碱平衡的生物化学指标

临床上为了全面、准确地判断酸碱平衡情况，可以测定血液的 pH、代谢性成分和呼吸性成分三方面的指标。反映呼吸性成分的指标是血液的二氧化碳分压，反映代谢性成分的指标有 $[HCO_3^-]$ 等。

（一）血液 pH

正常人动脉血 pH 为 7.35 ～ 7.45。若测得血 pH 低于 7.35，则为失代偿性酸中毒，血 pH 高于 7.45 则为失代偿性碱中毒。但血 pH 不能区分酸碱平衡失调是属于代谢性还是呼吸性。由于机体具有代偿调节机制，即使血 pH 在正常范围内也不能完全排除酸碱平衡紊乱的存在。

（二）二氧化碳分压（PCO_2）

二氧化碳分压是指物理溶解于血浆中的 CO_2 所产生的张力。正常动脉血 PCO_2 值为 4.5 ～ 6.0kPa，平均为 5.3kPa（35 ～ 45mmHg，平均为 40mmHg），是反映呼吸功能对酸碱平衡的调节能力的指标。动脉血 PCO_2 大于 6.0kPa，提示肺通气不足，体内有 CO_2 蓄积，为呼吸性酸中毒；小于 4.5kPa，提示肺通气过度，CO_2 排出过多，为呼吸性碱中毒。

（三）二氧化碳结合力（CO_2CP）

血浆中二氧化碳结合力是指血浆 $NaHCO_3$ 中 CO_2 的含量。因血浆中的 CO_2 主要以 $NaHCO_3$ 形式存在，故测定血浆 CO_2CP 可表示血浆 $NaHCO_3$ 的含量。血浆 CO_2CP 的正常范围是 23 ～ 31mmol/L，平均为 27mmol/L。

在代谢性酸中毒和碱中毒时，血浆 CO_2CP 可分别低于和高于正常范围。在呼吸性酸中毒和碱中毒时，由于肾的代偿作用继发地引起血液中 HCO_3^- 浓度的变化而使血浆 CO_2CP 高于或低于正常范围。

（四）实际碳酸氢盐浓度（AB）和标准碳酸氢盐浓度（SB）

实际碳酸氢盐浓度（AB）是指与空气隔绝的血液于 37℃时测得的血浆中 HCO_3^- 的真实含量。AB 的正常范围为（24±2）mmol/L，平均为 24mmol/L。AB 反映血中代谢和呼吸两个方面的影响。

标准碳酸氢盐浓度（SB）是指全血在标准条件下（Hb 的氧饱和度为 100%，温度 37℃，PCO_2 为 5.3kPa）测得血浆中 HCO_3^- 的含量。由于 PCO_2 已调到标准状况，SB 不受呼吸功能的影响，是反映代谢性因素影响的指标。其正常值与 AB 正常值相同。

正常情况下，AB=SB。如果 AB ＞ SB，则表明 PCO_2 ＞ 5.3kPa，表示 CO_2 有蓄积，为呼吸性酸中毒；反之，如果 AB ＜ SB，表明 PCO_2 ＜ 5.3kPa，表示 CO_2 呼出过多，为呼吸性碱中毒。如果 AB=SB，且低于正常值，表示是代谢性酸中毒；如果 AB=SB，且高于正常值，则为代谢性碱中毒。

 案例 15-1

某冠心病继发心力衰竭患者，服用地高辛及利尿药数月。血气分析和电解质测定显示：pH 7.59，PCO_2 30mmHg（3.99kPa），HCO_3^- 28mmol/L。

问题： 1. 试判断该患者是否存在酸碱平衡失调的情况？

　　　　2. 若存在，试分析可能的类型。

目标检测

一、名词解释

1. 酸碱平衡　2. 挥发酸　3. 固定酸　4. 成碱食物
5. 成酸食物

二、单项选择题

1. 血液中对固定酸的缓冲主要依赖

A. $NaHCO_3$

B. H_2CO_3

C. 血红蛋白体系

D. 血浆蛋白体系

E. 细胞色素体系

2. 体内主要用来缓冲碱的是

A. $NaHCO_3$

B. H_2CO_3

C. 血红蛋白体系

D. 血浆蛋白体系

E. 细胞色素体系

3. 下列哪项是挥发酸

A. 乳酸

B. 丙酮酸

C. 碳酸

D. β- 羟丁酸

E. 柠檬酸

4. 正常人 $NaHCO_3$ 和 H_2CO_3 的比值为

A. 1：20

B. 20：1

C. 1：8

D. 1：12

E. 12：1

5. 肺对酸碱平衡的调节主要体现在

   A. 对固定酸的缓冲

   B. 通过对二氧化碳呼出的调节

   C. 通过排出过多酸碱物质的调节

   D. 对碱的缓冲

   E. 通过对氧气呼出的调节

6. 下列属于成碱食物的是

   A. 香蕉　　　　　　　　　B. 米饭

   C. 香肠　　　　　　　　　D. 鱼

   E. 牛肉

7. 下列哪种消化液的丢失会导致碱中毒

   A. 胃液　　　　　　　　　B. 肠液

   C. 胰液　　　　　　　　　D. 胆汁

   E. 唾液

8. 最易导致代谢性酸中毒的是

   A. 严重肺气肿　　　　　　B. 高热时呼吸急促

   C. 严重糖尿病　　　　　　D. 严重呕吐

   E. 腹泻

9. 血浆中 H_2CO_3 浓度原发性增高，$NaHCO_3$ 浓度继发性增高，见于哪种情况

   A. 呼吸性酸中毒　　　　　B. 代谢性酸中毒

   C. 呼吸性碱中毒　　　　　D. 代谢性碱中毒

   E. 混合式酸碱中毒

三、简答题

1. 简述体内酸碱物质的来源。

2. 血液中的缓冲体系有哪些？最重要的缓冲体系是什么？

3. 说出肺在酸碱平衡调节中的作用。

4. 肾脏对酸碱平衡的调节主要有哪几方面？

5. 体内酸碱平衡失调的类型有哪些？

（张　婷）

实验指导

实验一　血清蛋白醋酸纤维素薄膜电泳

【实验目的】

1. 掌握电泳法分离蛋白质的原理。
2. 熟悉醋酸纤维素薄膜电泳的操作方法。
3. 了解电泳法分离蛋白质的临床意义。

【实验原理】

带电粒子在电场中向与其电性相反的电极泳动的现象称为电泳。血清中各种蛋白质的等电点大多为 $4.0 \sim 7.3$，在 pH8.6 的缓冲液中均带负电荷，在电场中都向正极移动。因为血清中各种蛋白质的等电点不同，所以在同一 pH 环境中所带负电荷多少不同，又因为其分子大小不同，所以在电场中泳动速度也不同。分子小而带电荷多者，泳动速度较快；反之，则泳动速度较慢。因此通过电泳可将血清蛋白质分为 5 条区带，从正极端依次分为清蛋白、α_1 球蛋白、α_2 球蛋白、β 球蛋白和 γ 球蛋白等，经染色可计算出各蛋白质含量的百分数。

【实验器材】

醋酸纤维素薄膜（2cm×8cm）、培养皿、滤纸、镊子、剪刀、盖玻片、直尺、铅笔、玻璃板（8cm×12cm）、试管、试管架、吸管、电泳仪、电泳槽、分光光度计或吸光度扫描计、自动扫描光密度仪（或色谱扫描仪）、求积仪。

【实验试剂】

1. 巴比妥缓冲液（pH 8.6，0.07mol/L，离子强度 0.06）　称取巴比妥钠 12.76g、巴比妥 1.66g，加 500ml 蒸馏水，加热溶解。待冷至室温后，再加蒸馏水至 1000ml。

2. 氨基黑 10B 染色液　称取氨基黑 10B 0.5g 加入冰醋酸 10ml、甲醇 50ml，混匀，加蒸馏水至 100ml。

3. 漂洗液　取 95% 乙醇 45ml、冰醋酸 5ml 及蒸馏水 50ml，混匀，放于试剂瓶内储存。

4. 洗脱液　0.4mol/L NaOH 溶液。

5. 透明液　称取枸橼酸 21g，N- 甲基 -2- 吡咯烷酮 150mg，以蒸馏水溶解并稀释至 500ml。

6. 血清　新鲜，无溶血现象。

【实验方法】

1. 电泳槽的准备　将巴比妥缓冲液加入电泳槽中，调节两侧槽内的缓冲液，使其在同一水平面上，否则会因虹吸影响电泳效果。用四层干净的纱布作桥，将其用巴比妥缓冲液润湿，铺垫在电泳槽支架上。

2. 薄膜的准备　将醋酸纤维薄膜切成 2cm×8cm 大小（根据需要决定薄膜大小），在无光泽面的一端约 1.5cm 处用铅笔画一直线作为点样位置，将薄膜无光泽面向下，浸入巴比妥缓冲溶液中，待完全浸透（浸泡所需时间随薄膜质量而异，一般需浸泡 20 分钟或更长时间），即薄膜已无白斑后用镊子取出，夹在滤纸中间，轻轻吸去多余的缓冲液。

3. 点样　取少量血清置于培养皿上，用盖玻片边缘蘸取血清 2 ～ 3μl 均匀地加于点样线上，待血清渗入膜内后，移开加样器。应使血清形成具有一定宽度、粗细均匀的直线。点液量不宜太多，也不宜太少，这步是电泳成败的关键。

4.电泳　将薄膜点样的一端靠近阴极，无光泽面向下，平整地贴于电泳槽支架的滤纸桥上，使其平衡约5分钟。打开电源开关，调节电压为100～160V，电流为0.4～0.6mA/cm膜宽（若有数条膜，便求数条膜宽的总和），通电40～50分钟，使电泳区带展开约3.5cm即可关闭电源。

5.染色　用镊子小心取出薄膜，立即浸入氨基黑10B染色液中染色5分钟，取出尽量沥尽染色液，然后浸入漂洗液中反复漂洗，直至薄膜背景颜色脱净为止。一般每隔5分钟左右换一次漂洗液，连续漂洗3次即可。此时从正极端起，依次为清蛋白、α_1球蛋白、α_2球蛋白、β球蛋白和γ球蛋白5条蛋白色带。

6.透明　漂洗干净的薄膜完全干燥后（可用电吹风吹干），将其浸入透明液中20分钟，取出平贴在玻璃板上（不要留有气泡），完全干燥后即成为透明的薄膜图谱，可作扫描或照相用。如将该玻璃板浸入水中，则透明的薄膜可脱下，吸干水分，可长期保存。

7.定量

（1）洗脱法　取6支试管并编号，按蛋白区带剪开，并于空白部位剪一相当于清蛋白宽度的薄膜作为空白，分别放入6支试管，各管加入0.4mol/LNaOH溶液，清蛋白管为4ml，其余各管为2ml。振摇数次，约经30分钟，蓝色即可完全洗脱。用分光光度计比色，于600～620nm波长下，以空白管调零，测定各管的吸光度，按下式计算各部分蛋白质所占百分比（相对百分含量）。

吸光度总和（T）＝清蛋白管吸光度×2+α_1球蛋白管吸光度+α_2球蛋白管吸光度+β球蛋白管吸光度+γ球蛋白管吸光度

$$清蛋白\% = 清蛋白管吸光度 \times 2/T \times 100$$
$$\alpha_1 球蛋白\% = \alpha_1 球蛋白管吸光度/T \times 100$$
$$\alpha_2 球蛋白\% = \alpha_2 球蛋白管吸光度/T \times 100$$
$$\beta 球蛋白\% = \beta 球蛋白管吸光度/T \times 100$$
$$\gamma 球蛋白\% = \gamma 球蛋白管吸光度/T \times 100$$

（2）光密度计法　将干燥的蛋白质醋酸纤维素薄膜电泳图谱放入自动扫描光密度仪（或色谱扫描仪）内，通过反射（用未透明薄膜）或透射（用已透明的薄膜）方式，在记录器上自动绘出蛋白质组分曲线图，横坐标为膜的长度，纵坐标为光密度（或光强度），每一个峰代表一种蛋白质组分。然后用求积仪测量出各峰的面积，计算每个峰的面积与它们总面积的百分比，以此代表血清中各种蛋白质组分的百分含量。在用具有电子计算机附件的自动扫描光密度仪时，可以从数字显示部分或打字带上直接获得每条区带蛋白质的百分含量。

【注意事项】

1.醋酸纤维素薄膜的质量对结果影响很大，最好选用同一批号、薄膜厚度均匀、质量良好的醋酸纤维素薄膜。

2.血清或其他电泳样品应新鲜。

3.醋酸纤维素薄膜一定要充分浸透后才能点样。点样后电泳槽一定要密闭。电流不宜过大，以防止薄膜干燥，电泳图谱出现条痕。

4.电泳槽中缓冲液要保持清洁（数天过滤一次），两极溶液要交替使用，最好将连接正、负极的线路调换使用。

5.缓冲溶液离子强度不应小于0.05或大于0.07。因为过小可使区带拖尾，过大则使区带过于紧密。

6.通电过程中，不准取出或放入薄膜。通电完毕后，应先断开电源后再取薄膜，以免触电。

【正常参考值】

清蛋白：57.45%～71.73%；α_1球蛋白：1.76%～4.48%；α_2球蛋白：4.04%～8.28%；β球蛋白：6.79%～11.39%；γ球蛋白：11.85%～22.97%；A/G：1.24～2.36。

【临床意义】

急慢性肾炎、肾病综合征、肾衰竭时，清蛋白降低，α_1球蛋白、α_2球蛋白和β球蛋白升高；慢性活动性肝炎、肝硬化时，清蛋白降低，β球蛋白、γ球蛋白升高；急性炎症时，α_1球蛋白、α_2球蛋白升高；慢性炎症时，清蛋白降低，α_2蛋白、γ球蛋白升高；红斑狼疮、类风湿关节炎时，清蛋白降低，γ球蛋白显著升高；多发性骨髓瘤时，清蛋白降低，γ球蛋白升高，于β球蛋白和γ球蛋白区带之间出现"M"带。

【思考题】

1. 血清蛋白质电泳时为什么要将点样的一端靠近负极端？

2. 醋酸纤维素薄膜电泳可将血清蛋白依次分为哪几条区带？各有哪些临床意义？

（刘国玲）

实验二　蛋白质沉淀反应

【实验目的】

1. 掌握各种因素使蛋白质沉淀的原理。

2. 熟悉各种因素使蛋白质沉淀的检测方法。

3. 了解蛋白质沉淀在实际工作中的应用。

【实验原理】

在水溶液中，蛋白质分子的表面上有水化膜和同种电荷的作用，所以称为稳定的胶体颗粒。但这种稳定的状态是有条件的。在某些理化因素作用下，蛋白质分子表面带电性质发生变化、脱水甚至变性，则会以固态形式从溶液中析出，这个过程称为蛋白质的沉淀反应。蛋白质的沉淀反应可以分为以下两种类型。

1. 可逆沉淀反应　沉淀反应发生后，蛋白质分子内部结构并没有发生大的或者显著的变化。在沉淀因素去除后，又可恢复其亲水性，这种沉淀反应就是可逆沉淀反应。属于这类反应的有盐析作用、等电点沉淀及在低温下短时间的有机溶剂沉淀法。盐析是用高浓度中性盐沉淀蛋白质的方法，高浓度的盐离子可与蛋白质分子争夺水化膜，同时盐又是强电解质，可抑制蛋白质分子的解离，因此高浓度的中性盐可使蛋白质带电量减少、水化膜破坏而使蛋白质从溶液中沉淀出来。

2. 不可逆沉淀反应　蛋白质在沉淀的同时，其空间结构发生大的变化，许多次级键发生断裂，即使除去沉淀因素，蛋白质也不会恢复其亲水性，并丧失生物活性，这种沉淀是不可逆的沉淀反应。重金属盐、生物碱试剂、强酸、强碱、加热、强烈振荡、有机溶剂等都能使蛋白质发生不可逆沉淀反应。

在溶液的pH大于或小于蛋白质的等电点时，带负电荷或带正电荷的蛋白质可与Pb^{2+}、Hg^{2+}、Cu^{2+}、Ag^+等重金属离子或苦味酸、三氯乙酸、钨酸、磷钼酸等生物碱试剂结合成盐而沉淀析出。

【实验器材】

试管、试管架、恒温水浴箱、电热套（或电炉）、制冰机、漏斗、滤纸、铁架台、试管夹、移液管等。

【实验试剂】

1. 5%蛋白溶液　取鸡蛋清5ml用蒸馏水稀释至100ml，搅匀后用纱布过滤。

2. 饱和硫酸铵溶液　称80g固体硫酸铵溶于100ml水中，溶解后取上清液。

3. 硫酸铵结晶粉末、95%乙醇、1%乙酸和10%乙酸、30g/L硝酸银溶液、10g/L硫酸铜溶液、100g/L氢氧化钠溶液、苦味酸饱和溶液、鞣酸饱和溶液、100g/L三氯乙酸溶液。

【实验方法】

1. 蛋白质的盐析

（1）取1支试管，加入5%蛋白质溶液3ml及3ml饱和硫酸铵溶液，摇匀静止数分钟后观察现象。

（2）将试管内容物过滤，加硫酸铵结晶粉末于滤液中，使达饱和状态。摇匀后观察现象（注意固体硫酸铵加到过饱和会有结晶析出，勿与蛋白质沉淀混淆）。

2. 乙醇沉淀蛋白质

（1）取 4 支试管，编号，按下表操作。

实验表 2-1　乙醇沉淀蛋白质

试剂	1号管	2号管	3号管	4号管
5% 蛋白溶液（ml）	1.0	1.0	1.0	—
1% 乙酸（滴）	—	1～2	—	—
95% 乙醇（ml）	—	—	—	2.0

（2）将 3 号管和 4 号管置于冰水浴中，放置 3 分钟，然后将 4 号管的冰乙醇倒入 3 号管中，并混匀；同时向 1 号管和 2 号管加入未冰浴的乙醇 2ml 混匀。观察各管的沉淀情况。

3. 重金属盐沉淀蛋白质　取 4 支试管，按下表操作。

实验表 2-2　重金属盐沉淀蛋白质

试剂	1号管	2号管	3号管	4号管
5% 蛋白溶液（ml）	1.0	1.0	1.0	1.0
1% 乙酸（滴）	—	—	10	10
10g/L 硫酸铜（滴）	3	—	3	—
30g/L 硝酸银（滴）	—	3	—	3

混匀，比较各管混浊程度并解释原因。

4. 生物碱试剂沉淀蛋白质　取 3 支试管，按下表操作。

实验表 2-3　生物碱试剂沉淀蛋白质

试剂	1号管	2号管	3号管
5% 蛋白溶液（ml）	1.0	1.0	1.0
10% 乙酸（滴）	2～3	2～3	—
苦味酸溶液（滴）	数滴	—	—
鞣酸溶液（滴）	—	数滴	—
三氯乙酸溶液（滴）	—	—	数滴

混匀后观察现象并解释原因。

【注意事项】

向上清液中加入硫酸铵结晶粉末，边加边用玻璃棒搅拌，直至粉末不再溶解为止。静置数分钟后，沉淀析出的是清蛋白。

【临床意义】

临床上利用蛋白质能与重金属盐结合的这种性质，抢救误服重金属盐中毒的患者，给患者口服大量生蛋清或生牛奶，然后用催吐剂将结合的重金属盐呕吐出来，从而解毒。

【思考题】

1. 沉淀蛋白质的方法有哪些？应用条件分别是什么？

2. 为什么鸡蛋清可用作铅、汞中毒的解毒剂？

（刘国玲）

实验三　酶的专一性

【实验目的】

以唾液淀粉酶为例，验证酶的专一性（特异性）。

【实验原理】

酶的催化作用具有高度专一性，即对底物有选择性。唾液淀粉酶只能催化淀粉水解，生成麦芽糖和少量葡萄糖，而不能催化其他糖（如纤维素、蔗糖等）水解。麦芽糖和葡萄糖均具有还原性，在一定条件下能使本尼迪克特试剂中的二价铜离子（Cu^{2+}）还原成砖红色的氧化亚铜（Cu_2O）沉淀。因淀粉酶不能催化蔗糖水解，而蔗糖本身不具有还原性，所以不能与本尼迪克特试剂产生颜色反应。本实验通过在不同溶液中加入本尼迪克特试剂共热，观察是否产生砖红色氧化亚铜沉淀，了解淀粉和蔗糖水解的程度，来验证唾液淀粉酶对两种底物是否均产生催化作用，进而验证酶的专一性。

【实验器材】

试管、试管架、恒温水浴箱、沸水浴、量筒、漏斗、刻度吸量管。

【实验试剂】

1. 1% 淀粉溶液、1% 蔗糖溶液。

2. pH 6.8 缓冲液　取 21.01g 枸橼酸溶于少量蒸馏水中，定容至 1000ml，此为 A 液；取 28.40g Na_2HPO_4 溶于少量蒸馏水，定容至 1000ml，此为 B 液。将 4.55ml 的 A 液与 15.45ml 的 B 液混合，即为 pH 6.8 的缓冲液。

3. 本尼迪克特试剂　取 17.3g 结晶硫酸铜（$CuSO_4 \cdot 5H_2O$）溶于 150ml 蒸馏水中，此为 A 液。取枸橼酸钠 173g 和无水碳酸钠 100g 溶于 700ml 蒸馏水中，加热促进溶解，此为 B 液。冷却后，将 A 液慢慢倾入 B 液中，边加边摇，蒸馏水定容至 1000ml，混匀备用。如出现混浊可过滤。

【实验方法】

1. 新鲜唾液（1 : 10 稀释）的制备　用清水漱口 2 ~ 3 次以除去食物残渣和洗涤口腔，含适量蒸馏水，同时做咀嚼动作以促进唾液分泌。将适量棉花铺入漏斗并放在小量筒上，收集过滤的唾液 2ml，用蒸馏水稀释唾液至 20ml，混匀，备用。

2. 取 4 支洁净干燥的试管，编号，按下表操作。

实验表 3-1　酶的专一性

加入试剂（ml）	1 号管	2 号管	3 号管	4 号管
pH 6.8 缓冲液	1.0	1.0	1.0	1.0
1% 淀粉溶液	1.0	1.0	—	—
1% 蔗糖溶液	—	—	1.0	—
稀释唾液	1.0	—	1.0	1.0
蒸馏水	—	1.0	—	1.0
混匀，置 37℃ 水浴中，保温 10 分钟				
本尼迪克特试剂	1.0	1.0	1.0	1.0
混匀，沸水浴，保温 2 分钟				
观察记录结果				

【思考题】

1. 观察各试管颜色反应并说明原因。

2. 本实验中加入本尼迪克特试剂起什么作用？

（杨　敏）

实验四　影响酶促反应速度的因素

【实验目的】

验证温度、pH、激活剂和抑制剂对酶促反应速度的影响。

【实验原理】

唾液淀粉酶催化淀粉水解，生成一系列水解产物，即糊精、麦芽糖和葡萄糖等。淀粉及其水解产物遇碘会呈现不同的颜色。在不同温度，不同 pH 时，唾液淀粉酶活性不同，催化淀粉水解程度不一，生成的产物也就不同。此外，激活剂、抑制剂也能影响淀粉酶活性，影响淀粉的水解。因此可根据在不同反应条件下，溶液加碘后呈现的不同颜色来判断淀粉的水解程度，从而验证温度、pH、激活剂、抑制剂对酶促反应速度的影响。

淀粉水解及遇碘呈色反应如下。

淀粉 ⟶ 紫糊精 ⟶ 红糊精 ⟶ 无色糊精 ⟶ 麦芽糖、葡萄糖

遇碘呈色　蓝色 ⟶ 紫色 ⟶ 红色 ⟶ 碘本色（黄）⟶ 碘本色（黄）

（中间可能出现其他过渡色，如蓝紫色、棕红色等）

【实验器材】

试管、试管架、恒温水浴箱、沸水浴、冰浴、量筒、漏斗、微量移液器或刻度吸管。

【实验试剂】

1. 1% 淀粉溶液、1% 氯化钠溶液、1% 硫酸铜溶液、1% 硫酸钠溶液。

2. 稀碘溶液　将碘 1g 及碘化钾 20g 溶于 100ml 蒸馏水中，为储存液。使用前稀释 10 倍。

3. pH 6.8 缓冲液　取 21.01g 枸橼酸溶于少量蒸馏水中，定容至 1000ml，此为 A 液；取 28.40g Na_2HPO_4 溶于少量蒸馏水，定容至 1000ml，此为 B 液。按下表配制所需的不同 pH 缓冲液。

实验表 4-1　配制不同 pH 缓冲液

pH	A 液（ml）	B 液（ml）
5.0	9.70	10.30
6.8	4.55	15.45
8.0	0.55	19.45

【实验方法】

1. 新鲜唾液（1：10 稀释）的制备　用清水漱口 2～3 次以除去食物残渣和洗涤口腔，含适量蒸馏水，同时做咀嚼动作以促进唾液分泌。将适量棉花铺入漏斗并放在小量筒上，收集过滤的唾液 2ml，用蒸馏水稀释唾液至 20ml，混匀，备用。

2. 验证温度对酶促反应速度的影响　取 3 支洁净干燥的试管，编号，按下表操作。

实验表 4-2　验证温度对酶促反应速度的影响

加入试剂（ml）	1 号管	2 号管	3 号管
pH 6.8 缓冲液	2.0	2.0	2.0
1% 淀粉溶液	2.0	2.0	2.0
混匀，将 1、2、3 号管分别置于 0℃、37℃、100℃预温 5 分钟			
稀释唾液	1.0	1.0	1.0
混匀，继续将 1、2、3 号管分别置于 0℃、37℃、100℃保温 10 分钟			
碘液（滴）	1	1	1
观察记录结果			

3. 验证 pH 对酶促反应速度的影响　取 3 支洁净干燥的试管，编号，按下表操作。

实验表 4-3　验证 pH 对酶促反应速度的影响

加入试剂（ml）	1 号管	2 号管	3 号管
pH 5.0 缓冲液	2.0	—	—
pH 6.8 缓冲液	—	2.0	—
pH 8.0 缓冲液	—	—	2.0
1% 淀粉溶液	2.0	2.0	2.0
稀释唾液	1.0	1.0	1.0
混匀，置 37℃水浴中，保温 10 分钟			
碘液（滴）	1	1	1
观察记录结果			

4. 验证激活剂、抑制剂对酶促反应速度的影响　取 4 支洁净干燥的试管，编号，按下表操作。

实验表 4-4　验证激活剂、抑制剂对酶促反应速度的影响

加入试剂（ml）	1 号管	2 号管	3 号管	4 号管
1% 淀粉溶液	1.0	1.0	1.0	1.0
1% 氯化钠溶液	0.1	—	—	—
1% 硫酸铜溶液	—	0.1	—	—
1% 硫酸钠溶液	—	—	0.1	—
蒸馏水	—	—	—	0.1
稀释唾液	0.5	0.5	0.5	0.5
混匀，置 37℃水浴中，保温 10 分钟				
碘液（滴）	1	1	1	1
观察记录结果				

【思考题】

1. 观察实验结果，唾液淀粉酶的最适温度和最适 pH 各是多少？为什么？
2. 观察实验结果，唾液淀粉酶的激活剂和抑制剂分别是什么？为什么？
3. 阐述酶促反应如何受到温度、pH、激活剂和抑制剂的影响。

（杨　敏）

实验五　血清葡萄糖的测定——葡萄糖氧化酶（GOD）法

【实验目的】

1. 了解葡萄糖氧化酶（glucose oxidase，GOD）法测血清葡萄糖的原理及临床意义。
2. 学会基本操作方法。

【实验原理】

葡萄糖可在葡萄糖氧化酶作用下生成葡萄糖酸，并释放过氧化氢（H_2O_2），H_2O_2 可在 4- 氨基安替比林和酚存在时，由过氧化物酶（peroxidase，POD）催化，反应生成苯醌亚胺非那腙的红色醌类化合物，其颜色深浅与标本中葡萄糖的含量成正比。原理反应式如下：

$$葡萄糖 + O_2 \xrightarrow{\text{葡萄糖氧化酶}} 葡萄糖酸 + H_2O_2$$

$$H_2O_2 + 酚 + 4\text{-氨基安替比林} \xrightarrow{\text{过氧化物酶}} 红色醌类化合物$$

通过 722 型可见分光光度计测定标准管与测定管的吸光度，进行对比计算，可得到测定管中葡萄糖的浓度。也可利用半自动生化分析仪直接进行测定。

【实验器材】

722 型可见分光光度计或半自动生化分析仪、恒温水浴箱、微量加样器、试管。

【实验试剂】

1. GOD 试剂盒

2. 12mmol/L 的苯甲酸溶液　溶解苯甲酸 1.4g 于蒸馏水 800ml 中，加温助溶，冷却后加蒸馏水定容至 1L。

3. 葡萄糖标准储存液（100mmol/L）　称取无水葡萄糖 1.802g，溶于 12mmol/L 的苯甲酸溶液约 70ml 中，再以 12mmol/L 的苯甲酸溶液定容至 100ml。2 小时后方可使用。

4. 葡萄糖标准应用液（5mmol/L）

5. 待测血清

【实验方法】

1. 取 3 支试管，分别编号后按下表加液。

实验表 5-1　血糖测定

试剂	空白管（O）	标准管（S）	测定管（U）
待测血清	—	—	0.02ml
葡萄糖标准应用液	—	0.02ml	—
蒸馏水	0.02ml	—	—
酶酚混合试剂	3.0ml	3.0ml	3.0ml

注：如用半自动生化分析仪进行检测，则酶酚混合试剂改为 1ml 即可。

2. 将各管混匀，于 37℃水浴保温 15 分钟。

3. 取出各试管，在波长 505nm 处比色，用空白管调零，读取标准管和测定管的吸光度。

4. 计算

$$血清葡萄糖（mmol/L）= \frac{测定管吸光度}{标准管吸光度} \times 葡萄糖标准液浓度$$

【正常值参考范围】

3.89 ~ 6.11mmol/L

【注意事项】

1. 试剂中酶的质量影响测定结果，试剂盒应在冰箱中保存，酶酚试剂最好现配现用。

2. 葡萄糖标准液及血清加液量较少，尽量不要沾在试管壁上，以免影响测定结果。

【临床意义】

1. 生理性高血糖　可见于高糖饮食后或情绪紧张肾上腺素分泌增加时。

2. 病理性高血糖　主要见于糖尿病，也可见于内分泌腺功能障碍如甲状腺功能亢进或肾上腺功能亢进等，或见于脑膜炎、颅外伤及颅内出血等导致的颅内压增高，以及呕吐、腹泻和高热导致的脱水等。

3. 病理性低血糖　见于胰岛 B 细胞瘤、严重肝病患者及对抗胰岛素的激素如生长激素及肾上腺素分泌不足等。

【思考题】

配制葡萄糖标准液时，苯甲酸溶液的作用是什么？

（晁相蓉）

实验六　肝中酮体的生成

【实验目的】

1. 说出酮体在体内生成的条件及过程。

2. 理解酮体的生成是肝特有的功能。

【实验原理】

通过本实验证明酮体生成部位，肝脏中含有合成酮体的酶系，用丁酸作为底物，与新鲜的肝匀浆混合一起放入与体内相似的环境中后保温，即有酮体生成，酮体与含亚硝基铁氰化钠的显色粉作用产生紫红色化合物。经同样处理的肌匀浆因缺乏酮体生成的酶系则不产生酮体，无显色反应。

【实验试剂】

1. 生理盐水

2. 洛克溶液　氯化钠 0.9g、氯化钾 0.042g、氯化钙 0.024g、碳酸氢钠 0.02g、葡萄糖 0.1g，将以上物质混合溶于水中，溶解后加入蒸馏水至 100ml。

3. 0.5mol/L 丁酸溶液　取 44.0g 丁酸溶于 0.1mol/L 氢氧化钠溶液中，并用 0.1mol/L 氢氧化钠稀释至 1000ml。

4. 0.1mol/L 磷酸盐缓冲液（pH7.6）　取磷酸二氢钾 27.22 g，加水溶解成 1000ml，取 50ml，加 0.2mol/L 氢氧化钠溶液 42.4ml，再加水稀释至 200ml。

5. 15% 三氯乙酸溶液

6. 显色粉　亚硝基铁氰化钠 1g，无水碳酸钠 30g，硫酸铵 50g，混匀后研碎。

【实验器材】

试管及试管架、滴管，解剖剪刀、搅拌机、恒温水浴箱、台式天平、离心机、小药匙、白瓷反应板。

【实验步骤】

1. 肝匀浆和肌匀浆的制备　取家兔一只，处死后迅速取出肝和大腿肌肉各约 10g，分别放入搅拌机磨成浆，然后各加入生理盐水 20ml 混匀，过滤，备用。

2. 取试管 4 支，标号，按下表操作。

实验表 6-1　肝中酮体的生成

试剂（滴）	管号			
	1	2	3	4
洛克溶液	15	15	15	15
0.5mol/L 丁酸溶液	30	—	30	30
0.1mol/L 磷酸盐缓冲液	15	15	15	15
肝匀浆	20	20	—	—
肌匀浆	—	—	—	20
蒸馏水	—	30	20	—

3. 将各管摇匀后，置入 37℃ 水浴中保温 40 ～ 50 分钟。

4. 取出各管，各加入 15% 三氯乙酸 10 滴，混匀，离心 5 分钟（3000 转 / 分）。

5.分别取出上述各管上清液置于白瓷反应板的 4 个小凹中，各放入显色粉一小匙，观察和记录所产生的颜色反应，并分析结果。

（武红霞）

实验七　血清胆固醇含量的测定

【实验目的】

学会利用氧化酶法测定血清胆固醇含量的原理和方法。

【实验原理】

血清胆固醇由游离胆固醇（30%）和胆固醇酯（70%）组成。血清胆固醇酯经酯化酶水解后，生成游离胆固醇和脂肪酸；在胆固醇氧化酶的作用下，游离胆固醇产生的 H_2O_2 与 4- 氨基安替比林和 3, 5- 二氯 -2- 羟基苯磺酸钠盐（DHBS）反应生成微红色的醌亚胺。醌亚胺在 520nm 处有特异吸收，反应产生的颜色与胆固醇含量成正比。

$$胆固醇酯 + H_2O \xrightarrow{\text{胆固醇酯酶}} 胆固醇 + 脂肪酸$$

$$胆固醇 + O_2 \xrightarrow{\text{胆固醇氧化酶}} \Delta^4 胆甾烯酮 + H_2O_2$$

$$H_2O_2 + 4\text{-氨基安替比林} + DHBS \xrightarrow{\text{过氧化物酶}} 醌亚胺 + H_2O$$

【实验试剂】

人血清、总胆固醇测定试剂盒。

【实验器材】

试管及试管架、恒温水浴箱、离心机、微量移液器、分光光度计。

【实验方法】

取 3 支试管，按下表依次加样。

实验表 7-1　血清胆固醇含量的测定

试剂（μl）	空白管	标准管	测定管
血清	—	—	20
标准液	—	20	—
酶试剂	1000	1000	1000

充分混匀，37℃水浴中保温 15 分钟，冷却至室温后，用分光光度计比色。520nm 波长处以空白管调零，读出各管吸光度。

【结果分析】

正常值参考范围：3.10 ～ 5.70mmol/L。

$$血清总胆固醇（mmol/L）= \frac{测定管吸光度}{标准管吸光度} \times 5.17$$

（武红霞）

参考文献

蔡太生，张申，2015. 生物化学 . 北京：人民卫生出版社

高国全，2017. 生物化学 . 4 版 . 北京：人民卫生出版社

郭劲霞，2016. 生物化学 . 北京：人民卫生出版社

梁金环，张艳平，2019. 生物化学 . 北京：人民卫生出版社

莫小卫，方国强，2017. 生物化学基础 . 3 版 . 北京：人民卫生出版社

田华，2012. 生物化学 . 3 版 . 北京：科学出版社

田余祥，2016. 生物化学 . 3 版 . 北京：高等教育出版社

武红霞，2019. 生物化学 . 武汉：华中科技大学出版社

周春燕，药立波，2018. 生物化学与分子生物学 . 9 版 . 北京：人民卫生出版社

目标检测选择题参考答案

第 2 章

1. B 2. E 3. C 4. D 5. E 6. D 7. B 8. A
9. E

第 3 章

1. B 2. B 3. B 4. D 5. D 6. C 7. E 8. C
9. C 10. A

第 4 章

1. A 2. D 3. D 4. B 5. A 6. D 7. B

第 5 章

1. C 2. D 3. E 4. A 5. C 6. C 7. C 8. C
9. A

第 6 章

1. D 2. A 3. A 4. C 5. A 6. D 7. D 8. B
9. B 10. D

第 7 章

1. D 2. B 3. E 4. D 5. E 6. A 7. C 8. B
9. B 10. A 11. D 12. C 13. A 14. B 15. D

第 8 章

1. E 2. D 3. B 4. D 5. D 6. E 7. E 8. E

9. D 10. B

第 9 章

1. C 2. D 3. D 4. A 5. B 6. A 7. D 8. E
9. E 10. A 11. B 12. C

第 10 章

1. A 2. E 3. D 4. B 5. A 6. B 7. C 8. D

第 11 章

1. D 2. B 3. A 4. D 5. C 6. A 7. D

第 12 章

1. D 2. D 3. C 4. E

第 13 章

1. C 2. E 3. A 4. C 5. E 6. B 7. D 8. B
9. A

第 14 章

1. E 2. D 3. C 4. C 5. B 6. E 7. A 8. B
9. B 10. D 11. C

第 15 章

1. A 2. B 3. C 4. B 5. B 6. A 7. A 8. C
9. A